国防科技图书出版基金

环件短流程制造技术

Compact Manufacturing
Technology of Ring Parts

秦芳诚　齐会萍　李永堂　著

国防工业出版社
·北京·

内 容 简 介

本书主要以轴承套圈、风电法兰等领域常用的 42CrMo 钢、Q235B 钢和 25Mn 钢为研究对象,详细介绍了环件短流程制造技术的理论与工艺,主要内容包括:概论;环件短流程制造过程冶炼、凝固工艺与质量控制;环形铸坯材料热变形行为及组织演变;铸坯环件热辗扩成形工艺及组织演变模拟;工业性试验及试件的组织与性能;基于环件短流程铸辗连续成形技术。全书共分 6 章,在内容组织和结构安排上,力求理论联系实际,突出实用性、先进性,对实际生产与科学研究具有指导意义。

本书适用于探索高性能环形零件短流程先进制造技术的材料类、机械类等专业本科生、研究生,以及从事材料先进成形技术研究的工程技术人员,是一本极有价值的参考书。

图书在版编目(CIP)数据

环件短流程制造技术 / 秦芳诚,齐会萍,李永堂著.
—北京:国防工业出版社,2021.11
ISBN 978-7-118-12367-8

Ⅰ. ①环…　Ⅱ. ①秦…②齐…③李…　Ⅲ. ①环形-
零部件-制造　Ⅳ. ①TB4

中国版本图书馆 CIP 数据核字(2021)第 180182 号

※

国防工业出版社出版发行
(北京市海淀区紫竹院南路 23 号　邮政编码 100048)
雅迪云印(天津)科技有限公司印刷
新华书店经售

*

开本 710×1000　1/16　印张 21¾　字数 380 千字
2021 年 11 月第 1 版第 1 次印刷　印数 1—2000 册　定价 186.00 元

(本书如有印装错误,我社负责调换)

国防书店:(010)88540777　　书店传真:(010)88540776
发行业务:(010)88540717　　发行传真:(010)88540762

致 读 者

本书由中央军委装备发展部**国防科技图书出版基金**资助出版。

为了促进国防科技和武器装备发展，加强社会主义物质文明和精神文明建设，培养优秀科技人才，确保国防科技优秀图书的出版，原国防科工委于1988年初决定每年拨出专款，设立国防科技图书出版基金，成立评审委员会，扶持、审定出版国防科技优秀图书。这是一项具有深远意义的创举。

国防科技图书出版基金资助的对象是：

1. 在国防科学技术领域中，学术水平高，内容有创见，在学科上居领先地位的基础科学理论图书；在工程技术理论方面有突破的应用科学专著。

2. 学术思想新颖，内容具体、实用，对国防科技和武器装备发展具有较大推动作用的专著；密切结合国防现代化和武器装备现代化需要的高新技术内容的专著。

3. 有重要发展前景和有重大开拓使用价值，密切结合国防现代化和武器装备现代化需要的新工艺、新材料内容的专著。

4. 填补目前我国科技领域空白并具有军事应用前景的薄弱学科和边缘学科的科技图书。

国防科技图书出版基金评审委员会在中央军委装备发展部的领导下开展工作，负责掌握出版基金的使用方向、评审受理的图书选题、决定资助的图书选题和资助金额，以及决定中断或取消资助等。经评审给予资助的图书，由中央军委装备发展部国防工业出版社出版发行。

国防科技和武器装备发展已经取得了举世瞩目的成就，国防科技图书承担着记载和弘扬这些成就，积累和传播科技知识的使命。开展好评审工作，使有限的基金发挥出巨大的效能，需要不断摸索、认真总结和及时改进，更需要国防科技和武器装备建设战线广大科技工作者、专家、教授，以及社会各界朋友的热情支持。

让我们携起手来，为祖国昌盛、科技腾飞、出版繁荣而共同奋斗！

国防科技图书出版基金

评审委员会

前言

随着科技进步和新技术的发展，低成本、高效率、短流程、近净成形和绿色制造成为材料加工技术的发展趋势。本书介绍了一种具有高效短流程、节能节材、减排放和低成本等显著优势的环件短流程铸辗复合成形制造技术。该技术尤为适用于大型环件的生产，发展潜力巨大，应用前景广阔。

新工艺涉及环形铸坯冶炼、凝固与质量控制，环形铸坯在辗扩过程中"控形"和"控性"一体化控制，经历多场、多因素作用下复杂、多道次局部加载与卸载、不均匀塑性变形和微观组织演变历程，这使得传统的基于锻坯的环件制造技术无法在该新工艺上照搬套用。迄今为止，还没有一本关于环件短流程铸辗复合成形技术的参考书，涵盖环件短流程制造的基本原理、环形铸坯先进冶炼与凝固工艺技术和建立组织演变预测模型，以及环形铸坯热—力—组织演变有限元模拟研究与环件短流程制造工业性试验等内容。为此，我们撰写了本书，以期填补涉及环件短流程铸辗复合成形过程冶炼、凝固工艺及质量控制、基于铸坯的环件热辗扩工艺及其组织演变等方面的空白，为高性能环件短流程精确制造技术的开发和推广应用奠定坚实基础。

本书以轴承套圈、风电法兰环件等零件常用的 42CrMo 钢、Q235B 钢和 25Mn 钢为研究对象，提出了环形零件短流程制造技术，研究了环形铸坯冶炼、凝固过程工艺与质量控制，建立了铸坯热变形过程微观组织演变预测模型，构建了环形铸坯热辗扩过程宏微观跨层次耦合有限元模型，探讨了热辗扩工艺参数对铸坯热—力—组织演变的影响规律，进一步研究了基于环件短流程制造的铸辗连续成形技术。书中的大部分素材均来源于作者和团队主要成员开展的原创性研究工作。

由于针对环件短流程铸辗复合成形技术的环形铸坯冶炼、凝固过程工艺与质量控制，以及铸坯组织演变预测模型和热辗扩跨层次模拟研究均为前景广阔且进展迅速的领域，不可能在一本书中囊括已经报道过的最新研究进展。作者已尽力在适当的地方涵盖了其他研究者的核心贡献，并给出了较丰富的文献目录，以便进一步参考。

本书共分6章。第1章为概论，着重讲述了环件制造技术在工业发展中的重要地位，回顾了环件制造技术的发展概况及其基本原理与特点，综述了环件制造过程组织演变及性能控制的研究进展；第2章为环坯短流程制造过程冶炼、凝固工艺与质量控制；第3章为环形铸坯材料热变形行为及组织演变；第4章为铸坯环件热辗扩成形工艺及组织演变模拟；第5章为工业性试验及试件的组织与性能；第6章为环件短流程铸辗连续成形技术。

本书为作者多年研究工作的成果总结，成果归属于桂林理工大学和太原科技大学，本书第一作者秦芳诚在太原科技大学李永堂教授课题组攻读了硕士和博士学位，期间均从事与本书内容相关的研究工作。桂林理工大学秦芳诚在本书中参与了第1章、第2章、第3章、第4章、第6章节的撰写，太原科技大学齐会萍教授参与了第5章的撰写，太原科技大学李永堂教授负责所有章节的策划与统稿工作。

在环件短流程制造技术方面的研究得到了国家自然科学基金重点"环形零件短流程铸辗复合精确成形新工艺理论与关键技术（NO. 51135007）"、国家自然科学基金面上"基于环件短流程铸辗复合成形的冶炼、凝固过程工艺研究与质量控制（NO. 51174140）""环形零件铸辗复合成形新工艺裂纹缺陷与控制理论研究（NO. 51575371）""基于离心铸坯的双金属环件热辗扩成形基础理论与关键技术（NO. 51875383）""基于铸坯的环件辗扩成形基础理论和关键技术（NO. 51075290）"项目资助，在此深表谢意。

衷心感谢太原科技大学金属材料成形理论与技术山西省重点实验室的科研团队，他们在环件短流程铸辗复合成形方面做出了原创性的贡献，才形成了本书撰写的基础。感谢武汉理工大学华林教授、西北工业大学郭良刚教授等研究者，他们在环件先进制造技术方面的开创性工作对本书的撰写提供了指导与支持，使得本书的问世成为可能。在本书的撰写过程中，作者广泛汲取了国内外相关领域的研究成果和网络文献的精华，主要参考文献列于书后，在此谨向所有参考文献的作者表示衷心感谢。

感谢国防科技图书出版基金评审委员会对本书提出的宝贵意见和大力支持，限于作者水平，时间仓促，书中难免存在不足及缺点，敬请广大读者提出宝贵意见。

作者

目 录

CONTENTS

第1章

概论

1.1 环件制造技术在工业发展中的重要地位

国务院 2015 年 5 月正式发布了《中国制造 2025》规划，指出装备制造业是国民经济的主体，是强国之基。打造具有国际竞争力的装备制造业，是我国提升综合国力、保障国家安全、建设世界强国的必由之路。但是，现阶段我国装备制造业仍大而不强，缺乏核心制造工艺与技术，自主、原始创新能力较弱，尤其是重大装备制造工业领域的核心高端部件对外依存度高。因此，要依靠创新驱动，大力发展智能制造与绿色制造，突破一批重点领域关键核心装备研发的共性技术，推动航空航天、风力发电、石油化工、高档精密数控机床、高技术船舶、先进轨道交通装备、新能源汽车等重大工业领域配套的关键环形零件构件的研发与制造。

环形零件（如轴承套圈和风电塔筒法兰等，见图 1-1）是航空航天、石油化工、船舶和国防装备等重大装备制造工业领域中典型的承载、连接、传动关键构件，品种多，用量大，用途广，其应用如图 1-2 所示。随着我国高铁装备、大型风电机组、航空航天、高端特种船舶、高档精密数控机床和军工等高技术领域的迅速发展，对轴承套圈、法兰等无缝环形零件的需求与日俱增。长期以来，我国大型环形零件（通常外径尺寸为 $\phi 200 \sim 9000mm$、壁厚尺寸为 $30 \sim 100mm$）的生产研发能力薄弱，国家工业和信息化部发布的《高端装备制造业"十二五"发展规划》中也指出现阶段我国重大装备制造工业领域的关键核心零件构件生产的共性技术及研发能力还比较落后，仍未摆脱对国外同产品核心技术及零部件构件的依赖，严重制约了我国重大装备制造业工业的发展。随着《中国制造 2025》规划的实施，以及"十三五"发展规划中指出的将重点开展高速铁路、大型运载火箭、风力发电、国产大飞机和高档精密数控机床等重大装备制造工业领域中关键核心零部件构件的研发与制造，预示着重大装备对环形零件构件特别是国产轴承套圈和风电法兰等的需求与日俱增，并对环件构件的高可靠性、长寿命等性能质量也提出了更高要求。

(a) 轴承套圈

(b) 风电塔筒法兰

图 1-1　环形零件

(a) 汽车轴承套圈

(b) 飞机起落架轮毂

(c) 风电塔筒法兰

(d) 混凝土搅拌车连接法兰与支承滚道

图 1-2　环形零件的应用

随着国内高档精密数控机床、汽车、船舶、能源、国防科技等的迅速发展，大环件的需求量正在逐年增加。例如，风电行业，近年来一直保持着快速上升的趋势，图 1-3 所示为 2000—2010 年的发展状况图。据业内专家透露，2016—2020 年，中国的风电市场会像中国的经济形势一样，实现了稳步快速的发展。到 2020 年，累计容量达 120~200GW。作为风电行业的关键连接结构件，大型环件的需求量也大幅增加。

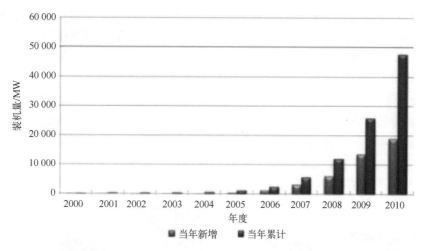

图 1-3　中国风电行业 2000—2010 年的发展状况图

1.2　环件制造技术的研究现状

环形零件一般采用铸造、锻焊、锻辗（轧）等工艺进行制造，铸造环件虽然毛坯形状尺寸准确、加工余量小，但会存在诸如气孔、裂纹、夹杂等铸造缺陷，铸件内部组织比较粗大、晶粒大小分布不均匀，并且无塑性变形，缩孔、缩松明显。锻焊环件是通过钢锭开坯、下料、轧制、弯卷和焊接得到的，该类环件在焊接部位往往存在应力集中，无法满足高压、严寒等恶劣服役条件下的使用性能要求。锻辗（轧）环件通过开坯、镦粗和冲孔工序得到空心锻态环坯，再进行冷辗扩或热辗扩成形所需的环件锻件，内部组织比较致密、晶粒大小分布均匀，力学性能要明显优于铸造环件和锻焊环件。

经过多年的研究开发与发展，环形零件的生产已经由铸造环件、锻焊环件制造技术逐步转变为中小型环件冷辗扩成形技术和高性能大型及超大型复杂环件（直径 200mm 以上）热辗扩成形技术。热辗扩成形技术不仅是大型运载火箭仓体、风电法兰、核反应堆及石油化工容器等高端装备向着安全、轻量、重载和长寿命方面发展的迫切需求，也是环件制造向着先进、高效及绿色制造方向发展的必然趋势。然而，目前我国大型环件的研发与制造技术还比较落后，工艺设计、操作过程主要取决于生产经验，现有环件制造工艺流程冗长、复杂，如图 1-4 所示。该工艺包括钢水冶炼浇注、钢锭、加热、钢锭开坯和初锻、下料、加热、镦粗、冲孔、加热、热辗扩成形，然后进行热处理和机加工。热辗扩前的开坯、镦粗和冲孔等工序都是高能耗的热加工过程，需要多次反复加热（至少 3 次），能源消耗巨大，CO_2 等污染气体排放严重，镦粗和冲孔工序增加了设备投资，冲孔过程又造成严重的材料浪费，严重制约了国产高性能环件构件等高端装备的绿色制造生产，也不利于我国现阶段倡导的装备制造业节能减排和高效低碳制造目标的实施。为此，迫切需要发展大型环形零件构件的先进塑性成形理论与技术，开发其制造过程新工艺，实现高效、低成本、低碳、节能节材生产，提高环件零件构件的产品质量与性能，必将具有重要的理论意义和实用价值。

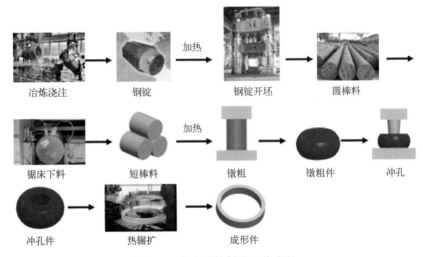

图 1-4　现有环件制造工艺流程

1.2.1　环件制造技术的基本原理及特点

利用辗环机辗扩成形是环件生产的先进制造工艺，是一种连续局部塑性成形先进技术，尤其是对于大型环件生产，辗扩成形工艺是其他生产工艺无法替代的。在辗环机上进行环件的辗扩成形时，环形坯料在成形辊（驱动辊、芯辊、锥辊）的压力作用下发生连续局部变形，实现壁厚逐渐减小、直径不断增大和轴向高度尺寸的变化，在截面轮廓达到要求的同时，组织与性能得到改善和提高。该工艺适用范围广，可用于加工各种截面形状和尺寸的环形零件，具有设备吨位小、加工范围大、成形过程噪声小、产品质量好等优点，是目前环形零件（特别是大型环件）生产普遍采用的工艺方法。

环件辗扩成形包括径向辗扩和径-轴向辗扩两种，技术原理分别如图 1-5 和图 1-6 所示。华林等对环件径向辗扩规律等做了深入研究，驱动辊是辗扩成形的主要驱动装置，以固定的圆心做主动旋转运动，为辗扩成形提供主要动力，驱动辊转动速度的快慢、摩擦因数的大小对铸环坯热辗扩成形都具有一定的影响。芯辊为环件辗扩提供径向进给量，同时在摩擦力作用下做被动旋转运动，使环件辗扩的径向空隙减小，以达到环件壁厚减小的效果，芯辊的进给速度大小是铸环坯径向辗扩的重要影响因素。导向辊在铸环坯热辗扩的过程中按照指定的轨迹运动和做被动旋转运动，同时为环件提供一定的抱紧力。导向辊在铸环坯热辗扩的过程中为环件的圆度提供了重要的保证，使工件在辗扩过程中能够稳定均匀的长大，避免出现塑性失稳、严重畸形、报废等辗扩现象，并且当铸环坯辗扩后尺寸达到成品尺寸时，导向辊发出信号，辗扩运动结束。

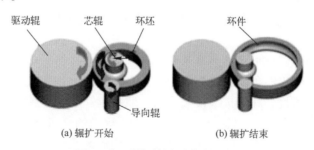

(a) 辗扩开始   (b) 辗扩结束

图 1-5　环形零件径向辗扩原理

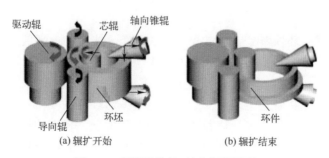

(a) 辗扩开始   (b) 辗扩结束

图 1-6　环形零件径-轴向辗扩原理

周广等对环件径-轴向辗扩规律做了大量研究，驱动辊绕固定轴做主动旋转运动，为铸环坯径轴向热辗扩提供主要的动力，驱动辊转动速度的快慢、摩擦因数的大小对铸环坯径-轴向热辗扩成形都具有明显的影响。芯辊与铸环坯径向热辗扩一样，它也主要为环件辗扩提供径向进给量，同时在摩擦力作用下做被动旋转运动，使环件辗扩的径向空隙减小，以达到环件壁厚减小的效果，芯辊的进给速度大小也是铸环坯径轴向辗扩的重要影响因素。导向辊在铸环坯热辗扩的过程中按照指定的轨迹运动和做被动旋转运动，同时为环件提供一定的抱紧力。导向辊在铸环坯热辗扩的过程中为环件的圆度提供了重要的保证，使工件在辗扩过程中能够稳定均匀的长大，避免出现塑性失稳、严重畸形、报废等辗扩现象。上下端面锥辊为环件径-轴向辗扩提供轴向进给量，同时也能消除径向辗扩所引起的端面缺陷，使环件径-轴向端面都平整，提高表面质量。

环件辗扩成形的主要特点如下。

（1）变形非均匀性。在辗扩过程中，径-轴向发生压缩变形，周向扩张运动，宽度和高度方向出现宽展。

（2）连续渐变成形。环件随着成形辊的压下量宽度和高度逐渐减小，每转压下量小，且连续进行。

（3）多道次辗扩。环件经过连续、反复多次的辗扩，小变形逐渐累积，直到预定尺寸。

（4）非线性。成形过程非常复杂，存在材料、几何、物理及边界条件非线性，环件外径增长率与进给速度间也存在非线性。

（5）非对称性。在辗扩成形过程中，驱动辊和芯辊直径不相等，驱动辊是主动旋转，芯辊从动旋转，因此，环件变形区域的分布是非对称的。

（6）非稳态成形。在辗扩成形过程中，变形区域里几何形状不断发生变化，几何边界条件比较复杂且不稳定，变形力学条件变化也不稳定，并且不断变化。

综上所述，环件辗扩成形过程具有非稳态、非对称、高度非线性和三维连续渐进变形等特征，而热辗扩过程的传热-变形-组织演变耦合行为使得环坯材料在多场、多因素作用下经历了非对称、多道次局部连续加载与卸载的不均匀塑变和微观组织演变的复杂过程，对环件的变形、显微组织及力学性能影响显著。近年来，随着装备制造业的发展，环件的生产规格不断扩大，品种不断增加，对环件生产的工艺、装备和整个生产流程都提出了新的挑战。

📑 1.2.2　环件制造过程微观组织及性能控制研究

我国的铸造技术已有 6000 多年的发展历史，而且很早就制造出了永乐大钟、曾侯尊盘等复杂的精美铸件。随着近年来国内自主研究及对国外先进技术的引进，在砂型铸造的基础上，发展了离心铸造、消失模铸造、压力铸造等特种铸造工艺，并日趋得到应用。对铸造凝固过程的研究也逐步深入，由宏观进入到了晶粒细化等微观领域，为提高铸件质量提供了理论依据。同时，近年来铸造过程模拟仿真技术更是突飞猛进，为预测铸造凝固过程中流场、温度场、应力场和微观组织的变化提供了很好的分析基础，而且模拟结果也越来越与实际相吻合。

在小型零件铸锻复合成形技术方面，国内外学者进行了初步的探讨，并已应用于一些小型零件的生产中。原吉林工业大学韩英淳等对轻轿车飞轮齿环铸辗复合成形工艺进行了研究，采用铸造制坯、辗环成形新工艺替代用扁钢闪光对焊生产飞轮齿环的老工艺，并取得了成功。李志广等在 1340 大型刮煤板、E 型螺栓、连接环和链条的生产工艺方面进行了铸锻复合塑性成形工艺的研究，并应用于公司的实际生产中。太原科技大学宋建丽等用数值模拟的方法分析了汽车电机爪极的铸锻复合成形工艺，结果表明，该工艺成形力小、流程短、成形锻件质量好，可大大节约能源和材料。以上对小型零件铸锻复合成形技术的成功应用为利用铸坯直接辗扩成形大型轴承环件技术提供了一定的指导和思路，但不能照搬照用，虽同属于铸锻复合成形技术，但其铸坯和辗扩成形件尺寸小，铸造过程易于控制，成功率较高。而当环件尺寸较大时，成形过程不稳定因素多，消除宏观缺陷和细化内部晶粒相对困难。因此，必须对传统的砂型铸造工艺及新兴的离心铸造技术进行研究，以期获得优质环坯。

在环形钢坯砂型铸造理论与工艺方面，国内外学者针对生产过程中出现的各种缺陷，通过大量的实验研究并结合数值模拟的方法，从理论和实际生产两个方面开展了许多卓有成效的工作。英国的 T. W. Clyne 等提出液态金属在凝固时的固液两相区分为裂纹敏感区和液相填充区，即准固相区和准液相区，为铸件裂纹的研究提供了理论依据。清华大学刘小刚等对某水轮机下环铸件的凝固成形和冷却过程中易产生的热裂纹和冷裂纹进行研究，用数值模拟方法进行热应力分析，揭示了下环铸件的低温变形趋势，提出降低落砂温度能够有效改善铸件不均匀变形，增大下端温度梯度能有效缓解热裂倾向。鞍钢重型机械制造有限责任公司对转轮下环铸造变形进行研究指出，工艺上给出合适的线收缩率和稳定的操作至关重要；同时，实际生产过程中要控制好砂模椭圆变形度、埋芯紧实度均匀性和铸件的热处理工艺，根据以上工艺该公司成功制造出了三峡水电站转轮下环，为大型电站转轮设备国产化奠定基础，填补了国内空白。张光明等对轮形铸钢件进行温度场的数值模拟，对比分析了两种铸造工艺方案下铸件的凝固过程，指出保证顺序凝固是消除缩孔缺陷的关键，同时提出在保证铸件质量的前提下通过适当追加冷铁和减少冒口数量可明显提高铸件的工艺出品率，取得良好经济效益。兰石机械设备有限公司对砂型铸造条件下不同内径、不同壁厚的环形铸钢件进行了研究，数值模拟分析了凝固时间分布规律与凝固系数的变化关系。结果表明，当铸件的壁厚相同时，凝固时间随内径与壁厚比的增大而减小，同时，相同内径和壁厚比的环件凝固时间具有一定的相似性，但凝固系数随壁厚的增加而减小，当内径与壁厚比增大时，热节将向壁厚的中间位置移动。武昌造船厂周悠等就主动轮铸件出现的缩松问题进行了研究，用数值模拟的方法对其铸造工艺进行了模拟分析。结果表明，用冷铁代替暗冒口能够提高冒口的补缩效率，消除缩孔缩松等缺陷，大大提高了工艺出品率。河南理工大学米国发等模拟分析了铸钢托轮的凝固过程，预测了缩孔产生的位置，以此增加冒口和补贴优化了原工艺。以上针对砂型铸造凝固技术中裂纹的产生机理、线收缩率，以及冷铁、冒口、补贴等涉及铸件最终质量的因素的研究对发展环件先进制造技术具有重大的参考价值。

离心铸造是将熔化的金属液通过流槽流入旋转的金属型内，在离心力的作用下布满金属型，最后凝固成铸件。在离心力的作用下没有或很少出现缩松、夹杂，组织致密；与普通铸造技术相比，其密度提高 1% ~ 2%、硬度提高 5% ~ 11%、抗拉强度提高 4% ~ 20%；环和筒类零件不用型芯，工艺出品率高；该技术无各向异性，成品件的某些性能可与锻件相媲美。美国以飞机发动机汽缸锻件为对象，采用离心铸造技术生产同样的铸件，在确保化学成分和热处理状态相同的情况下做了水压破坏对比试验，锻件汽缸的抗拉强度为 35.83MPa，离心铸造的抗拉强度为 62.70MPa，后者约为前者的 1.75 倍，完美体现了离心铸造技术的优越性。离心铸造的基本工艺流程如图 1-7 所示。

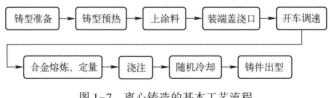

图 1-7　离心铸造的基本工艺流程

近年来，国内外高校、研究院所与铸造企业的大量学者在降低离心铸造凝固过程的宏观缺陷方面做了大量深入的工作。俄罗斯 S. N. Zherebtsov 研究了离心铸造制造法兰及热处理方法，证明用离心铸造生产的环形坯件质量好于其他方法，并经过合理的工艺和热处理可以达到锻件水平。清华大学符寒光、邢建东等研究了离心铸造高速钢轧辊的成形机理，铸造缺陷形成与控制技术，偏析、裂纹控制技术，通过改变原子簇团在离心力场的移动规律、提高凝固冷却速度、加入电磁搅拌等方法降低偏析。中国科学院金属研究所提出了电磁离心铸造工艺，在完全保持离心铸造本身一切优点的同时，靠液态金属在电磁场中旋转运动，获得电磁搅拌的冶金效果。与普通离心铸造相比，电磁离心凝固可减轻铸件宏观偏析，同时，建立的非惯性坐标系下电磁离心凝固过程流动、传热、传质耦合数学模型，也能较好地描述电磁离心铸造过程。目前，离心铸造凝固过程的流场、温度场数值模拟及缩孔缩松等方面的基础研究及实用化都取得了很大进展，离心铸造工艺日益成熟，并向各个领域渗透。但是对离心铸造技术的研究多用于小型环件，钢管及高速钢轧辊的生产，针对基于环件短流程铸辗复合成形的大尺寸环件的离心铸造凝固工艺研究尚未见有报道。

为确保环件短流程铸辗复合成形技术得以实现，在铸造凝固阶段必须细化晶粒，这方面国内学者也做了大量工作。上海大学翟启杰等基于热力学原理提出了温度扰动和成分扰动促进金属液生核的构想，采用碳钢和轴承钢进行的实验证明：温度扰动、成分扰动和二者同时扰动均可细化钢坯的凝固组织，显著增加等轴晶数量；脉冲电流和脉冲磁场可以显著细化不锈钢组织。钢铁研究总院的朱京希通过稀土对某型不锈钢凝固组织的影响分析，明确稀土在钢的凝固过程中可以细化柱状晶，扩大中心等轴晶区域的作用机理。兰州理工大学李旭东等利用元胞自动机（Cellular Automata，CA）法对晶粒生长过程进行了数值模拟研究。以上学者和钢铁公司对晶粒细化的原理、方法进行的深入研究为我们的研究提供了思路，但很多都只是处于理论和实验研究阶段，并没有在实际生产中得到普遍应用，适用于短流程铸辗复合成形制造环件的细化晶粒理论和工艺方面未见报道。

诸多国内外学者对环件辗扩（轧制）成形过程中金属流动模式和微观晶粒结构演化规律及其工艺参数的影响等开展了一些卓有成效的研究。通过环件辗扩过程材料流动的试验发现了沿辗扩法向金属产生了较大流动，而且与成形辊接触的近表层材料产生的流动要大于心部区域材料的流动。A. G. Mamalis 等采用在环坯上刻画网格线的方法分析了矩形和 T 形截面环件辗扩过程金属流动的基本规律，揭示了芯辊进给速度对材料的流动模式影响，进给速度较小时，环件近内层区域材料相对于外表面产生了滞留，当进给速度增大时，该变形模式发生了变化。但是 A. G. Mamalis 并没有探明产生这种金属流动趋势的原因。利用能量法可以在圆柱坐标系中建立环件辗扩塑性变形模型，通过分析环件辗扩孔型中金属流动特性考察了进给速度、摩擦条件、环件形状及孔型尺寸等因素对辗扩孔型中金属流动及环件截面形状的影响。此外，采用平面刚塑性有限元法得到了环件辗扩中等效应力及单位压力分布，分析了 T 形截面环件辗扩过程中应变分布。Song 等发现了在 IN718 环件辗扩过程中近内层的应变值最高，其次是与驱动辊接触的近外层，而环件中间层具有最低的应变值。然而，Song 并未深入研究揭示产生对这种环件全厚度截面上应变分布规律的原因。微观组织及晶粒结构演化方面，对环件辗扩完成后产生的微观晶粒流线的研究，发现该晶粒流线沿环件圆周方向分布，纤维流线明显、分布均匀。Ryttberg 等采用显微硬度和扫描电子显微镜技术分别分析了矩形截面和内沟槽 100Cr6 钢环件冷辗扩变形规律，通过组织形貌观察发现二者冷辗扩变形后近内层材料的变形程度最大，并沿径向向环件近外层逐渐减小；并认为试验所采用的设备结构和工艺参数（如成形辊尺寸、毛坯尺寸）不同导致与文献结论有所差别。Wang 等通过理论分析发现驱动辊和芯辊的半径之比 R_1/R_2 是影响环件辗扩过程金属流动的重要因素，模拟揭示了 Ti-6Al-4V 钛合金大型环件辗扩过程中细晶区从环件表层转移至中层，β 相分布及其晶粒尺寸主要受进给速度和初辗温度的影响。Shao 等采用数学解析法、有限元分析法和显微组织分析技术得出了辗扩环件应变特征分布具有一致性，即环件外表面的塑性应变大于内表面，中间层的塑性应变最小；20 钢小环辗扩过程中片层珠光体协同铁素体产生协调变形，使自身片层取向趋近于金属流动方向，而在辗后环件的外表层珠光体片层中，平行于辗扩方向的珠光体片层较多，说明了环件外表层金属沿辗扩方向流动趋势要大于其他区域金属。

通过辗扩成形工艺不仅要使环件截面轮廓达到精确的外形尺寸要求，也要使环件内部微观组织及性能得到改善和提高，这是环件精确辗扩控形控性一体化调控的重要目标。目前针对中小型环件冷辗扩或大型超大型环件热辗扩后环件性能的研究报道多是关于硬度、抗拉/屈服强度和塑性（伸长率、断面收缩率）等常规描述性能的指标，借助 OM 和 SEM 能够观察辗后环件组织形貌，却无法揭示辗扩变形过程组织演变的微观机理，最终也仅仅只能得到辗扩工艺参数对环件宏观性能或显微组织演变规律的影响，针对热辗扩成形环件的组织、织构和力学性能及其相互关系还有待开展更深入的研究。Ryttberg 等采用能谱仪探明了增大冷辗变形量能够增加轴承钢环件表层铁素体中的含碳量，有利于提高淬火后轴承环件表面硬度，显著改善了轴承环件的力学性能，揭示了这是渗碳体中的碳原子摆脱铁原子的束缚回溶至铁素体所致；借助 XRD 技术测试了轴承环件在冷辗和淬火过程中产生的组织应力，考察了残余应力对淬火后环件外形尺寸的影响规律。纯铜环件采用辗扩方法制造也是可行的，晶粒尺寸的统计分析表明，增大辗扩比和进给速度不仅能够促进环件晶粒细化和均匀化，而且也能够使热辗扩后纯铜环件的力学性能得以改善和提高。通过 OM 和 SEM 等表征手段分析 GCr15 高碳钢环件冷辗扩过程中的组织演化特点，发现在整个环件变形过程中晶粒变形程度表现为中间层最小，外层次之，内层最剧烈，铁素体基体沿辗扩方向呈现明显的方向性；随着变形量的增大，环件内层的应变明显大于外层的应变，且最小应变的位置转移至靠外层较近的区域。100Cr6 钢环件辗扩前预加过程不同退火冷却速率下显微组织特征和力学性能变化为随着冷却速率减小，碳化物颗粒直径、拉伸强度和硬度增加，伸长率降低，而屈服强度变化不明显；冷辗扩后铁素体矩阵沿辗扩方向呈现明显的方向性，渗碳体颗粒细小均匀，硬度较辗扩前略高。Ti-22Al-25Nb 合金棒材镦拔后分别在 970℃ （三相区） 和 1050℃ （两相区） 下辗扩成形环件，组织性能测试探明了在 970℃ 时辗扩环件为双态组织，强度较高而塑性较低，而在 1050℃ 辗扩时为板条组织，强度较 970℃ 辗扩环件要低，但其塑性更高。

环件的力学性能各向异性与辗扩过程中组织演变 （形态、尺寸及相体积分数） 及所产生的织构类型密切相关，织构对材料各向异性力学性能的影响，主要是通过晶粒的不同方向具有不同的弹性模量，及不同取向的晶粒具有不同的施密特，来影响其滑移系的激活；同时，组织和织构又受原始环坯组织、辗扩方式及初辗温度和终了辗扩温度等条件的影响，导致性能也会出现明显差别，通常辗扩后获得等轴组织会使环件具有良好的拉伸塑性和疲劳强度，强度、塑性和断裂韧度匹配较好。王恒强在径-轴向辗扩后 2A14 铝合金环件的轧向、法向及横向分别取样进行力学性能检测分析了环件性能质量的一致性，各位置力学性能均满足 QJ502A—2001 技术条件标准要求，并且法向和横向指标高出标准值较多，给航空宇航环件产品质量可靠性带来很大保障。与此同时，在与辗扩方向呈 0°、45° 和 90° 三个方向截取拉伸与冲击试样测定的力学性能，对环件各向异性性能的表征具有代表性，而在环件外层、内层和中层沿横向分别取 9 个力学性能检测试样，同时观察组织与织构，又能完整地体现形环件不同区域的组织性能。这些方法都为构建辗扩环件组织及织构与性能相互关系提供了良好的理论基础。

经过多年深入的研究，国内外高性能大型复杂环件 （直径大于 200mm）

逐步形成采用热辗扩制造技术生产，当环坯壁厚大时，热辗扩过程环件沿壁厚截面一致性差，且辗扩后通常为自然随机冷却使得环件组织状态和性能离散度大，难以满足对环件组织与高性能质量的要求；尤其是近年来发展起来的环件铸辗复合成形技术，辗扩前环坯组织为铸态，热塑性差，内部孔隙、缩松等缺陷难以避免，给热辗扩过程精确成形所需环件尺寸、改善环件热塑性、细化晶粒和大幅提高性能带来了巨大挑战。因此，迫切需要研究开发热辗扩成形全过程在线控制技术，通过对环坯加热、转运、辗扩变形及辗扩后冷却过程进行严密控制，采用 SEM、TEM 及 EBSD 技术观察各阶段环件组织形貌、位错形态、晶粒取向与织构演化特征，并运用原位 SEM 和原位 EBSD 拉伸试验等先进力学性能检测手段结合室温及高温拉伸试样和冲击试样断口的 SEM 形貌观察对热辗扩环件力学性能进行表征，建立辗扩过程环件微观组织、织构和力学性能之间及其与工艺参数的定量关系，实现环件热辗扩成形组织状态与力学性能高质量控制，保证成品环件组织性能的一致性。

1.3 环件短流程制造工艺及其优点与应用

当前的环件制造技术主要由环形锻坯与热辗扩联合完成，该技术存在工序繁多、镦粗与冲孔设备投资巨大、加热次数多和材料浪费严重等问题，不利于节能减排和高效绿色制造生产，严重制约了我国工业制造强国发展和经济现代化建设。因此，迫切需要研发具备高可靠性、重载和长寿命的高性能轴承套圈和法兰环件及其短流程精确成形制造技术。

针对环形零件等装备制造业领域节能节材和高效低碳生产与技术创新的迫切要求，在洛阳 LYC 轴承有限公司的委托和国家自然科学基金重点项目"环形零件短流程铸辗复合精确成形新工艺理论与关键技术（NO.51135007）"、国家自然科学基金面上项目"基于环件短流程铸辗复合成形的冶炼、凝固过程工艺研究与质量控制（NO.51174140）"、国家自然科学基金面上项目"基于铸坯的环件辗扩成形基础理论和关键技术（NO.51075290）"等的资助下，太原科技大学李永堂教授带领的科研团队于 2010 年开发了一种环形零件短流程铸辗复合精确成形制造技术，工艺流程为冶炼浇注、环形铸坯、加热、热辗扩及后续热处理，如图 1-8 所示。该先进制造技术的提出完全符合《中国制造2025》和《增强制造业核心竞争力三年行动计划（2018—2020 年）》确立的研究任务和发展目标：要强化前瞻性基础研究，开展先进成形、加工等关键制造工艺联合攻关，着力解决核心基础零部件产品制造的关键共性重大技术，明显提升关键零部件及制造工艺设备水平，为石化、汽车等重点产业转型升级提供装备保障。

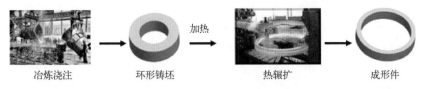

冶炼浇注　　　　　环形铸坯　　　　　热辗扩　　　　　成形件

图 1-8　环形零件短流程铸辗复合精确成形新工艺流程

环形零件短流程铸辗复合精确成形新工艺利用环形铸坯直接辗扩，省去了现有工艺中的镦粗、冲孔工序，与现有工艺相比，具有以下优点。

（1）缩短了工艺流程，提高了生产率，节约了人力、物力。

新工艺直接利用铸坯进行辗扩成形，比较图 1-8 与图 1-4 可以看出，新工艺的工艺流程省去了现有工艺中的镦粗、冲孔及两次加热工序，大大缩减了工艺流程，节省了人力、物力。

（2）节约材料，降低成本。

新工艺由铸造环坯直接经辗扩成形（体积成形），省去了现有工艺中的冲孔工序，除氧化皮损失外没有其他的废料，所以减少了冲孔废料的产生，以直径为 1.2m 的环件为例，可节约材料 25%~35%（与现有工艺锻坯冲孔孔芯直径有关）。另外，锻件加热次数越多，损耗越大，一般一次加热损耗 2%~3%，第二次加热损耗 1.5%~2%，加热次数越多损耗越多。因此，加热次数和锻坯工序的减少也减少了材料的损耗，减少两次加热及锻坯过程又可以节约材料 3%~4%。

（3）节约能源，减少排放。

新工艺减少了坯料加热次数，节约了能源，并减少了排放，符合国家当前重大装备业节能减排的需求，有利于节能减排和清洁生产。据了解，每生产 1t 钢，大约需要能源折合标准煤（指发热值为 7000kcal/kg 的煤）0.7~1.0t。钢锭从室温 25℃加热到 1250℃，每吨约需 450kW·h 电，折合标准煤 0.18t。根据专家统计：每节约 1kW·h 电，就相应节约了 0.4kg 标准煤，同时减少污染排放 0.272kg 碳粉尘、0.997kg 二氧化碳、0.03kg 二氧化硫、0.015kg 氮氧化物。根据上述数据，生产 1t 环件（辗扩后），新工艺与传统工艺的能源消耗和排放如表 1-1 所列。从表 1-1 中可以看出，新工艺从消耗能源和排放都远低于旧工艺。仅从冶炼和加热工序上来说，新工艺比传统工艺节约能源消耗和减少排放约 40%，对实现环件清洁生产和节约能源具有重要的意义。

（4）节省设备投资。

在新工艺中，由于省去了镦粗、冲孔等工序，因此省去了相应的设备（锻锤或液压机）投资和动力消耗。

（5）废料再利用。

在新工艺中，在铸造环坯时可以将机加工中的废料重熔进行重新利用，进一步降低成本。

表1-1 新工艺与传统工艺的能源消耗与排放对比

项 目	旧 工 艺	新 工 艺
生产1t环件需要炼钢/t	1.4	1.05
冶炼需要标准煤/t	1.26	0.945
第1次加热需要标准煤/t	0.23	0.17
第2次加热需要标准煤/t	0.21	—
第3次加热需要标准煤/t	0.17	—
共消耗标准煤/t	1.87	1.115
排放碳粉尘/kg	1272	758.2
二氧化碳/kg	4661	2779
二氧化硫/kg	140	84
氮氧化物/kg	70	42
合计排放/kg	6143	3633.2

环形零件短流程铸辗复合成形新工艺是一种高效、节能、节材、排放低的新的环形零件生产工艺，特别是对大型环件，具有显著的经济效益、社会效益和广阔的推广应用前景。然而，利用环形铸坯直接辗扩成形环形零件是一种全新的工艺技术，省去了现有工艺的镦粗和冲孔等工序，也会相应地面临许多关键技术和科学问题需要解决。首先要研究金属冶炼和环形铸坯凝固理论与铸造工艺，为辗扩成形提供良好的铸坯。尤其是在铸坯环件辗扩成形工艺中，要同时实现"成形"和"成性"的双重目的，即使成形后的环形零件在满足尺寸精度要求的同时满足力学性能要求，成为新工艺是否成功和能否推广应用的关键技术。

由于环形铸坯热辗扩成形过程是一个受多因素交互影响的宏观变形和微观组织演变相耦合的复杂成形过程，单纯采用理论分析和试验研究的方法，难以准确认识和掌握热辗扩成形过程中宏观形状尺寸和铸态组织演变规律，且耗时、耗力、周期长。因此，需利用理论分析、数值模拟、物理模拟和实验研究相结合的方法，研究铸坯材料在热塑性变形条件下的热物理性能和组织演变规律；研究在辗扩过程中各种辗扩工艺参数对环件材料组织演变和晶粒细化的影响；得出铸坯环件辗扩成形过程铸态组织转变为锻态组织和晶粒得到细化的条件。从而为工艺参数的优化、成形件质量预测与控制提供依据，为大型环件短流程铸辗复合成形新工艺的开发奠定基础。这对于这种短流程新工艺的进一步完善和推广应用具有重要意义。

1.4 环件短流程制造关键科学问题与面临的技术挑战

基于铸环坯的短流程铸辗复合成形制造技术涉及了铸造过程凝固理论与工艺、等温与非等温交互作用、多道次局部加载成形、数值建模仿真技术及宏观几何尺寸与微观组织演变调控机制等多学科因素的交叉耦合。

环件铸坯辗扩工艺与锻坯辗扩工艺相比，有节约材料、节约能源、提高效率和减少排放等显著优点，但是在辗扩过程中，铸坯组织比较粗大，并且由于偏析等分布不均匀，且可能存在着缩孔、缩松和裂纹等铸造缺陷，给辗扩过程带来了困难。而环件成形后的微观组织对成形件的机械性能、使用范围和使用寿命及使用环境都有很大的影响。

在传统的锻坯辗扩工艺中，材料要经过钢厂的冶炼、凝固生产钢锭，然后通过锻造或轧制制成钢坯，进入锻压车间，棒料已经是经过开坯后的锻钢，铸态组织已经基本消除。在环件辗扩时，还要经过镦粗、冲孔等工序，在辗扩前，材料组织已经得到了很好的细化和均匀化，辗扩过程只需使其满足形状尺寸要求即可，即所说的"成形"。

在新的铸辗复合成形工艺中，没有经过锻造的铸造环坯加热后直接被用来进行辗扩，如果在热辗扩中不能将材料由铸造组织转变为锻态组织，那么辗扩成形的环件即使满足产品的尺寸精度要求，其力学性能也达不到环件的产品质量要求。所以在热辗扩如何将环件的组织由铸态转变为锻态，并使其细化和均匀化，成为铸坯环件热辗扩是否成功的关键科学问题。根据前面的研究结果，在热辗扩中铸态组织是否能转变为锻态组织，是由材料变形条件决定的。在环件的热辗扩中，材料的变形温度、变形量和变形速率都是可以通过调节辗扩工艺参数来调节的。所以，在环件热辗扩中如何通过控制辗扩工艺参数来获得细化和均匀化的锻态组织、消除微小的铸造缺陷、使成形后的环件获得良好的力学性能，是环件短流程制造技术的重点研究方向和主要研究内容。

基于短流程的环件铸辗复合成形技术是一种创新性的工艺体系，涉及多学科理论的交叉融合和集成创新，面临诸多技术挑战：①如何解决具有致密组织和力学性能优势的高质量环形铸坯制造问题；②如何解决铸态环坯在热辗扩成形中的宏观几何尺寸变形与微观组织性能调控，实现精确成形、成性一体化制造。这就需要深入研究环形铸坯冶炼、凝固过程理论与工艺，探寻先进的环坯质量控制技术，确保在多道次局部加载热辗扩成形过程中铸坯组织完全向细化和均匀化锻态组织转变。

1.4.1　环坯铸造凝固过程质量控制难点

环形零件短流程铸辗复合成形技术是一种全新的理论与工艺，涉及冶炼、铸造、辗扩等主要工艺过程，其中冶炼和环坯铸造凝固过程是确保环件综合性能的关键环节，只有在该阶段消除缩孔、缩松、偏析等组织缺陷，并细化晶粒，才能保证辗扩成形工艺和环件的质量及性能要求。铸造工艺过程涉及结晶、溶质的传输、晶体长大、气体溶解和析出、非金属夹杂的形成等多方面因素，对铸造工艺进行研究，控制铸件的凝固过程，获得无缺陷、晶粒细化，可满足辗扩成形性能需求的高质量铸坯，对环件短流程铸辗复合成形技术的研究开发和推广应用具有重要意义。

环坯的铸造工艺和凝固过程直接关系到铸坯质量，而高质量的环形铸坯又是环件辗扩成形质量和性能的前提与保障，因此确定合理的铸造工艺、控制铸造凝固过程是轴承环件生产的关键。影响铸坯质量的因素很多，包括冶炼过程、浇注工艺、凝固过程、添加剂和涂料的选用等，适当提高浇注温度、加快冷却速度都有利于改善铸件的组织，细化晶粒。

1.4.2　铸坯环件"形""性"一体化控制难点

辗扩的第一个作用是锻合铸坯内部缺陷，将铸态金属中的缩松、空隙和微裂纹等缺陷压实，提高金属的致密度。宏观缺陷的锻合过程通常要经历两个阶段：首先是缺陷区在压应力的作用下发生塑性变形，使空隙变形，两壁靠拢在一起，这个阶段也可以称为闭合阶段；然后在三向压应力作用下，加上高温条件，使空隙已经靠拢的两壁金属焊合在一起，这个阶段也称为焊合阶段。在塑性变形中，宏观缺陷能实现焊合的关键因素是变形量，如果没有足够大的变形量，不能实现空隙的闭合，虽然有三向压应力的作用，但很难消除宏观缺陷。内部缺陷的锻合效果，与变形温度、变形量、三向压应力状态及缺陷表面的纯洁度等因素有关。

环件辗扩在材料的锻造温度内进行，而此温度在材料的相变温度之上，材料在辗扩过程中没有相变，材料组织的变化只能通过晶粒的再结晶来完成。在热辗扩过程中，材料在塑性成形的同时，变形金属会受到两种加工行为的影响，即加工硬化和软化的影响。由于在塑性变形中，位错密度不断增加，使得材料的强度、硬度增加，产生硬化。组织软化包括动态和静态两种，动态软化机制有动态回复和动态再结晶，动态回复只对亚晶组织产生影响，而动态再结晶包括形核和晶粒长大过程，有新的晶粒生成。当发生大量的动态再结晶时，可以生成大量的新晶粒，使粗大的铸态组织晶粒转化为新的等轴晶粒。在辗扩过程中，动态再结晶的发生需要达到一定的应变（或变形量），只有当环件局部的应变大于这个值时，才能发生动态再结晶，此时的应变称为临界应变。而环件辗扩是一个连续局部变形过程，在环件热辗扩过程中，芯辊每转进给量较小，每转的应变量也很小，所以单次辗扩很难使材料发生再结晶。在辗扩的间歇时间内，金属仍处于高温状态，使材料可能会发生静态再结晶，而在环件辗扩中，以外径为 1m 左右的环件来说，在环件转速最慢时（环件接近成形时），环件每转一圈也只有两三秒的时间，根据第 2 章的研究结果，铸态 42CrMo 钢材料在这么短的间歇时间内不可能发生完全的静态再结晶。这样使得在变形过程中的应变（或位错密度）不能被完全软化，被累积下来。当被累积的应变量达到材料发生再结晶的临界应变时，则在材料被驱动辊和芯辊辗压时会发生动态再结晶。而发生动态再结晶后，由于环件辗扩变形时间短，有一些已经形核但未长大的晶核，在间歇时间有高温的作用下会逐渐长大，即发生亚动态再结晶。而没有发生动态再结晶的部分则在高温下发生静态再结晶。发生动态再结晶后，位错密度降低，位错畸变能得到释放。随着辗扩的不断进行，再结晶晶粒和没有再结晶的晶粒又会累积新的位错，使动态再结晶过程物质继续发展。在环件辗扩中，会不断地发生新的再结晶，新的晶粒不断产生，晶粒不断被细化，最后达到一个稳定状态。

热辗扩塑性成形后晶粒尺寸和均匀程度主要由环件辗扩过程中的再结晶程度和再结晶晶粒大小所决定。从上面的分析可以看出，在环件辗扩中几种软化机制同时作用，几种再结晶都会在部分区域发生，使得材料的组织得到细化和均匀化。而再结晶程度和再结晶晶粒尺寸与应变速率、变形温度和变形量等因素有关。在环件辗扩中，不同的环件辗扩工艺参数可以改变材料的应变速率、变形温度和变形量及间歇时间，使得通过控制环件辗扩工艺参数来达到使材料组织改善成为可能。

因此，研究铸坯热辗扩成形工艺中再结晶机理，通过控制辗扩工艺参数，使铸造环坯的粗大组织转变为均匀细小的锻态组织，提高材料的力学性能，是环件短流程制造技术要完成主要任务之一。

第2章

环坯短流程制造过程冶炼、凝固工艺与质量控制

2.1 铸造环坯合金冶炼、凝固控制技术

在 42CrMo 轴承套圈环件和 Q235B 钢法兰环件的短流程铸辗复合成形工艺中，连续的环件辗扩过程需要铸件材料具有良好的塑性和均匀性，铸造凝固过程是确保环件质量的基础环节，如果在该阶段存在杂质、缩孔、缩松、偏析等低塑性弱化与组织缺陷区，在辗扩成形过程中该区域容易产生裂纹，无法为热辗扩工艺提供高质量的环形铸坯和保障辗扩过程的顺利进行及其改善环件的成形质量。通常，铸件中的杂质主要是非金属夹杂，主要来自材料本身及熔炼和铸造过程中金属元素与非金属元素发生反应而形成的产物，它的存在会破坏铸件的均匀性，恶化其力学性能。研究表明，不同的夹杂物形状对铸件的影响也不同，当夹杂物的形状为球形时，对铸件的影响比较小；当夹杂物有尖角时，则会导致铸件产生微裂纹；当夹杂物呈薄膜包围晶粒时，能引起铸件的脆化。减少金属液中夹杂的主要途径是提高钢液的纯净度、控制铸型水分、减少易氧化元素含量、保持充型过程中金属液平稳流动或采用真空铸造等。此外，偏析主要是合金在凝固中固液界面处液相中溶质富集而产生的，属于微观范畴，它的危害不能完全去除，只能通过合理的成分设计来减轻。然而，合金冶炼、铸造过程涵盖了结晶、溶质的传输、晶体长大、气体溶解和析出、非金属夹杂的形成等多方面复杂因素，采用工艺分析和数值模拟的方法对环坯铸造凝固过程进行质量控制，优化铸造工艺，可获得无缺陷、晶粒细化和满足热辗扩工艺所需的铸件。在环形零件用碳钢中，添加典型合金及微量合金元素可以有针对性地提高铸钢件的力学性能，从而得到

性能和质量优异的环件产品。

42CrMo 和 Q235B 分别是常见的轴承套圈和法兰环件用材料，42CrMo 化学成分为：$w(C) = 0.42\%$，$w(Si) = 0.35\%$，$w(Mn) = 0.72\%$，$w(Cr) = 1.1\%$，$w(Mo) = 0.25\%$，$w(Ni、Cu) \leqslant 0.3\%$，$w(S、P) \leqslant 0.035\%$；Q235B 化学成分为：$w(C) = 0.2\%$，$w(Si) = 0.35\%$，$w(Mn) = 1.4\%$，$w(S、P) \leqslant 0.045\%$。根据上述分析，各元素对铸件有不同的影响：①Si 在钢中的主要作用是脱氧，通常利用 Si 的强还原性去除 FeO 杂质，改善钢的性能，Q235B 中 Si 元素含量较少（0.35%），可以认为它是一种有益的元素；②在 42CrMo 和 Q235B 中，Mn 是有益元素，主要作用是脱氧和减轻 S 元素的危害；③P 是一种有害元素，它会使钢冷脆性提高，在钢中容易产生偏析，影响环形铸件的力学性能；④S 元素也是一种有害元素，其主要是与铁形成 FeS 化合物，部分 Fe 会与 FeS 形成低熔点共晶合金，共晶温度约为 989℃，这类共晶物质分布在奥氏体晶界上，在进行后续辗扩、锻压和轧制等热加工工艺时，温度通常为 1000～1200℃，明显高于共晶温度，导致环形铸坯在热加工过程中出现热脆现象。因此，想要获得高品质的铸件必须严格控制 S 和 P 元素的含量。

2.2 环坯铸造工艺

42CrMo 钢液和 Q235B 钢液均具有熔点高、流动性差、收缩大、易氧化等特点，而且夹杂物对环形铸件力学性能的影响也很大。因此，浇注系统必须结构简单，断面尺寸较大，充型快而平稳，流股不宜分散，并且要有利于铸件的顺序凝固和冒口的补缩。同时，它也不应阻碍环形铸件的收缩。考虑到这些要求及环形铸件的实际尺寸，确定了两种砂型铸造工艺方案及一种立式离心铸造工艺方案，分别是安放有环形外冷铁的底注式浇注系统和浇、冒口共用的顶注式浇注系统，以及立式离心铸造系统。

2.2.1 顶注式浇注系统铸造

顶注式浇注系统的浇口位于环形铸件顶部，金属液直接由上端注入型腔，该浇注系统可加强铸件的顺序凝固，有利于冒口补缩，减少轴向缩松，减小冒口体积，易于充满型腔，造型简单，金属液消耗量少。不足之处在于金属液注入型腔时，在重力作用下对型腔的冲击较大，金属液易于飞溅。在实际生产中，顶注式浇注系统被经常应用，作者所在团队曾经在矿山耐磨环锤的消失模铸造中采用该种设计方法，取得了成功，应用效果良好。但本书中环件的尺寸较大，能否获得无缺陷、性能良好的铸件属于一种尝试，如果成功，就可以省去相对底注式浇注系统较为复杂的造型工艺，节约时间，提高效率。设计出的浇、冒口共用的顶注式浇注系统及其三维造型如图2-1所示。

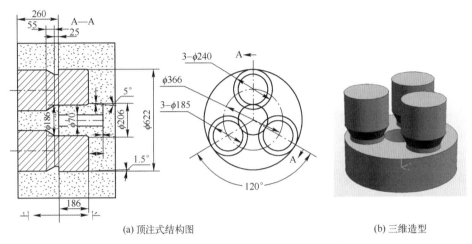

(a) 顶注式结构图   (b) 三维造型

图2-1 顶注式浇注系统及其三维造型[2]

采用3个腰圆形冒口，间隔120°均匀分布在环形铸件的上方，冒口高260mm，顶端直径为240mm，底部直径为185mm，砂芯直径为70mm。任选其中一个冒口同时作为浇口进行浇注。

2.2.2 底注式浇注系统铸造

底注式浇注系统是指通过浇口杯、直浇道、横浇道、内浇道等将熔融的金属液从环形铸型底部引入到型腔的浇注系统，具有金属液充型平稳，不产生激溅、铁豆，型腔内气体易于从顶部或设计的排气孔排出，环形铸件无气孔，金属氧化少等特点。但底注式浇注系统造型比较复杂，各部分尺寸需合理[2]。

1. 包孔直径

环形铸钢件主要采用漏包进行浇注，它保温性能好，流出的钢水夹杂物少，无须采用结构复杂的浇注系统进行撇渣。钢包的容量根据炉子的容量确定，浇包总容量应大于环形铸型内金属需要量；钢液的浇注速度由包孔直径和包内钢液的深度决定。在实践经验中，总结出了漏包包孔直径、浇注速度和浇包容量之间的对应关系，如表2-1所列。

表 2-1 漏包包孔直径、浇注速度和浇包容量之间的对应关系

包孔直径 ϕ/mm	30	35	40	45	50	55	60	70	80	100
平均浇注速度 q/(kg·s^{-1})	10	20	27	42	55	72	90	120	150	190
浇包容量 m/t	3	5 8	5 8	5 8	3 8	10	12	40	90	90
		10	10	10	10	12	30	90		
		30	30	30	30	40				
		40	40	40	40	90				
		90	90	90	90					

参照洛阳 LYC 轴承有限公司生产车间现有的炉子容量和漏包型号,选定 ϕ55mm 的包孔直径进行浇注。

包孔直径确定后,相应的各浇道组元尺寸也可以确定,即

$$F_{包孔}:F_{直}:F_{横}:F_{内} = 1:(1.8 \sim 2.0):(1.8 \sim 2.0):2.0 \qquad (2-1)$$

同时,由于该环形铸件属于大型铸件,因此直浇道、横浇道和内浇道都采用耐火砖管。

2. 浇注时间和液面上升速度

浇注时间对环形铸件的质量有重要影响,计算时要综合考虑铸件的结构、合金及铸型方面的因素。每一种铸造工艺都对应有适宜的浇注时间范围,根据时间的不同,又可以分为快浇和慢浇。研究发现,快浇对铸件浇注凝固质量相对有益,因此,本书选用快浇,具体时间根据经验公式得到。

$$\tau = Am^n \qquad (2-2)$$

式中:τ 为浇注时间 (s);m 为铸件或浇注金属质量 (kg);A、n 均为经验系数,依照铸造数据手册,其取值为 1.5~2.35,1.5 时最为合适。

另外,浇注时间的确定还要考虑到金属液的上升速度,因为它与浇不足、冷隔、夹砂、结疤等缺陷的形成密切相关。铸型内液面上升速度由式 (2-3) 确定。

$$\nu = \frac{C}{\tau} \qquad (2-3)$$

式中:C 为铸件的高度 (mm);τ 为浇注时间 (s)。

浇注中存在着 ν_{max} (保证型腔内排气和防止过度紊流) 和 ν_{min} (防止浇不足、冷隔等缺陷) 两个极限值,浇注时间需满足下面的条件:

$$\frac{C}{\nu_{max}} \leq \tau \leq \frac{C}{\nu_{min}} \qquad (2-4)$$

综上所述,考虑最大和最小上升速度的要求,最终确定该环形铸件合适的浇注时间范围为 12~20s,现场实际浇注时控制在 15s 左右。

3. 冒口尺寸

由于金属液是自下而上注入型腔，最后到达冒口位置的，因此必须考虑整体的凝固顺序，合理安排冒口位置及尺寸大小，确保冒口内的金属液最后凝固，以避免环形铸件内部出现浇不足及缩松等缺陷。这里选用模数法确定环形铸件的冒口模数：

$$M = \frac{ab}{2(a+b)} \qquad (2-5)$$

代入 $a=234cm$、$b=179cm$，得铸件的模数 $M_{铸件}=51cm$，则冒口的模数 $M_{冒口}=1.2M_{铸件}=61.2cm$。经过修正，并根据生产车间的冒口尺寸查询表，确定选用两个同样的腰圆形保温冒口，对称分布在铸件上方，其尺寸为 300mm×450mm（腰型）×450mm（高）。

4. 冷铁

42CrMo 和 Q235B 环形铸件属于典型的铸钢件，外形及壁厚尺寸大，凝固成形后环坯直接进行热辗扩，必须最大限度提高环形铸件质量。因此，安放 4 块外冷铁控制铸件的凝固顺序，同时加快局部冷却速度，使整个铸件趋于同时凝固，避免变形和裂纹产生，改善环形铸件的组织均匀性，提高表面硬度和耐磨性能。参照沈阳铸造研究所宋维德等对大型铸钢件外冷铁的研究，不同挂砂厚度对铸件的凝固时间具有影响：

$$K_G = \frac{\tau_2 - \tau_1}{\Delta L} \tau^{-\frac{1}{2}} \qquad (2-6)$$

式中：ΔL 为铸件的某一段长度；τ_1 为铸件 ΔL 段初始断面的凝固时间；τ_2 为铸件 ΔL 段末端断面的凝固时间；K_G 为临界值，范围为 $0.09 \sim 0.11$。

据此，外冷铁挂砂厚度确定为 $15 \sim 20mm$，以形成适宜时间梯度，实现顺序凝固。

由于顶部外冷铁不易固定，且常影响型腔排气。因此，采用气隙外冷铁，将其安放在环形铸件的底部和侧面，厚度按经验公式确定：

$$\delta = (0.3:0.8)T \qquad (2-7)$$

式中：δ 为外冷铁的厚度（mm）；T 为铸件热节圆直径（mm）。

气隙型外冷铁工作面积相当于在原有砂型表面积上净增了 1 倍的冷铁工作表面积（$A_s = A_0 + 2A_{c2}$），铸件模数也由 M_0 减小到 M_1，工作表面积可按下式计算。

$$A_{c2} = A_s - A_0 = \frac{V_0}{M_1} - \frac{V_0}{M_0} = \frac{V_0(M_0 - M_1)}{M_0 M_1} \qquad (2-8)$$

式中：V_0 为铸件体积；A_c、A_s、A_0 分别为冷铁工作表面积、砂型等效面积和铸件的表面积；M_0、M_1 分别为铸件原模数和使用冷铁后铸件的等效模数。

同时，为防止外冷铁被铸件熔接，依照热平衡原理计算外冷铁的质量，即

$$W_C = \frac{L + \Delta t c_L}{600 \text{℃} \times c_S} \frac{(M_0 - M_1)}{M_0} W_0 \qquad (2\text{-}9)$$

式中：Δt 为过热度；L 为结晶潜热；c_L、c_s 分别为金属液、固体的比热容。

综上所述，选用 4 块 20#钢挂砂外冷铁，侧面两块尺寸均为 300mm×300mm×150mm，底部两块尺寸均为 300mm×300mm×300mm。

5. 三维铸造工艺图

根据上述方法，绘制出的底注式浇注系统三维铸造示意图如图 2-2 所示。考虑到排气的顺畅性，在冒口之间设置了两个 ϕ40mm 的排气孔。

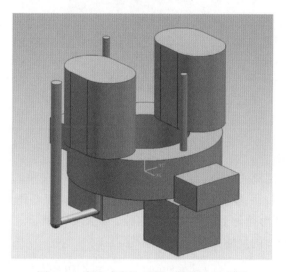

图 2-2　底注式浇注系统三维铸造示意图

2.2.3　立式离心铸造

1. 浇道

立式离心铸造的浇注系统由直浇道和横浇道两部分组成，它们除了作为金属液浇注通道，还必须具有能够提供金属液去填补铸件凝固时的收缩，实现顺序凝固。

浇道设计应当满足式（2-10）和式（2-11）：

$$M_{直} > M_{横} > M_{铸} \qquad (2\text{-}10)$$

式中：$M_{直}$ 为直浇道的模数（cm）；$M_{横}$ 为横浇道的模数（cm）；$M_{铸}$ 为铸件被补缩部分模数（cm）。

$$V_P > (V_{铸} + V_{横}) \cdot K \qquad (2-11)$$

式中：V_P 为直浇道最大补缩的体积（cm^3）；$V_{铸}$ 为铸件体积（cm^3）；$V_{横}$ 为横浇道体积（cm^3）；K 为铸件收缩率（%）。

图 2-3 所示为环形铸件立式离心铸造浇注系统示意图。取环形铸件的凝固收缩率 K 为 5%~6%，计算得直浇道的直径为 100mm，高为 241mm；横浇道高为 191mm，内圆直径为 100mm，外圆直径为 300mm，侧边长为 100mm，共 4 条横浇道，互成 90°均匀分布在直浇道与环形铸件之间。

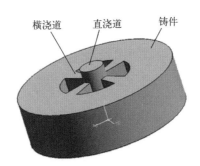

图 2-3　环形铸件立式离心铸造浇注系统示意图

2. 铸型转速

环形铸件采用离心铸造，当旋转轴与水平面有一夹角时，凝固后的铸件内表面形成一抛物面形状，如图 2-4 所示。当立式离心铸造时，倾角 α 为 90°，更容易在环形铸件上产生抛物面内腔，如图 2-5 所示。根据铸型转速和倾角，其上下开口的尺寸关系可由下式确定。

$$d = \sqrt{D^2 - \frac{8Lg\sin\alpha}{\omega^2}} = \sqrt{D^2 - \frac{0.716L\sin\alpha}{\left(\dfrac{n}{1000}\right)^2}} \qquad (2-12)$$

式中：d 为小径尺寸（mm）；D 为大径尺寸（mm）；L 为铸件长度（mm）；g 为重力加速度，9.8m/s；α 为旋转轴倾角（°）；ω 为旋转角速度（r/min）。

从式（2-12）中可以看出，当 $\alpha = 90°$ 时为立式离心铸造，此时 d 和 D 的差值最大，内腔形状完全取决于转速，不同的铸型转速下环形铸件内表面形成的抛物面也不同，如图 2-6 所示。低合金铸钢件的铸型转速采用重力系数法得到的

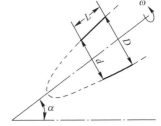

图 2-4　离心铸造铸件内表面的抛物面

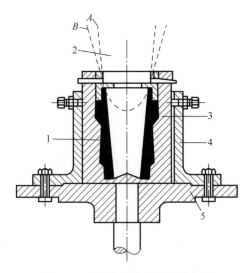

图 2-5　立式离心铸造时的抛物面

1—铸件；2—浇口；3—金属铸型；4—离心机外壳；5—下端盖。

结果较为可靠，其计算公式为

$$n = 299\sqrt{G/R} \tag{2-13}$$

式中：n 为转速（r/min）；G 为重力系数（表 2-2）；R 为铸件半径（通常取内半径）（cm）。

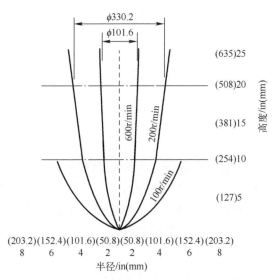

图 2-6　立式离心铸造时不同转速形成的抛物面形状

在立式离心铸造中没有冒口，而浇道充当了冒口的角色，G 的取值应为 $5\sim20$，此处取 20。

$$n = 299\sqrt{G/R} = 299\sqrt{20/25} \approx 267\text{r/min} \approx 4.5\text{r/s} \qquad (2-14)$$

考虑到环形铸件尺寸较大，浇注金属液充型速度快，为减轻金属液对型腔内壁的压力，起始浇注阶段，转速控制在正常转速的 $10\%\sim15\%$，待铸件外层发生凝固后，将转速调整为正常，直至环形铸件凝固结束。

表 2-2 重力系数的选用

铸件名称	G	铸件名称	G
中空冷硬轧辊	$75\sim150$	轴承钢圈	$50\sim65$
内燃机气缸套	$80\sim110$	铸铁管砂	$65\sim75$
大型缸套	$50\sim80$	双层离心管	$10\sim80$
钢背铜套	$50\sim60$	铝硅合金套	$80\sim120$
钢管	$50\sim65$		

3. 浇注时间

环形铸件越大，浇注速度也越大，但规律性不强，难以确定出适当的浇注时间。实践表明，离心浇注时铸件壁厚的增厚速度有较强的规律性，浇注时间可按下式确定。

$$\tau = \frac{e}{v_0} \qquad (2-15)$$

式中：τ 为浇注时间（s）；e 为环形铸件壁厚（mm）；v_0 为环形铸件壁厚的增厚速度，为 $0.5\sim3\text{mm/s}$。

因此，该铸件的壁厚 $e=169\text{mm}$，取 v_0 值为 3mm/s，则充型时间为 57s。

4. 浇注温度

柱状晶的长度随浇注温度的升高而增加，当浇注温度达到一定值时，可以获得完全的柱状晶，如图 2-7 所示。但此处环坯离心铸造的预期是得到尽可能多的等轴晶，限制柱状晶发展，以细化晶粒、改善环形铸件组织均匀性和提高力学性能。降低浇注温度可避免在浇注、凝固初期和凝固过程中形成的激冷等轴晶在向内部游离时因为熔体温度过高而重熔，从而促进等轴晶的形成。大量实验研究发现，合理降低浇注温度是减少柱状晶，同时获得细小等轴晶的有效措施，如图 2-8 所示。

环形铸件的浇注温度一般是在其材质的熔点以上，$40\sim80℃$，本书中根据 42CrMo 和 Q235B 的化学成分，前者 Cr 含量较高，有形成氧化膜倾向，而且本书研究的环形铸件壁厚较大，综合分析确定二者浇注温度均为 $1500\sim1520℃$。

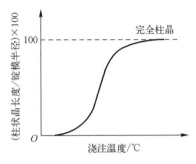

图2-7　浇注温度与柱状晶长度的关系

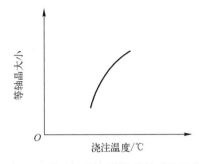

图2-8　浇注温度与等轴晶尺寸的关系

5. 铸型工作温度

当合金液的液态和凝固收缩率大于环形铸件的固态收缩率时，铸件易出现缩孔缩松等缺陷。因此，浇注前应对铸型进行预热。环件外形尺寸和壁厚较大，铸型预热温度为25℃、200℃和400℃，具体取何值，根据后续环坯铸造凝固过程数值模拟研究确定。

2.3　环坯铸造凝固过程理论、数值模拟与实验研究

2.3.1　环坯铸造凝固过程理论分析

在环形铸件的生产中，早期铸造工艺多采用试错法和经验法，往往是通过反复浇注，才能确定生产工艺，既浪费时间，又浪费了大量材料，增加了铸造成本。由于铸造凝固过程涉及流体流动、温度变化和晶粒结晶等复杂问题，尤其是离心铸造凝固过程，在离心力的作用下，金属液体充入型腔后，会出现各种不同的流体运动。因此，其充型凝固和传热过程更加复杂，传统方法已经不能满足生产的要求。

近年来，随着液态凝固理论与技术的进一步发展与完善及计算机技术的飞速发展，铸造数值模拟技术能够对凝固充型过程中的流动场、温度场及微观组织进行模拟。充型过程不仅涉及流体的流动问题，也伴随着温度下降与金属凝固现象的发生。凝固过程传热包括金属及铸型内部的热传导，金属与大气间的辐射传热和对流传热等。应力场也即热应力的模拟，目前主要集中在凝固以后阶段。微观组织的模拟主要基于形核和晶粒生长理论，模拟形核过程一般采用随机性方法描述，而晶粒的进一步生长则采用确定性模型（如

Cellular Automata 模型），模拟出的微观组织不依赖于单元网格划分结构。因此，技术人员通过模拟可正确认识凝固过程中的温度场分布、凝固组织形貌、预测铸件缺陷，从而对工艺方案提出改进，这是传统生产工艺无法比拟的。

大量学者对铸造过程力学、传热及数学算法、数值模型的深入研究，为铸造工艺软件的开发奠定了良好的理论基础。ProCAST 由 ESI 软件公司开发的铸造凝固仿真软件，可以优化铸造产品及其铸造工艺，具有强大的网格划分器和强大的材料数据库；还拥有基本合金系统的热力学数据库，用户可以直接输入化学成分，从而自动产生诸如液相线温度、固相线温度、潜热、比热和固相率的变化等热力学参数。因此，ProCAST 可以模拟金属铸造过程中的充型过程和传热过程，精确显示缺陷位置及残余应力与变形，准确地预测缩孔、缩松和铸造过程中微观组织的变化规律。

ProCAST 的基本模块包括前处理模块、分析模块和后处理模块。中间计算模块又含有流动计算模块、应力场计算模块、温度场计算模块和铸件质量预测；后处理模块包括晶粒结构分析模块、微观组织分析模块和电磁分析模块等；前处理模块包括网格生成模块、反向求解模块，如图 2-9 所示。前处理用于设定各种初始与边界条件，后处理可以显示温度、压力和速度场，同时也可以将这些信息综合于一体，这充分体现出 ProCAST 软件的功能强大。

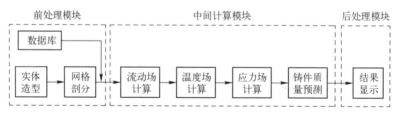

图 2-9　铸造过程数值模拟系统的组成

用 ProCAST 开展铸件模拟计算的基本步骤为：导入 UG 或 Pro/E 模型，在 Meshcast 中划分网格，在 ProCAST 前处理模块设置材料、换热系数、边界条件、运行参数等，运行 DataCAST 转换为二进制文件，运行 ProCAST 进行求解计算，在后处理模块 ViewCAST 中查看模拟结果，并进行分析。在所有的模拟步骤中，MeshCAST 网格划分尤为关键，网格大小及划分好坏对后续的模拟具有较大影响。因此，必须选取合理的单元格长度以优化网格，在划分时最好不同的零件选取不同的长度，需要重点研究的对象，如铸件等画得密一些，砂型等其他不做重点研究的部件则画得缩松一些。

1. 环形铸件质量要求

环件辗扩使环坯产生壁厚减小、直径扩大、截面轮廓成形的连续局部成形工艺[4]，需要铸件具有良好的塑性和均匀性。如果环件铸坯存在低塑性区域，那么在辗扩过程中该区域容易产生裂纹。低塑性弱化区主要是杂质和偏析造成的，杂质主要是非金属杂质，来自材料本身及熔炼和铸造过程中金属元素与非金属元素发生反应而形成的产物，破坏铸件均匀性，力学性能下降。减少金属液中夹杂的途径主要是提高钢液的纯净度、控制铸型水分、减少易氧化元素含量、保持金属液充型平稳流动或采用真空铸造等方法[5]。

依据环件短流程铸辗复合成形工艺的要求，需要铸造出如图 2-10 所示的 Q235B 环形铸坯，具体要求：①尺寸 270mm×105mm×45mm；②尺寸公差为 CT11，机加工余量 RMA 为 H 等级；③力学性能要求符合 GB/T 700—2006 规定，环形铸件的材料是常见的法兰用材料 Q235B。

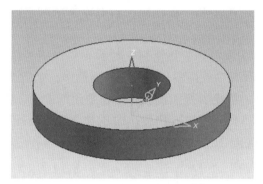

图 2-10 Q235B 环形铸坯[6]

2. 材料成分对铸件性能的影响

42CrMo 环件主要应用于大型轴承套上，对于轴承套圈的使用要求不仅要有较高的接触疲劳强度、一定的硬度和耐磨性及较高的抗压强度，还要求有良好的冲击韧性和断裂韧性及良好的尺寸稳定性和工艺性能。根据使用性能的要求及合金元素对钢性能的分析，确定用于铸辗复合成形的 42CrMo 和 Q235B 环形铸件的化学成分如 2.1 节所述。

3. 铸造工艺选择

砂型铸造是一种传统铸造方法，因其特有的优点被广泛的使用在铸造车间中，占世界铸件产量的 80%~90%。具有如下优点：①受零件形状、大小及合金种类制约少；②铸型材料容易获得；③生产周期较短，生产成本较低。离心铸造的优势在于：①在铸造环件时不用使用砂芯，效率高；②不用浇冒口和浇道，省去了切割冒口及浇道环节，节省材料，缩短了铸造时间，有利于实现环件的大批量生产；③在离心力的作用下，钢液凝固后铸件组织比较细密。

基于砂型和离心铸造工艺在环件生产上具有的优点，这里选用这两种铸造工艺对所需的 42CrMo 钢轴承套圈和 Q235B 钢法兰环形铸坯进行铸造。

4. 砂型铸造工艺

1）铸型材料及涂料选择

铸型材料：水玻璃砂型比较环保，具有价格便宜、流动性好、硬化快和型芯尺寸精度高等优点。在制型和铸造过程中均不会产生有毒气体，砂型的退让性强，可以有效减少铸件热裂缺陷。因此，选用水玻璃砂作为铸型材料，具体成分为：40/70 目硅砂 88%，外加白泥 5%，水玻璃（模数为 2.2）7%。

涂料选择：铸型涂料对环形铸件的表面质量影响很大，在砂型内壁涂刷涂料可以有效地防止金属液凝固过程中的铸件表面黏砂，使铸件的表面质量得到改善，减少铸件清理工作量；当空气湿度大时，有效地抗湿并保持铸型表面强度，减少铸型散砂和气孔缺陷；在浇注时涂料还可以加固砂型表面、减少钢液对铸型的冲刷。

水玻璃砂的醇基涂料一般是由耐火粉料、悬浮剂、黏结剂、载液组成。配制涂料前先把固体热塑性酚醛树脂溶解于酒精中，之后加入适量乌洛托品，配出的涂料强度高、抗黏砂性能比较好。在悬浮剂方面，作者选用了有机膨润土，使用时使有机膨润土与二甲苯 1∶10 的比例混合成透明胶状。在耐火粉料方面，选用锆英粉，并添加有机膨润土、酚醛树脂和二氧化钛助剂，质量分数分别为 1.5%、2%~4%、0.1%~1%。

2）冒口确定

经计算，环形铸件的体积为 2.2L。为节约金属液，选用补缩效果较好的标准圆柱形暗冒口；为使铸件形成顺序凝固，选用顶冒口；考虑到冒口补缩距离与冒口切除难易程度，选择两个易切割对称分布于圆环两侧。易切割冒口的计算与普通冒口的计算方法相同，故作者先按照普通冒口计算方法得出圆柱形暗冒口尺寸，再计算冒口颈的大小。

冒口能补缩的最大体积计算公式为

$$V_{C\max} = \frac{\eta - \varepsilon}{\varepsilon} V_R \tag{2-16}$$

式中：η 为冒口补缩效率（%）；V_R 为冒口初始体积（L）；$V_{C\max}$ 为冒口补缩的最大体积（L）；ε 为铸件收缩率（%）。经查铸造资料，大气压力暗顶冒口的补缩范围为 0.15。

Q235B 法兰铸坯体积 $V_{C\max} = 2.2$L，铸件的收缩率 $\varepsilon = 4.5\%$，冒口补缩效率 $\eta = 15\%$，代入式（2-16）中，得

$$2.2 = 2 \times \frac{15\% - 4.5\%}{4.5\%} V_R \tag{2-17}$$

得到冒口初始体积 $V_R = 0.43L$。Q235B 属于低合金碳钢，结晶范围较窄，一般冒口缩孔较深，所以冒口高度要不小于冒口直径的 1.5 倍才能对铸件形成良好的补缩。查铸造手册，标准圆柱形暗冒口的尺寸为 $h = 1.5d = 120mm$，两个暗冒口能够补缩的最大铸件体积为 $1.2×2 = 2.4L$，环形铸件体积为 2.2L，因此该冒口完全满足补缩要求。

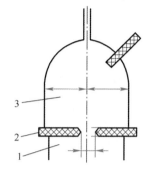

图 2-11　易切割冒口
1—铸件；2—隔片；3—冒口。

易切割冒口在与铸件的连接处用隔片隔开，隔片有一个"补缩颈"，如图 2-11 所示。补缩颈的截面有一个临界值，冒口颈的截面积大于临界值才能使冒口对铸件补缩良好。

通常在保证隔片有足够强度前提下，隔片越薄越好，因为薄的隔片容易被钢液加热，使冒口颈处的钢液不易过早凝固，有效地保护了冒口对铸件的补缩能力。

隔片厚度为

$$\delta = 0.093d \tag{2-18}$$

圆截面的补缩颈直径为

$$d_0 = 0.39d \tag{2-19}$$

式中：d 为冒口直径（mm）；d_0 为补缩颈直径（mm）。

把 $d = 80mm$ 代入式（2-18）与式（2-19）中，得

$$\delta = 7.5mm, \ d_0 = 31mm$$

隔片的制作方法为：耐火砖粉 15%，耐火黏土 60%，白泥 25%，加水搅拌自然干燥 24h 后在炉内加热至 1000~1100℃，保温 2h，随炉冷却。

3）浇注系统

环件和冒口的总体积为 3.4L，用转包浇注，因此选用封闭-开放式浇注系统。铸件相对密度 $d = G_L / V (kg/dm^3)$，其中 G_L 为铸件重量，V 为铸件轮廓体积，计算得 $d = 28/12 = 2.33 kg/dm^3$。用浇注重量和铸件相对密度的值可以查出铸钢件内浇道截面积 $A_g = 7cm^2$。

封闭-开放式浇注系统的各组元截面积比例为

$$\Sigma A_g : \Sigma A_{ru} : \Sigma A_s = 1 : 0.857 : 1.1 = 7 : 6 : 7.7 \tag{2-20}$$

式中：A_g 为内浇道截面积（cm^2）；A_{ru} 为横浇道截面积（cm^2）；A_s 为直浇道截面积（cm^2）。

环件砂型铸造工艺图如图 2-12 所示，砂箱尺寸为 505mm×960mm×870mm。

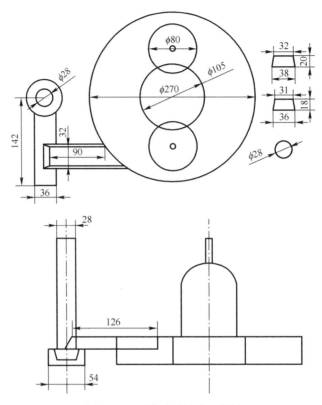

图 2-12 环件砂型铸造工艺图

4）浇注时间

浇注时间的大小是影响铸件品质的一个重要因素。对转包浇注的小型铸钢件的浇注时间的计算主要是根据经验公式：

$$t = C\sqrt{G_{浇}} \tag{2-21}$$

式中：t 为浇注时间（s）；$G_{浇}$ 为金属液浇注总质量（kg）；C 为系数，与铸件相对密度 K_v 相关。

已知铸件的相对密度为 2.33kg/dm³，因此可以确定 $C = 1.0$，代入经验公式［式（2-21）］可得浇注时间 $t = 5.6s$。

5. 离心铸造工艺

离心铸造不用砂芯、冒口，金属液凝固时降温较快，金属组织致密。卧式水冷金属型离心铸造机将铸型完全浸泡在封闭冷却水中，提高铸件冷却速度，缩短生产时间，铸件的表面质量比较好，可以有效缩短铸辊复合成形环件凝固成形时间。因此，42CrMo 环形铸件采用前述的立式离心铸造方法，而Q235B 环形铸件则采用卧式离心铸造方法。

1）铸型选择

离心铸造水冷过程金属铸型要经受周期性的热冲击：①内表面温度高于临界软化温度，局部应力值超过材料屈服强度；②金属型在室温下具有良好韧性；③对冶炼工艺要求高，杂质元素含量少；④严格控制热处理工艺参数获得均匀强韧的细晶粒组织。

通过大量学者的研究，我国目前使用的金属型材料分别为 20CrMo、30CrMo、21CrMo10，这里选用 20CrMo 为金属铸型材料。

2）铸型转速

由于环件厚度比较薄，用卧式离心机进行浇注时钢液主要存在径向移动。如图 2-13 所示，当金属液浇入卧式离心机时，受重力和离心力作用，逐渐形成中空环状。钢液在转动过程中，上部离心力与重力相反，下部与重力相同，上部的钢液比下部的厚。当转速足够高时，环件的偏心差缩小。另外，离心铸造自外向内凝固会使钢液厚度减小，偏心差也减小。

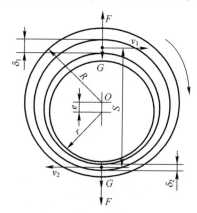

图 2-13　钢液在水平离心铸型中的径向运动

S—层流之间的重心距离；R—铸型内径；r—金属液内腔半径；δ_1、δ_2—铸型顶部和底部的金属液厚度；
e—金属液内腔与铸型内腔的中心偏差。

由以上分析可知，铸型转速对铸件的影响很大。在离心铸造方面，国内外学者针对不同的离心铸造推出了不同的转速计算公式，由于本工艺使用的铸造机为卧式离心机，并且环形铸件的内外径之比为 270/105＝2.57，因此选用比较通用的离心铸造公式，根据重力系数来计算转速。

由表 2-2 和式（2-13）可知，取重力系数为 60，铸件的内半径为 5.25cm，计算得到铸型转速 $n＝1010$r/min，即 17r/s。

3）离心铸造方式

Q235B 环形铸件在采用卧式离心机浇注时采用短流槽式浇注，如图 2-14

所示。金属液在水平铸型内主要存在径向移动。受离心力和重力的互相作用,当转速达到一定值后,金属液在铸型中会形成环状,并逐渐凝固。

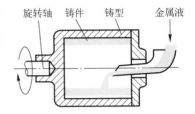

图 2-14 卧式离心铸造浇注方式

4) 水冷型离心铸造模粉

水冷型离心铸造机的铸型浸泡在低温冷却水中,铸型温度较低,在喷水基或油机上涂料时不易干燥,因此使用这种铸型时一般不用喷涂料,由此该工艺铸造的铸件表面质量相对比较高。为了保护铸型和增强孕育,在进行铸造时,水冷金属型内要用模粉,在即将浇注时,模粉通过运输装置吹至铸模中。

2.3.2 42CrMo 钢环坯铸造凝固过程数值模拟

1. 底注式砂型铸造凝固过程数值模拟

1) UG 三维造型

采用直、横浇道的底注式浇注系统,浇道直径分别为 60mm、40mm;铸件尺寸为 858mm×500mm×234mm,在环件高度方向的外缘对称放置两块 300mm×200mm×150mm 的 20 号钢外冷铁,另外两块尺寸为 300mm×300mm×300mm 的冷铁置于铸件下方。同时,4 块冷铁均挂砂 15mm,使用两个腰圆型冒口,其尺寸均为 300mm×450mm(腰圆型)×430mm(高),并于冒口间增加 ϕ40mm 的出气孔两个,砂箱尺寸为 1600mm×1600mm×1184mm。图 2-15 所示为隐去砂箱部分的底注式砂型铸造示意图。

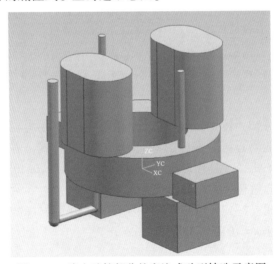

图 2-15 隐去砂箱部分的底注式砂型铸造示意图

2）ProCAST 模拟参数设置

将 UG 绘出的铸件、冒口及砂箱三维模型，转出为 xmt_txt 文件后导入到 ProCAST 模拟软件 Meshcast 模块进行实体网格划分，节点、网格单元总数分别为 259903 和 1437712。ZG42CrMo 的热物性参数采用 ProCAST 自行计算的结果，并加以修正，水玻璃砂造型；铸件、冒口、浇道与砂箱间的界面换热系数均为 $300W \cdot m^{-2} \cdot K^{-1}$，冷铁与砂箱间的换热系数为 $100W \cdot m^{-2} \cdot K^{-1}$，冷铁与砂箱间的换热系数为 $1000W \cdot m^{-2} \cdot K^{-1}$；整个铸造系统采用空冷，浇注速度为 400mm/s，浇注温度为 1560℃，砂箱初始温度为 25℃；激活 Run Parameters 中的温度场及流场模块，当达到 LVSURE 限制值且 NCYCLE = 1 时切换到只进行传热计算，这样可以节约计算时间，加快模拟运行速率。

3）充型过程及其分析

42CrMo 环形金属液充型过程如图 2-16 所示[2]。当 $t = 197s$ 时，整个铸件及冒口充型完毕，浇道、铸件、冒口及气孔均设置为空。当 $t = 2.5s$ 时，浇道被填充完毕；当 $t = 9.5s$ 时，铸件被完全充满；当 $t = 173s$ 时，靠近浇道部位的冒口已充满，而此时远离浇道的另一冒口仅充满约 2/3；当 $t = 197s$ 时，该浇道也被填充完毕。至此，整个铸件空腔部分已全部被填满。由此可知，铸件自开始填充至完全被填满耗时 7s，而两个冒口耗时 187.5s，然而铸件和冒口的体积分别为 $0.357m^3$、$0.104m^3$，铸件是冒口的 3 倍多，但填充时间仅仅为其 37/1000，产生此强烈反差的原因是金属液在填充铸件时，冒口为空，上升的液体基本不受压力，但随着金属液的不断填充，对内浇道口的压力逐渐增大，填充速度也相应减慢，当填充冒口时，$0.357m^3$ 的 ZG42CrMo 金属液产生的巨大压力迫使直浇道口所受负荷严重，单位时间内进入空腔的钢液随之急剧减少，由此造成了冒口更长的填充时间。同时，远离浇道口的冒口被填充时，钢液需要克服更大的阻力，导致两个冒口未能同时被填充完毕，而是一前一后，相差 24s。由 ProCAST 计算所得的速度/时间坐标图如 2-17 所示，二者的数据基本一致，结果具有可靠性。

4）凝固过程及其分析

凝固过程的数值模拟结果如图 2-18 所示。图 2-18 中，浅白色表示凝固百分比低于 50% 的部分。从图示结果可以看到，当 $t = 1085s$ 时［图 2-18（a）］，浇道直径较小，蓄积热量少，此处散热较快，已全部凝固；铸件与冒口由外向内逐层凝固，且当 $t = 2256s$ 时［图 2-18（b）］铸件自下而上的凝固顺序更加明显，此时冒口也已开始补缩。由于冷铁的存在，使得铸件靠近冷铁的部位凝固速度远远大于其他地方。当 $t = 2926s$ 时［图 2-18（c）］，即将出现孤立液相区，至 $t = 3055s$ 时［图 2-18（d）］，孤立液相区完全独立，此时铸件

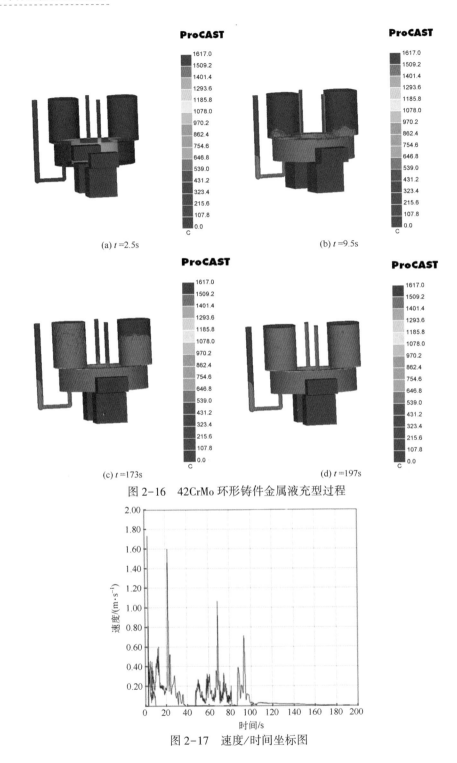

(a) $t=2.5s$

(b) $t=9.5s$

(c) $t=173s$

(d) $t=197s$

图 2-16   42CrMo 环形铸件金属液充型过程

图 2-17   速度/时间坐标图

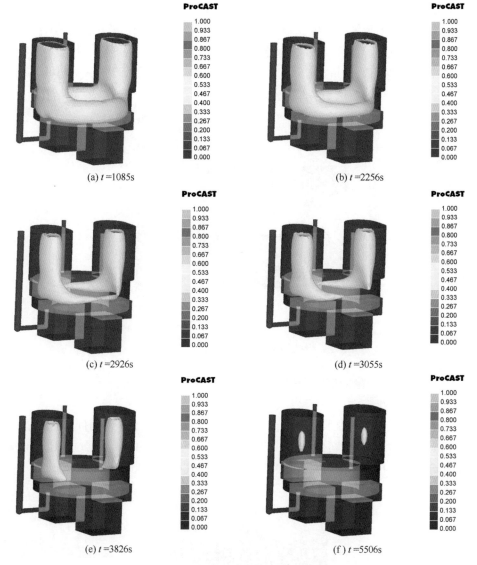

图 2-18　凝固过程的数值模拟结果

未凝固部分由冒口进行补缩，与设计思路相一致。随着凝固的逐步进行，在 $t=3826s$ 时 [图 2-18（e）]，铸件即将全部凝固，而冒口中尚未凝固部位的体积较大。从图 2-18 中也可以看到，铸件靠近浇道的部位完全凝固时间大于较远的一侧，原因是此处蓄积的热量较多。当 $t=5506s$ [图 2-18（f）] 时，铸件已全部凝固，孤立液相区留在了冒口中间部位，这也是我们在进行工艺设计时希望得到的结果。

完全凝固后的结果如图 2-19 所示。该图为缩孔、缩松分布情况的切面图，浅色表示出现缩孔、缩松概率较大的部位。由图 2-19 可知，在冷铁和冒口的共同作用下，铸件实现了由外向内、自下而上的顺序凝固，冷铁作用明显，冒口尺寸合理，补缩充分，缩孔、缩松等被留在了冒口内，铸件不存在缺陷，模拟预测的结果也与设计思路相符。

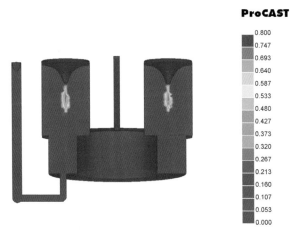

图 2-19　完全凝固后的结果

2. 顶注式砂型铸造凝固过程数值模拟

1）UG 三维造型

铸造工艺 UG 三维示意图如图 2-20 所示，下方为环形铸钢件，上方为 3 个相同的冒口，顶部直径为 240mm，底部直径为 185mm，高为 260mm，间隔 120°均匀分布在 φ366mm 的圆周上，同时选择其中一个冒口作为浇道口。

图 2-20　铸造工艺 UG 三维示意图

2）网格划分及模拟参数设定

用 UG 绘出铸件、冒口及砂箱的三维模型，输出为 xmt_txt 文件后导入到 ProCAST 模拟软件 Meshcast 模块进行实体网格划分，节点及网格总数合计分别为 129751 和 689278。ZG42CrMo 的热物性参数采用 ProCAST 自行计算的结果，并稍加修正，液固相线温度分别为 1484℃、1405℃，水玻璃砂造型，铸件与砂箱间界面换热系数为 500W·m^{-2}·K^{-1}，浇注温度为 1560℃，砂箱初始温度为 25℃。

3）凝固模拟结果及分析

该铸造工艺凝固过程的模拟结果如图 2-21 所示，外围深色为已凝固部分，浅色表示尚未凝固的部位。从图 2-21 中可以看出，当 $t=738s$ 时，环形铸件已由外部边缘开始向内部凝固，其轴向 1/2 高度处因散热较慢，导致凝固速度低于两端；同时，冒口与铸件交界地带出现了热节，凝固速度相对较低。当 $t=2248s$ 时，凝固进一步深入，铸件下半部分凝固速度明显高于上端，浇道处的凝固程度低于另外两个冒口，而且在浇道和冒口的中间位置因凝固较快，铸件尚未凝固区域出现了类似凹槽的形状。当 $t=3928s$ 时，冒口已对铸件进行补缩，但明显可以看出冒口补缩不充分，缩孔、缩松有出现在铸件内部的趋势；当 $t=5178s$ 时，铸件内即将出现孤立液相区，3 块体积较大的液相区的凝固收缩依旧由各冒口进行最后的补缩；当 $t=5328s$ 时，孤立液相区完全分离开来；最终，当 $t=5858s$ 时，凝固基本结束，孤立液相区留在了铸件内部，缩孔、缩松缺陷将在此处产生。另外，浇道下方的孤立液相区体积明显大于其他两个，这是由于浇道处热量多而集中，同样的散热速度下，热量不能及时传导出去。图 2-22 所示为该铸造工艺缩孔、缩松的分布情况（切面图），浅色表示出现缩孔、缩松概率较大的部位，这与上面的分析结果一致。

通过对 42CrMo 环件铸造工艺顶注式浇注的模拟分析可知，冒口起到了一定的补缩作用，但由于其尺寸较小，补缩不足，未能良好实现自下而上的顺序凝固；同时，将一个冒口充当浇道来浇注大型环件的设计不合理，增加了缩孔、缩松出现的可能性。

3. 立式离心铸造凝固数值模拟

1）网格划分及参数设置

采用 ProCAST 软件进行实体网格划分，节点及网格总数为 202920 和 1084371。热物性参数采用 ProCAST 自行计算结果，并稍加修正，铸件与铸型间界面换热系数为 500W·m^{-2}·K^{-1}，浇注温度为 1600℃，铸型预热温度为 25℃，铸型转速为 4.5r/s，浇注速度为 378mm/s。

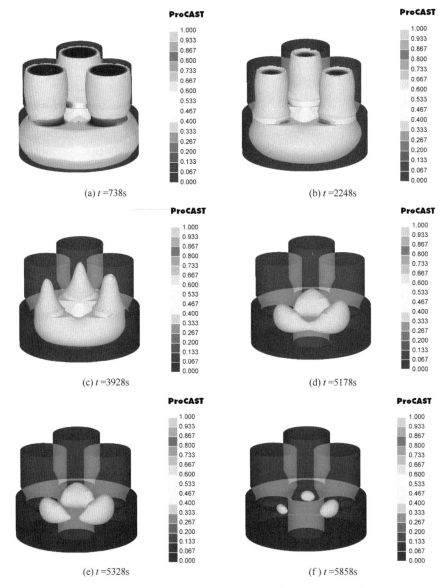

(a) $t = 738s$ (b) $t = 2248s$

(c) $t = 3928s$ (d) $t = 5178s$

(e) $t = 5328s$ (f) $t = 5858s$

图 2-21　42CrMo 钢环坯铸造工艺凝固过程的模拟结果

2）充型过程及其分析

图 2-23 所示为 42CrMo 环形铸件立式离心铸造的充型过程。从图 2-23 中可以看出，铸件整个过程充型良好，体现了离心铸造逐层充型的特点，4 个横浇道充型均匀，使得铸件在同一时刻，各向具有同样的厚度，确保了铸件的顺序凝固[5]。由各时刻的充型分解图可知，当 $t = 4s$ 时，直浇道已被充满，并

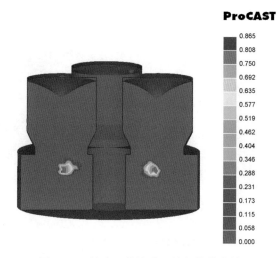

图 2-22　铸造工艺缩孔、缩松的分布情况

平均流入 4 个横浇道内，进入铸型内的金属液在离心力的作用下，随着铸型的旋转方向而靠近外壁；当 $t=5.5\text{s}$ 时，金属液附着在外壁上，由于是立式离心铸造，金属液将由型壁的下部逐渐向上方填充；当 $t=18\text{s}$ 时，整个型壁已被金属液完全覆盖，形成了一薄层激冷层，最外缘的部位开始降温，逐渐凝固，此时如果转速过低，产生的离心力不足以克服金属液的重力，就会出现淋落、紊流等现象，不利于铸件的凝固和晶粒细化；当 $t=27\text{s}$ 和 $t=32\text{s}$ 时，金属液充型平稳，内表面平滑；当 $t=57\text{s}$ 时，铸型及浇道完全被填充，铸件开始凝固。

3）离心铸造工艺参数对凝固组织的影响分析

（1）铸型转速。图 2-24 所示为浇注温度为 1520℃、铸型温度为 50℃、换热系数为 2000，铸型转速分别为 240r/min、360r/min、480r/min 时，不同壁厚处的组织模拟结果。从凝固组织模拟结果来看，随着铸型转速的增大，在靠近环件内壁的区域的晶粒尺寸越来越小，而靠近外壁的区域的晶粒变化不大。造成厚壁区域晶料尺寸变化的原因是随着铸型转速的增加，合金液质点所受到的离心力在增大，金属液流动速度加快，因此对流换热增强，凝固速度加快，抑制了柱状晶的生长，从而使晶粒变小。统计结果如图 2-25 所示。从整体组织模拟情况看，当转速为 480r/min 时，无论是薄壁区域还是近环件内壁的厚壁区域，组织晶粒都为最佳状态。

（2）浇注温度。浇注温度是影响铸件凝固组织的重要因素，图 2-26 所示为铸型转速为 480r/min、铸型温度为 50℃，浇注温度分别为 1500℃、1520℃、1540℃时，铸件不同壁厚处的组织模拟结果。从模拟结果可以看出，在同一

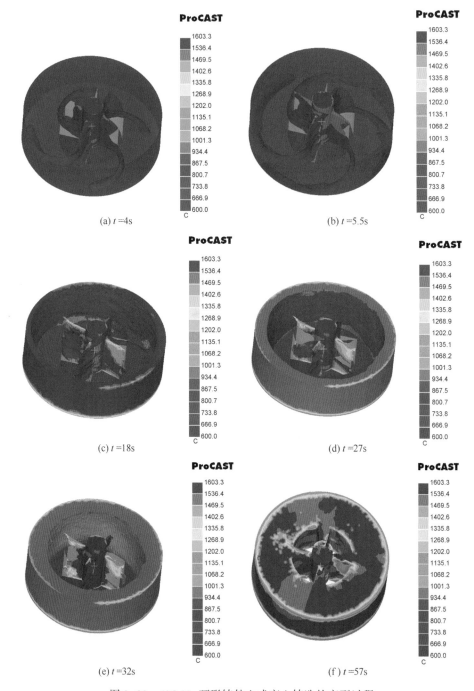

(a) t =4s

(b) t =5.5s

(c) t =18s

(d) t =27s

(e) t =32s

(f) t =57s

图 2-23   42CrMo 环形铸件立式离心铸造的充型过程

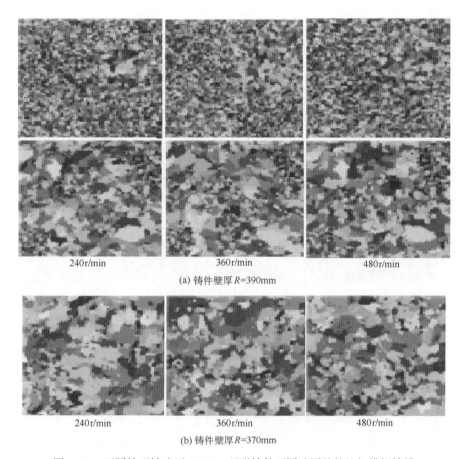

(a) 铸件壁厚 R=390mm

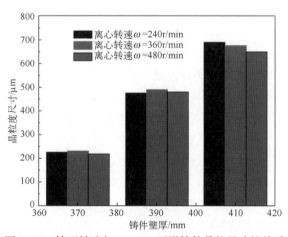

(b) 铸件壁厚 R=370mm

图 2-24　不同铸型转速下 42CrMo 环形铸件不同壁厚处的组织模拟结果

图 2-25　铸型转速与 42CrMo 环形铸件晶粒尺寸的关系

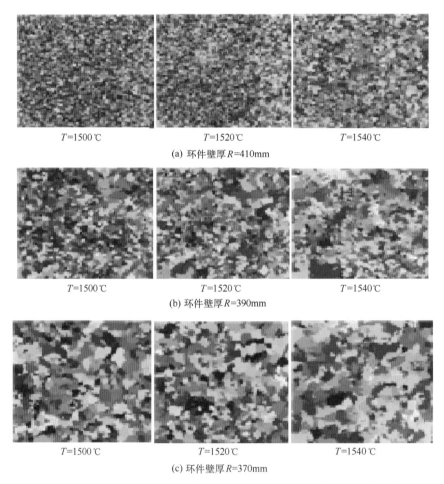

T=1500℃ T=1520℃ T=1540℃

(a) 环件壁厚R=410mm

T=1500℃ T=1520℃ T=1540℃

(b) 环件壁厚R=390mm

T=1500℃ T=1520℃ T=1540℃

(c) 环件壁厚R=370mm

图2-26   42CrMo环形铸件不同浇注温度下不同壁厚处的组织模拟结果

壁厚区域，不同浇注温度下晶粒组织模拟结果相差不是很大，这是因为模拟选取温度间隔为20℃，其温度差异很小，因此模拟结果相差不明显。但是若选取温度差异较大，则不符合实际浇注情况，因为根据成分的选定，浇注温度基本就有了一个区间值，不能随意变化太大。但从图2-26中可以看出，环件随着壁厚增加，晶粒尺寸是在逐渐增大的，浇注温度在低于1520℃时，晶粒尺寸变化不明显；当高于1520℃时，在铸件内壁区域，晶粒尺寸在变大，而且由等轴晶变为粗大柱状晶，因此浇注温度不宜过高。

浇注温度过高，金属液的过冷度ΔT增加，由形核理论可知，过冷度增大，临界形核功显著降低，结果凝固过程易于进行，晶粒长大加快。同时，浇注温度过高，为异质形核提供晶粒的从铸型内壁脱落的晶粒会被重新熔解，导致形核率降低，等轴晶被抑制，促进了柱状晶的生长，使晶粒粗大。图 2-27 所示为不同的浇注温度与晶粒尺寸的统计结果。

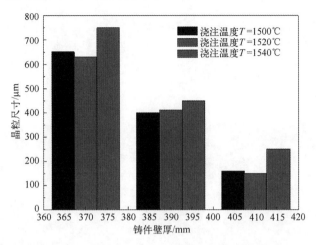

图 2-27　不同的浇注温度与晶粒尺寸的统计结果

（3）铸型温度。在离心铸造工艺里，对铸型进行预热是必要的，本节通过在一定的浇注温度、铸型转速及热交换条件相同的情况下，分别对铸型温度为 25℃、200℃ 和 400℃ 时进行数值模拟。不同铸型温度对不同区域平均晶粒尺寸的影响如图 2-28 所示，在铸件的不同区域的组织模拟情况如图 2-29 所示。对不同的铸型温度下的组织模拟结果进行比较后不难发现，预热温度的改变对铸件不同区域的影响作用也是不同的。对于靠近铸件外壁的区域来说，主要以激冷作用为主，铸型预热温度对其影响作用较小；对于靠近环件

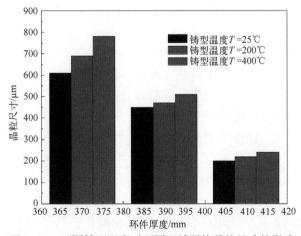

图 2-28　不同铸型温度对不同区域平均晶粒尺寸的影响

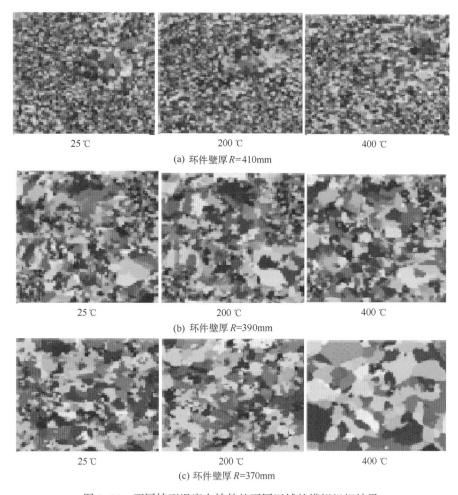

(a) 环件壁厚 R=410mm

(b) 环件壁厚 R=390mm

(c) 环件壁厚 R=370mm

图 2-29　不同铸型温度在铸件的不同区域的模拟组织结果

内壁的区域，随着铸型温度的升高，等轴晶区域变大，但平均晶粒尺寸也在不断增大。产生这种现象的原因是当铸型温度升高时，合金液进入铸型后的温度梯度变小，加之较高的铸型温度对合金液的激冷作用减弱，环件凝固冷却速度降低，因而形成粗大的等轴晶。

（4）换热系数。换热系数虽然不是离心铸造工艺的主要参数，但在前面的分析中也提到，换热系数是铸造过程中对流换热的一个抽象等效。因此，对于换热系数对铸造凝固组织的影响可以作为铸造工艺中冷却系统的研究。从平均晶粒尺寸与换热系数在不同壁厚处的变化曲线（图 2-30）来看，随着换热系数的增大，平均晶粒尺寸半径在减小，晶粒在细化。尤其是从1000 变化到 2000 的过程中，晶粒尺寸变化率较大，而从 2000 以后，晶粒尺寸变化较小，这说明换热系数的影响不是值越大影响越大，而是有一定的局限性。

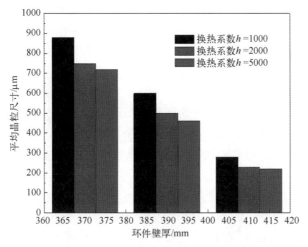

图 2-30　42CrMo 环形铸件平均晶粒尺寸与换热系数的关系

　　特别是对于本书研究的环形铸件壁厚较厚，随着铸件从外壁向内凝固，当铸件凝固层厚度达到一定程度以后，根据非均匀形核理论，熔融金属内部形核条件达不到形成大量晶核的条件，因此，晶粒继续长大，长成大量的柱状晶。铸件进一步凝固的时候，随后尚未凝固的金属液同时达到液相线温度，因此，在环件内侧形成粗大的柱状晶组织。

2.3.3　42CrMo 钢环坯铸造凝固过程实验研究

1. 环坯铸造凝固实验

　　对底注式砂型铸造凝固工艺方案所用的 42CrMo 钢液进行冶炼，分析浇注出环坯的金相组织和力学性能（硬度测定、冲击试验、拉伸试验），并与 Pro-CAST 数值模拟结果进行对比，验证工艺理论及模拟分析的可靠性。

　　采用碱性电弧炉氧化法冶炼，冶炼温度为 $1680\sim1700℃$，温度动态用热电偶接触进行实时测量，冶炼 $3.5\sim4h$。在不含合金元素的情况下，每吨铸件按 1.184 的比例添加废铁料，合金元素量按计算比例添加，Mo 铁约为 $5kg/t$，Cr 铁约为 $5kg/t$，Si 铁约为 $5kg/t$，Mn 铁约为 $5kg/t$，终氧脱铝为 $1.2\sim1.5kg/t$。为促进钢水中脱氧产物及出钢时混入钢水的炉渣、耐火材料等的上浮排除，适量调节浇注温度，钢水浇注前镇静时间约为 10min。

　　采用砂模铸造，模具内腔留磨量上端面为 15mm、下端面为 12mm，内径为 15mm、外径为 12mm，并加 2.2% 的缩尺，选择底注式浇注系统，对称安置两个腰圆形冒口，在环件的上面及侧面各加两块外冷铁，并挂砂 15mm。浇注包孔直径为 55mm，浇注温度为 1550~1560℃，以 65~70kg/s 的速度浇注约 15s。为消除铸件残余应力，整个铸件带砂型保温 22h。然后，转移至清理车间切除冒口，并清理表面。至此，42CrMo 铸件浇注凝固成形工序已全部完成，随后对铸件取样进行性能分析。

2. 环坯金相组织观察

观察铸件不同位置金相组织的区别，研究浇注凝固工艺对铸件金相组织的影响及组织与力学性能之间的关系。将制备好的试样置于金相显微镜下观察，对不同组系的金相晶粒大小进行对比分析，以验证浇注凝固工艺的优劣性。

针对本课题制定的底注式浇注系统和外加环形冷铁的铸造凝固工艺，在洛阳 LYC 轴承有限公司铸造车间进行现场浇注凝固试验，对铸造凝固件进行超声波无损探伤检测后，铸件内部各个部位均未发现有缩孔、缩松等宏观缺陷，为验证数值模拟结果，也对冒口部分进行了无损探伤，其结果与数值模拟分析一致，存在缩孔、缩松，但其最终需要切除，对铸件性能无任何影响，该工艺达到了初步的期望。图 2-31 所示为铸态 42CrMo 钢试样的金相组织图。从图 2-31 中可以看出，其组织主要是细珠光体及枝晶间分布的细条块状分布的铁素体为典型铸态组织，但与普通的铸件相比，铁素体含量较多，改善了环形铸件的塑性。

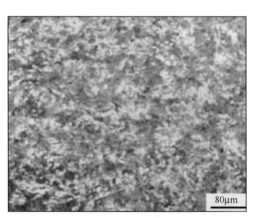

80μm

图 2-31　铸态 42CrMo 钢试样的金相组织图

由于铸钢件存在枝晶偏析和粗大奥氏体晶粒，其力学性能较差，因此不直接在铸态下使用，需经过适当的热处理，以期改善显微组织，从而获得良好的力学性能。经过正火后，使化学成分均匀化，消除或改善铸造时产生的魏氏组织和铸造应力，使粗大的基体组织转变为等轴细晶粒的铁素体和珠光体，获得近似于锻钢退火后的基体组织。

将切割后的金相试样进行正回火工艺，以 60℃/h 的速度升到 300～500℃，均温 2～3h，再以 60～80℃/h 的速度升到 650～700℃，均温 2～3 h 后再升到 860～880℃，保温 8～9h 后出炉风冷，冷至 250℃。然后进行回火工艺，以 60℃/h 的速度升到 300～350℃，均温 2h，再以 60～80℃/h 的速度升到 600℃，保温 8h 后炉冷到 350℃以下出炉空冷。经过该热处理工艺后的金相组织，如图 2-32 所示。

(a) 外缘下端部

(b) 内径处　　　　　　　　　　　(c) 上端部

图 2-32　42CrMo 环形铸件热处理后不同位置试样金相组织

同等条件下热处理后的组织主要为铁素体和珠光体，黑色为珠光体，灰白色为铁素体。经过比对分析可知，铸件靠近外缘部分晶粒较小，而内径部分较为粗大，下端部组织优于上端部组织，原因是周围安放有冷铁，散热良好，利于晶粒的生长。

3. 环坯力学性能分析

1) 拉伸性能

拉伸性能的目的是通过对 42CrMo 钢不同层面抗拉强度 σ_b、伸长率 δ 和断面收缩率 ψ 的测定，研究浇注凝固工艺对材料塑性和韧性的影响，并得到其塑韧性指标，结果如表 2-3 所列。试验测得的力学性能指标，是确定工程材料性能好坏的主要依据。

表 2-3   拉伸试验数据

试样序号	上屈服极限 R_{eH}/MPa	下屈服极限 R_{eL}/MPa	伸长率 δ/%	断面收缩率 ψ/%
1	65.583	835.022	8.08	22.56
2	64.834	825.486	7.31	19.90
3	60.615	771.768	6.50	18.10
4	56.606	720.724	5.54	19.00
5	59.441	756.829	4.23	8.80
平均值	61.416	781.966	6.33	17.67

由表 2-3 中数据及试样的取样位置可知，相对于一般的铸钢件而言，该工艺生产出的铸件塑、韧性较好，为铸辗复合成形的辗扩工序提供了优质的环坯，为整个工序的成功实现奠定了良好的基础。另外，可以看出，自铸件内层向外层屈服强度、抗拉强度、伸长率和断面收缩率在逐渐提高。

2) 冲击性能

冲击性能的目的是获得 42CrMo 钢铸件的冲击韧性值，它是表明材料在冲击载荷下吸收塑性变形和断裂功的能力，通过测定不同部位试样的冲击韧性 α_k，以分析铸件材料的韧性好坏，还可进一步通过断口形貌从微观结构上研究冲击功大小的原因，并揭示材料中的冶金缺陷和铸造缺陷。自环件外层向内层取 3 组，每组两件，最后求其平均值，常温下的冲击实验数据如表 2-4 所列。

表 2-4   常温下的冲击实验数据

试样序号	1-1	1-2	2-1	2-2	3-1	3-2	平均值
冲击功/J	14	14	14	13.9	13.9	13.9	13.95
冲击韧性/(J/cm^2)	15	15.06	15	14.81	14.88	14.76	14.92

通常情况下，铸钢件都存在枝晶偏析和粗大的奥氏体晶粒，其力学性能和加工性能比较差，尤其是冲击韧性更低。但从表 2-4 中的数据可以看出，该铸造工艺下试样的冲击韧性值明显高于铸钢件的平均水平。同时，由于冷

铁降低了液体金属的温度，使原有的晶体不被重熔，增加了等轴晶的数量，以至于试样 1-1、1-2 的冲击韧性较高于其他 4 件，说明冷铁发挥了良好的作用。

3）硬度测定

对铸件不同层面上的硬度值进行对比，得到其平均硬度值，并研究浇注凝固工艺对铸件硬度的影响。该实验是通过将球形压头压入试块表面，根据压痕大小查表获得硬度值。由于 42CrMo 钢属于低合金中碳钢，因此采用 ϕ10mm 的淬火钢球，负荷为 7500N，载荷保持时间选 12s，完成后自动卸载。取下试样后，用读数显微镜测量试样表面的压痕直径，从相互垂直的方向各测一次，取平均值，然后依此值查表得到相应的硬度值。

布氏硬度的理论计算公式为

$$HB = 0.102 \times \frac{2F}{\pi D(D - \sqrt{D^2 - d^2})} \tag{2-22}$$

式中：D 为钢球直径（mm）；F 为试验力（N）；d 为试样压痕平均直径（mm）。

布氏硬度测定结果如表 2-5 所列。铸件下层部位的硬度稍高于中上层，这是由于下层充型平稳，随着金属液的不断增加，积累起来的重力作用及冷铁对金属液的降温使得此处组织较为致密，从而硬度值有所增加。另外，这 6 组硬度值差距较小，比较平均，也明显高于一般铸钢件的平均硬度值。

表 2-5 布氏硬度测定结果

试样编号	1	2	3	4	5	6	平均值
硬度值（HB）	231	235	227	226	237	238	252

4）断口形貌分析

根据金属完全断裂前塑性变形量的大小，断裂可以分为脆性断裂、韧性断裂和韧-脆混合断裂。脆性断裂在断裂前几乎不发生显著的塑性变形，材料的断面尺寸和形状变化不大，断口平齐，有金属光泽，且断面上有放射或人字花纹，形成脆性断裂只需较小的冲击功即可。韧性断裂不同于脆性断裂，它在断口附近可形成明显的宏观塑性变形，断口一般呈现灰色的纤维状，工件在外形上表现出颈缩、弯曲及断面收缩等现象，相对脆性断口的形成需要较大的冲击功。韧-脆性断口介于二者之间，在电镜下可以看到解理、准解理和等形貌特征。

采用日立 S-4800 型扫描电镜对试样断口形貌进行观察，图 2-33 为冲击试样 1-1 的断口形貌，断口面中纤维状组织和结晶状组织交替。

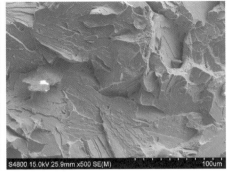

图 2-33 42CrMo 环形铸件冲击试样低倍断口形貌

图 2-34 所示为 42CrMo 环形铸件冲击试样高倍断口形貌。从图 2-34 中可以看出，试样冲击断裂后，在靠近 V 形缺口底部附近出现了明显的纤维状组织，该组织的存在能够提高试样本身的抗冲击性能，增强材料的塑韧性。

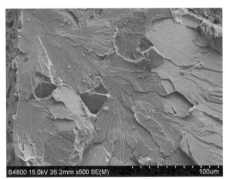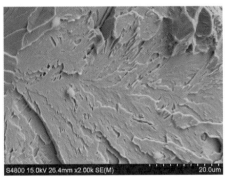

图 2-34 42CrMo 环形铸件冲击试样高倍断口形貌

2.3.4 Q235B 钢环坯铸造凝固过程数值模拟

1. 模型参数设置材料热物性参数的确定

材料的物性参数的计算结果如图 2-35 所示。法兰环件用 Q235B 材料的热物性如密度、黏度、热导率等都可以利用 ProCAST 软件自带的热力学数据库计算出来。由于 Q235B 材料属于低合金钢，因此用软件计算时选用 Lever 模型。水玻璃砂的热物性参数参照自建材料库即可。

2. 砂型铸造工艺模拟

在已确定铸造工艺的情况下，浇注温度和铸型温度是影响铸件质量的主要参数，因此对不同浇注温度和铸型温度进行模拟，分析不同工艺参数对铸件质量的影响。

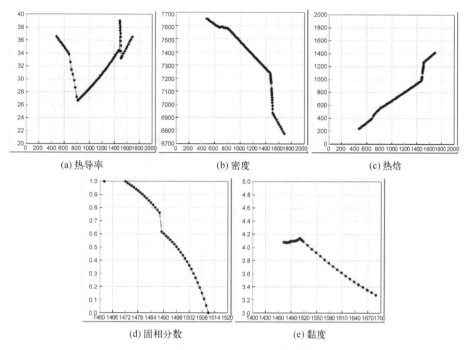

(a) 热导率　　　　　(b) 密度　　　　　(c) 热焓

(d) 固相分数　　　　　(e) 黏度

图 2-35　Q235B 材料的热物性参数的计算结果

1）砂型铸造的建模方法

模拟的主要过程是先利用 UG 软件对浇注系统进行三维造型，然后导出立体图形，导出的格式为 Parasolid；之后用 ProCAST 软件的 MeshCAST 模块打开 Parasolid 文件并进行网格划分，从而生成体网格 .dat 文件；随后在前处理模块 ProCAST 中对铸件的材料、界面换热参数、边界条件等进行加载，并进行运行参数设置，最后选择不同的参数对铸件进行模拟。具体设置过程如下。

网格划分：在 ProCAST 计算中，一般来说，网格越细模拟的结果越精确，但是过细的网格会使计算量特别大，因此过细的网格对计算机的要求也比较大，而网格过于粗大时往往会使原来的尺寸畸变，使凝固组织的模拟失真，因此合理地划分网格对模拟结果非常重要。本模型中作者兼顾效率和模拟结果对铸件的不同区域进行了不同的网格划分，对浇道及出气孔细化了网格，对砂型粗化了网格，划分后的网格如图 2-36 所示。

前处理：单击 PreCAST 后选取体网格文件，打开后弹出的窗口会显示出模型的信息，其中包括材料数、节点数及模型的尺寸大小，如图 2-37 所示。随后开始进行前处理设置。ProCAST 顶部界面有 9 个菜单，在砂型铸造模拟中主要用到 Materials、Interface、Boundary Conditions、Process、Initial Condi-

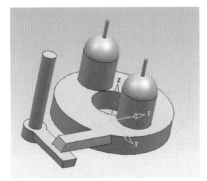
(a) 浇注系统三维立体图

(b) 划分网格后的铸件三维图

图 2-36　划分后的网格的效果图[6]

tions、Run Parameters 这 6 个参数设置。其中，Materials 主要是用来加载铸型和铸件的材料；Interface 用来加载不同材料之间的界面换热参数；Boundary Conditions 用来加载铸件的浇注位置、浇注速度、散热方式及形核位置；Process 用来加载重力参数；Initial Conditions 用来加载不同材料的初始温度；Run Parameters 用来加载计算时的运行参数。

Number of Materials:	2
Total number of Nodes:	32015
Total number of Elements:	161199
Hex Elements:	0
Wedge Elements:	0
Pyramid Elements:	0
Tetrahedral Elements:	161199

X-dimension: -13.18898 to 13.18898 inches
Y-dimension: -15.14309 to 13.18898 inches
Z-dimension: -7.87402 to 8.07087 inches

Model Size:
Length = 26.37796 in
Height = 28.33207 in
Depth = 15.94488 in

图 2-37　模型的信息

由于铸造工艺已定，目前影响铸件组织的因素主要有浇注温度、铸型温度。因此作者主要针对这两个参数对铸件进行模拟，并针对模拟结果进行分析，确定最佳的铸造工艺参数。由于软件计算所得 Q235B 的液相线温度为 1511℃，因此作者确定的模拟浇注温度分别为 1520℃、1540℃、1560℃、1580℃、1600℃，铸型温度确定为 25℃、100℃、300℃。具体设置方式如下。

材料选择设置：在模拟中铸件的材料为 Q235B，铸型材料选择水玻璃砂。

界面换热系数设置：在铸造凝固中，铸型与铸件间的传热方式比较复杂，而界面换热参数又是整个系统的传热关键，在模拟中占有重要位置，本模拟中作者使用文献［56］中的界面换热参数输入软件中，该换热系数是一个随温度变化的系数。

边界条件设置：浇注时间为 5.6s，由软件可以计算出浇注速度为 36kg/s，在浇口处设置相应的浇注温度，选择微观组织模拟 Nucleation 部分为全部铸件，铸型散热方式为空冷。

重力加速度设置：在 Process 界面上单击 Gravity，设置重力加速度为 $10m/s^2$，注意方向不要设置反了。

初始条件设置：在 Initial Conditions 中设置相应的铸型温度和铸件初始温度。

运行参数设置：在 Run Parameters 中选择重力浇注参数默认值，并修改最大允许计算步数 NSTEP 为 20000 次，修改截止计算温度 TSTOP 为 1400℃，依次设置完相关参数后保存并退出，此时文件已自动保存为 DAT 格式。

微观组织模拟参数设置：单击主菜单的 DateCAST 窗口，用 DateCAST 把 DAT 文件转化为二进制文件，之后进行微观组织的加载设置。

在进行微观组织加载之前，要确认主菜单中是否已经选中 CAFE Module，如果未选中，那么 CAFE 模块无法运行。具体的方法是：打开 ProCAST 软件主菜单左边的 Stallation Settings 设置，选中 CAFE Module 即可。设置好之后，在 ProCAST 窗口处选择 CAFE pre-prcessor 即可打开微观组织设置界面。

在 CAFE 界面中选择的计算位置是两个冒口正中间的环件部位，如图 2-38 所示。为了加速计算选择模拟部位是尺寸为 45mm×10mm×2mm 的长方体。

图 2-38　Q235B 环形铸件砂型铸造过程中微观组织模拟位置

KGT 模型的生长系数 $a_2 = 0$，$a_3 = 6.203×10^{-6}$ m/s·K^3。高斯分布参数：体形核参数 $\Delta T_{V,max} = 2K$、$\Delta T_{V,\sigma} = 0.5K$、$n_{V,max} = 1.0×10^{11}$ m^{-3}；面形核参数

$\Delta T_{s,\mathrm{max}} = 1\mathrm{K}$、$\Delta T_{s,\sigma} = 0.5\mathrm{K}$、$n_{s,\mathrm{max}} = 1 \times 10^{10}\mathrm{m}^{-2}$。

在设置完以上参数时，单击 ProCAST 界面，选择 Post-processing mode 计算方式进行模拟，这种模拟方式比较快。

2）铸件的充型过程和缩孔、缩松缺陷位置

图 2-39 所示为砂型铸造工艺在不同时间内的充型过程及降温过程，可以看出，在 0.5s 时，钢液在直浇道、横浇道和内浇道内刚刚充满，随后钢液在铸型内沿切线进入；在 2.6s 时，两股钢液在远离浇道的冒口下方汇合，之后钢液在环件内部逆时针旋转上升，经过 3.94s 的时候钢液进入冒口下端并继续上升，直到 5.6s 时，铸件充型完毕。整个充型过程快速平稳，有利于减轻钢液在空气中的氧化，同时钢液在铸型内的环形流动上升有利于钢液内的杂质上浮，使铸件更加纯净。由图 2-39（g）、（h）可知，铸件的凝固方式是自下而上，冒口部分最后凝固，这样的凝固方式有利于冒口对铸件的补缩，铸件的凝固方式符合设计的初衷，说明这种设计是合理的。

短流程铸辗复合成形工艺要求铸造环坯具有良好的性能，而缩孔、缩松缺陷对铸坯的性能的影响是致命的，因此作者以浇注温度和铸型温度为变量对砂型铸造模拟的缩孔、缩松位置进行模拟。

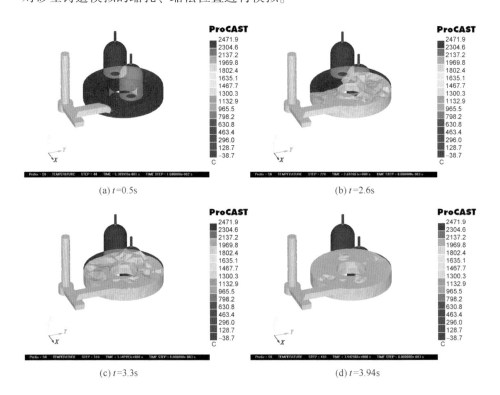

(a) t=0.5s　　　　　　　　　　(b) t=2.6s

(c) t=3.3s　　　　　　　　　　(d) t=3.94s

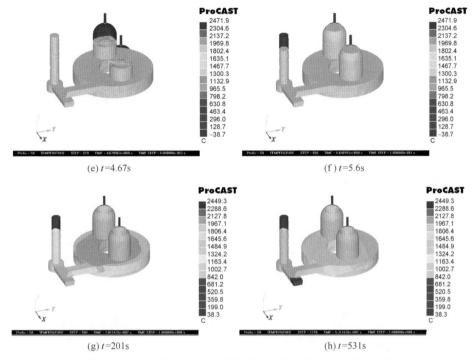

(e) t=4.67s   (f) t=5.6s

(g) t=201s   (h) t=531s

图 2-39　砂型铸造工艺在不同时间内的充型过程及降温过程

（1）铸型温度为 25℃。图 2-40 所示为铸型温度为 25℃时不同浇注温度下的铸件缩孔、缩松缺陷位置，用 Visual-Viewer Cast 打开 .unf 文件可以看到铸件的缩孔、缩松情况。从图 2-40 中可以看出，铸件的缺陷位置基本集中在冒口和浇道内。在浇注温度为 1520℃和 1540℃时，铸造系统的缺陷全部留在了冒口和浇道内，而且缺陷位置距离环件比较远，而环件内部无缩孔、缩松缺陷；当浇注温度为 1560℃时，冒口中间的环件部分出现了两个缩孔、缩松区域；当浇注温度为 1580℃和 1600℃时，靠近浇道的环件部分出现了缩孔、缩松区域。由以上分析可知，发生缩孔、缩松区域都是远离冒口端的环件部分。

（2）铸型温度为 100℃。图 2-41 所示为铸型温度为 100℃时缩孔、缩松缺陷在铸件内部位置的分布图。当浇注温度为 1520℃和 1540℃时，环件内部没有缺陷；当浇注温度为 1560℃时，环件在远离冒口端的中间位置出现两处缺陷；当浇注温度为 1580℃时，环件在靠近浇道处出现缺陷；当浇注温度为 1600℃时，环件在靠近浇道处出现两个缺陷。

（3）铸型温度为 300℃。图 2-42 所示为铸型温度为 300℃时不同浇注温度下的缩孔、缩松缺陷位置分布图。当浇注温度为 1520℃时，冒口中间的环件内出现了两处缺陷，分别是靠近浇道处和远离浇道处；在浇注温度为 1540℃、

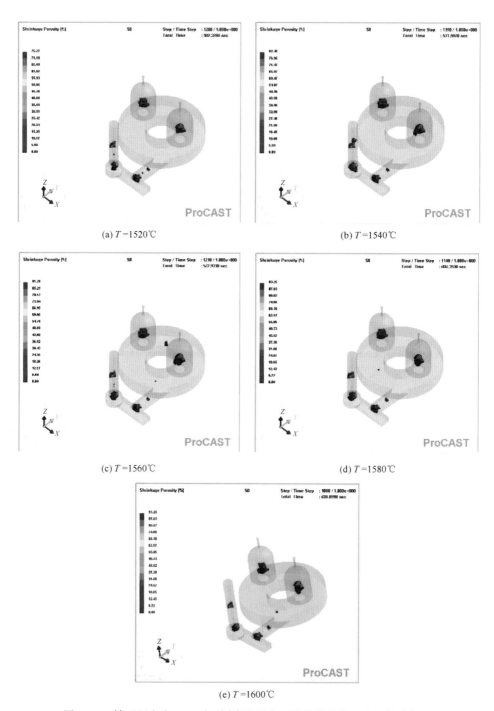

(a) T=1520℃

(b) T=1540℃

(c) T=1560℃

(d) T=1580℃

(e) T=1600℃

图 2-40　铸型温度为 25℃时不同浇注温度下的铸件缩孔、缩松缺陷位置

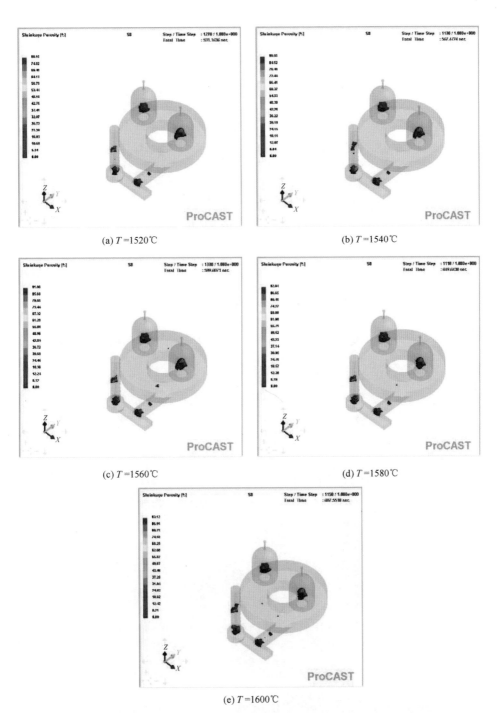

(a) T =1520℃

(b) T =1540℃

(c) T =1560℃

(d) T =1580℃

(e) T =1600℃

图 2-41　铸型温度为 100℃时缩孔、缩松缺陷在铸件内部位置的分布图

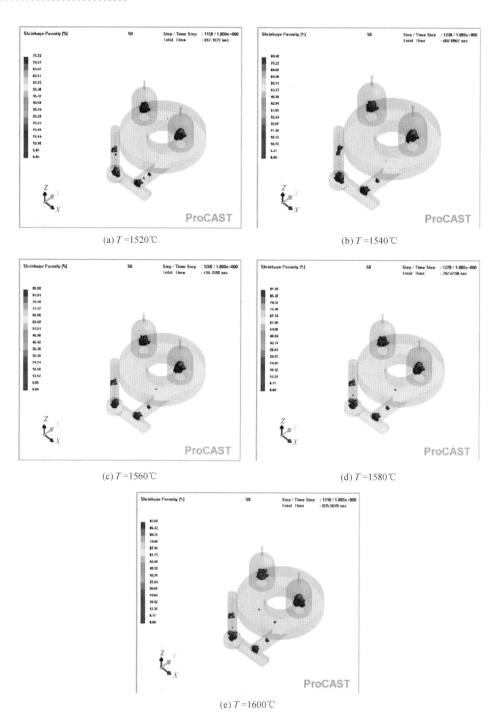

(a) $T=1520℃$

(b) $T=1540℃$

(c) $T=1560℃$

(d) $T=1580℃$

(e) $T=1600℃$

图 2-42 铸型温度为300℃时不同浇注温度下的缩孔、缩松缺陷位置分布图

1560℃、1580℃时，靠近浇道处环件部位出现了缺陷；当浇注温度为1600℃时，靠近浇道处出现了两个缺陷。

由图2-40~图2-42可知，环形铸件易出现缩孔、缩松缺陷位置是远离冒口的中间位置。图2-43所示为铸型温度为300℃时（浇注温度为1600℃）冒口缺陷位置处的截面。从图2-43中可以看出，尽管冒口缩管很深，但与环件还有很远的距离，说明冒口的高度设置为冒口直径的1.5倍是有效的。在模拟的过程中，作者试图降低冒口的高度，曾模拟过冒口尺寸为120mm×120mm的铸造工艺，模拟结果发现冒口的缩管很容易进入铸件内部，影响铸件质量，所以在进行铸件的冒口设计时一定要保证冒口的高度。作者对其他浇注温度的模拟结果进行截图也发现了类似结果，尽管不同浇注温度的冒口缩孔、缩松区域不同，但是冒口的缺陷均在进入冒口下的环件内。

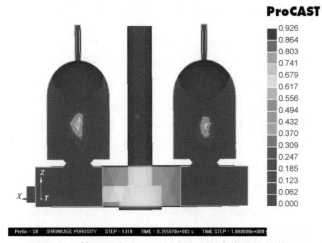

图2-43　铸型温度为300℃时冒口缺陷位置处的截面

图2-44所示为铸件的缩孔、缩松体积和铸型及浇注温度的关系图，是作者把铸件的缺陷部分体积经整理后制作的，缺陷部位的体积可由Visual-Viewer Cast得出。从图2-44中可以看出，当铸型温度一定时，铸件的缩孔、缩松体积随着浇注温度升高而增大；当浇注温度一定时，铸件的缩松体积大体上随着铸型温度的升高而升高。大家知道，钢液的黏稠度随着钢液温度的升高而降低，黏稠度低有利于铸件的充型，但由图2-41分析可知，浇注温度过高对铸件也是有害的，过高的浇注温度不利于冒口的补缩，会使铸件形成缺陷的危险性增加，所以必须控制好铸件的浇注温度，尽量对Q235B法兰铸件进行低温快浇。

3）浇注温度对砂型铸件微观组织的影响

本节中模拟了在铸型温度为25℃时不同的浇注温度对铸件微观组织的影

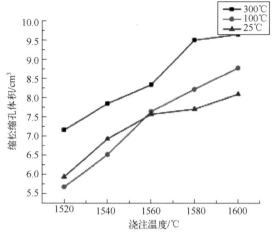

图 2-44　铸件的缩孔、缩松体积和铸型及浇注温度的关系图

响，浇注温度分别为 1520℃、1540℃、1561℃、1580℃、1600℃。

图 2-45 所示为不同浇注温度下的铸件微观组织。当浇注温度为 1520℃时，模拟部位基本是等轴晶区，只上下表面有约 2mm 的柱状晶区，内部的晶粒比外部的大；当浇注温度为 1540℃时，中间部分的晶粒变的比较大，3 个晶区范围变化不大；在浇注温度为 1560℃时，柱状晶区的扩展比较明显，已经深入到距表面 10mm 处，中间处的组织比浇注温度为 1520℃和 1540℃时的晶粒明显粗大；当浇注温度为 1580℃时，柱状晶区的大小范围距表面已达到 12mm 处，柱状晶环件中心的晶粒继续增大；当浇注温度为 1600℃时，柱状晶的范围达到距表面 13mm 处，铸件下表面处的柱状晶有明显的长大趋势，环件中心的晶粒比较粗大。不同浇注温度下的微观组织模拟结果显示，随着浇注温度的增加，柱状晶区范围随之扩大，环件中心的晶粒明显长大。

4）铸型温度对砂型铸件微观组织的影响

为了探讨铸型温度对微观组织的影响，本节模拟了铸型温度为 100℃和 300℃时铸件的微观组织情况与铸型温度为 25℃时的情况对比。

（1）铸型温度为 100℃。图 2-46 所示为当铸型温度为 100℃时，不同浇注温度下的铸件微观组织。当浇注温度为 1520℃和 1540℃时，铸件内部基本是等轴晶组织，不同的是浇注温度为 1540℃时，铸件的内部出现了一些比较粗大的组织；当浇注温度为 1560℃时，柱状晶区的范围距表面 9mm，与铸型温度为 25℃相比，柱状晶的长度、大小略微减小；当浇注温度为 1600℃时，柱状晶区的范围是距表面 10mm，与浇注温度为 1580℃相比，单个的柱状晶有长大的趋势。

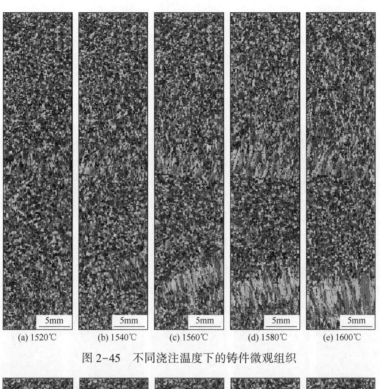

(a) 1520℃   (b) 1540℃   (c) 1560℃   (d) 1580℃   (e) 1600℃

图 2-45 不同浇注温度下的铸件微观组织

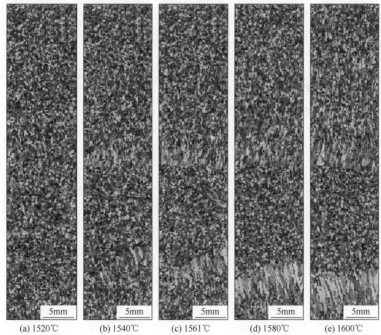

(a) 1520℃   (b) 1540℃   (c) 1561℃   (d) 1580℃   (e) 1600℃

图 2-46 铸型温度为 100℃时不同浇注温度下的铸件微观组织

（2）铸型300℃。图2-47所示为铸型温度为300℃时不同浇注温度下的铸件微观组织。当浇注温度为1520℃和1540℃时，组织中基本为等轴晶粒；当浇注温度为1560℃时，柱状晶区范围是表面至内部5mm处，与铸型温度为25℃时的砂型在相同浇注温度下的组织相比，柱状晶明显地减少了；当浇注温度为1580℃和1600℃时，柱状晶区分别为距表面8mm和7mm处。

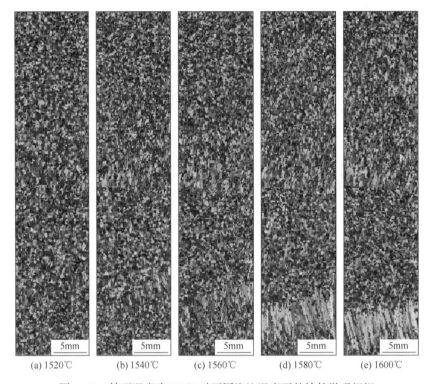

| (a) 1520℃ | (b) 1540℃ | (c) 1560℃ | (d) 1580℃ | (e) 1600℃ |

图2-47　铸型温度为300℃时不同浇注温度下的铸件微观组织

由图2-45~图2-47的微观组织分析可知，随着浇注温度的升高，铸件中的柱状晶区范围随之扩大，尤其当铸件的浇注温度为1560℃时，柱状晶区的增长特别明显，在浇注温度为1580℃和1600℃时，柱状晶区的变化范围不大，但单个柱状晶的形貌长大比较明显；不同铸型温度的模拟结果显示，提高铸型温度有利于减小铸件的柱状晶区，但是增大铸型温度也会使组织不均匀。

综合以上，在浇注温度为1520~1540℃、铸型温度为25℃时，铸件中没有缩孔、缩松缺陷，铸件的组织中柱状晶的比例较小，在这个温度区间内适宜法兰环坯的砂型铸造。

3. 离心铸造工艺模拟

1）离心铸造的建模方法

目前，ProCAST 软件的离心铸造模块是针对立式离心铸造设计的，因此在模拟中要进行特别的设置才能使 Q235B 环形铸件卧式离心铸造的充型及凝固过程得到实现。

（1）建模及网络划分。用 ProCAST 软件对 UG 造型导出的离心铸件和铸型文件进行网格划分并检查网格质量，当有面缺失或坏网格时，用 Tet Mesh 工具栏中的 Auto Fix Fillets/Bad Triangles 对网格进行修复。例如，出现软件不能自动修复问题，找到文件存储位置，仅保留 x_t 文件其余全部删除，并对网格重新划分和组装，对尺寸较小的部位或重要部位的网格尽量划分得细密一些。之后，生成实体网格进入 PreCAST 界面进行相关工艺参数加载。

（2）添加铸型材料库。打开 PreCAST 界面，单击 Materials 菜单，在右边菜单中选择铸件材料为 Q235B，由于在砂型模拟中已经用 ProCAST 添加了 Q235B 材料，软件已自动保存了材料的物性参数。在离心铸造时，选择铸型材料为 20CrMo，而材料库中没有这种材料，因此要根据 20CrMo 成分创建一个数据库，计算得出铸型材料的热物性参数如图 2-48 所示。

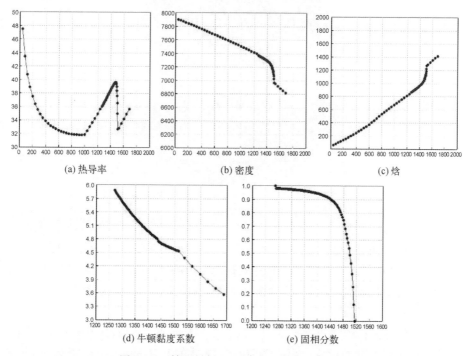

(a) 热导率　　　　(b) 密度　　　　(c) 焓

(d) 牛顿黏度系数　　　　(e) 固相分数

图 2-48　铸型材料（20CrMo）的热物性参数

（3）设定界面换热参数。单击界面的 Interface 菜单，把 Type 下的 EQUIV 改成 NCOINC。铸件与铸型界面的换热系数设置为一定值，主要跟铸型和铸件的材料有关，可以从相关文献中查出来，本模拟的铸型与铸件是金属与金属接触，界面换热参数大小为 2000W/m^2·K。

（4）设置边界条件。单击 Boundary Conditions 中的 Assign Surface，就会出现边界条件设置菜单，在 BC-Type 上添加 4 个边界条件，即 Heat、Heat、Velocity、Nucleation。两个 Heat 加载不同的区域：第一个加载部位是铸型外部，选择水冷；第二个部位是铸型其余部分，选择空冷。Velocity 选取方式比较特殊，也是卧式离心模拟的关键，为实现卧式离心浇注充型功能，作者把浇注位置设置为铸件上的某一确定区域并省去了短流槽，这样浇注位置会随铸件转动而转动，可近似的模拟卧式离心铸造。具体的加载位置为图 2-49 中的中间红色区域。按照浇注时间 3.7s 确定浇注速度并进行加载保存。Nucleation 为软件计算形核位置区域，为操作简单，作者选取了整个环件区域。

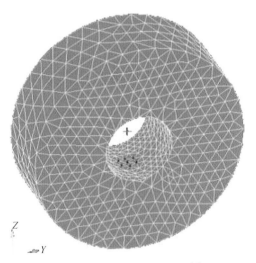

图 2-49　设置 Velocity 位置[6]

（5）设置重力参数。选择 Process 中的 Gravity 选项，当选择重力时要注意看清是否加载反了，对卧式离心铸造还要加载 Assign Volume 选项，加载时注意铸型不转而铸件旋转，旋转方式为铸件绕某一轴旋转，转速设置为 17rad/s。

（6）初始条件设置。选择 Condition 中的 Constant 选项，进入初始条件设置，分为对铸型和铸件初始温度的加载，根据模拟的不同加载温度有所不同。

（7）运行参数的设置。离心铸造的参数要在 Preference 中选择 Centrifugal 选项，这样会有默认的离心铸造参数，在进行模拟时要对默认参数进行修改。

为了确保计算能够一次完成，最大计算步数 NSTEP 设置为 20000 步；计算终止温度改为 1400℃；把最大充型量 DTMAXFILL 改为 1；关闭缩管计算，方法是把 PIPEFS 改为 0。设置完成后，关闭主界面，在单击 DateCAST 后退出。

（8）进行微观模拟参数设置。在 PreCAST 菜单中，选择 CAFE pre-processor，在微观组织界面中单击 CAFE setup 进入设置。微观组织参数与砂型的一致，KGT 模型的生长系数 $a_2 = 0$，$a_3 = 6.203 \times 10^{-6} \, \text{m/s} \cdot \text{K}^3$。高斯分布参数为：体形核参数 $\Delta T_{V,\max} = 2\text{K}$、$\Delta T_{V,\sigma} = 0.5\text{K}$、$n_{V,\max} = 1.0 \times 10^{11} \, \text{m}^{-3}$；面形核参数 $\Delta T_{s,\max} = 1\text{K}$、$\Delta T_{s,\sigma} = 0.5\text{K}$、$n_{s,\max} = 1 \times 10^{10} \, \text{m}^{-2}$。

选取的位置与砂型模拟相同，同样为 45mm×10mm×2mm 的长方体。在 Result 选项中选择 General 下的 External Surface 和 Nucleation。进入 Cuts 界面中，选择要添加的面，设置完毕，保存设置后退出。

2）浇注温度对离心铸件微观组织的影响

在进行微观模拟之前，先验证模拟方式的正确性，根据前文的设置方式进行了模拟，观察充型和降温方式是否符合卧式离心铸造规律。

Q235B 环形铸件卧式离心铸造充型过程如图 2-50 所示，铸型充满所用的时间为 3.4s，钢液从环内表面进入铸型中并随铸型转动。从图 2-50 中可以看出，经过修改立式离心设置，可以准确地模拟卧式离心的充型过程。

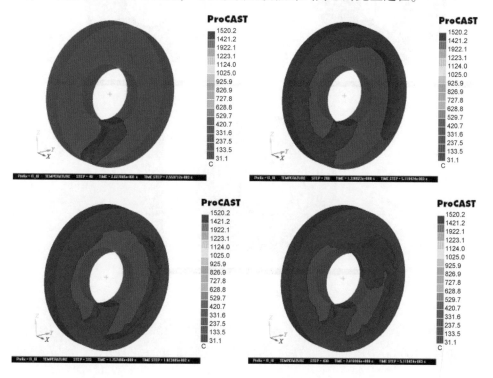

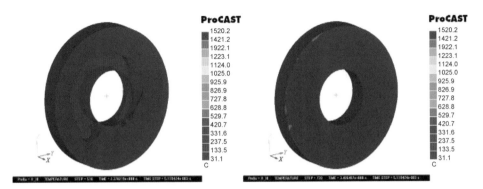

图 2-50   Q235B 环形铸件卧式离心铸造充型过程

图 2-51 所示为 Q235B 环形铸件的凝固过程。由图 2-51 可知，铸件通过自外向内的方式逐层凝固，凝固的方式符合离心铸造规律。

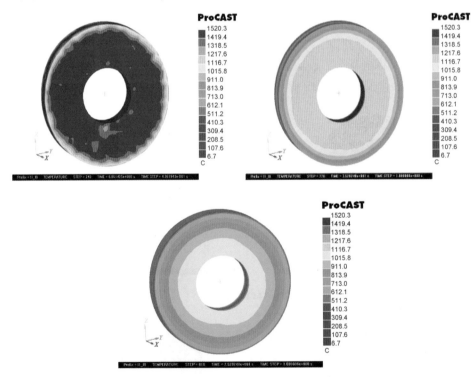

图 2-51   Q235B 环形铸件的凝固过程

铸型温度设置为 25℃，浇注温度则分别设置为 1520℃、1540℃、1560℃、1580℃、1600℃，模拟得到的离心铸件微观组织如图 2-52 所示。

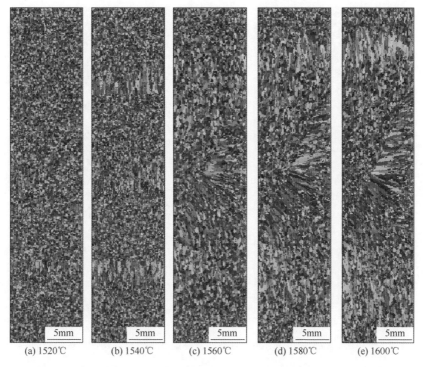

(a) 1520℃   (b) 1540℃   (c) 1560℃   (d) 1580℃   (e) 1600℃

图 2-52　不同浇注温度下 Q235B 环形铸件的微观组织

当浇注温度为 1520℃时，铸件的微观组织中只有少量的柱状晶区，范围是表面至内部 5mm 处；当浇注温度为 1540℃时，铸件的柱状晶区范围扩大至铸件内部 10mm 处，上下表面的柱状晶区比较对称；当浇注温度为 1560℃时，柱状晶已经长至环件心部；当浇注温度继续升高至 1580℃和 1600℃时，铸件的柱状晶逐渐长大，柱状晶区内的柱状晶大小极不均匀。

3）铸型温度对离心铸件微观组织的影响

本节研究铸型温度对离心铸件的影响，分别模拟了铸型温度为 100℃和 300℃的微观组织与铸型温度为 25℃的微观组织对比。

（1）铸型温度 100℃。图 2-53 所示为铸型温度为 100℃时不同浇注温度下的离心铸件微观组织。浇注温度为 1520℃时，柱状晶区为表面至内部 5mm；当浇注温度为 1540℃时，柱状晶区的范围扩大至距内部 11mm；当浇注温度为 1560℃时，柱状晶区范围扩大至铸件内部，继续升高浇注温度，柱状晶的尺寸增大。

（2）铸型温度为 300℃。图 2-54 所示为铸型温度为 300℃时不同浇注温度下的离心铸件微观组织。当浇注温度为 1520℃时，柱状晶区为表面至内部

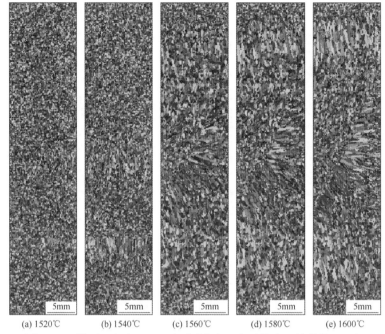

(a) 1520℃　　(b) 1540℃　　(c) 1560℃　　(d) 1580℃　　(e) 1600℃

图 2-53　铸型温度为 100℃时不同浇注温度下的离心铸件微观组织

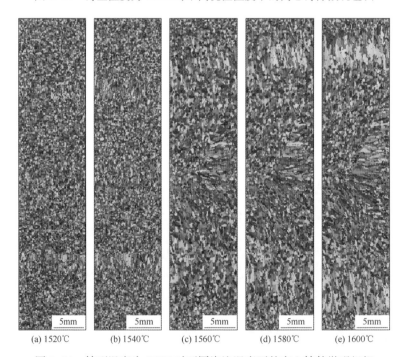

(a) 1520℃　　(b) 1540℃　　(c) 1560℃　　(d) 1580℃　　(e) 1600℃

图 2-54　铸型温度为 300℃时不同浇注温度下的离心铸件微观组织

4mm 处；当浇注温度为 1540℃ 时，柱状晶区增长比较大，铸件的柱状晶区为表面至内部 5mm；与铸型温度为 25℃ 和 100℃ 相似，当浇注温度为 1560℃ 时，环件心部出现了不规则柱状晶，方向与热流方向相反；当浇注温度增大到 1580℃ 和 1600℃ 时，柱状晶尺寸增大，整个柱状晶区的轮廓与浇注温度为 1560℃ 时相似。

综合以上分析结果可知，当浇注温度为 1520℃、铸型温度为 25℃ 时，铸件中的柱状晶比较少，用这个浇注温度铸出来的铸件质量比较好。

2.3.5　Q235B 钢环坯铸造凝固过程实验研究

1. 环坯凝固实验

在对砂型和离心铸造工艺进行模拟的基础上，采用模拟确定的工艺参数在青岛正大铸造有限公司进行了 Q235B 钢环坯铸造实验，并对铸件的微观组织和力学性能进行了分析。

采用中频感应炉冶炼，冶炼温度为 1680~1700℃，冶炼 3.5~4h，保证钢水中脱氧产物、炉渣、耐火材料等上浮排除。分别采用砂型和离心铸造工艺铸出环形铸坯，砂型浇注温度控制在 1520~1540℃，离心浇注温度控制在 1520~1530℃，环件的尺寸均为 270mm×105mm×45mm。砂型铸件的冷却方式是随砂型冷却；离心铸件的冷却方式是直接水冷。

图 2-55 所示为利用上述铸造工艺所获得的 Q235B 砂型和离心环形铸件。该铸件表面已经被清理过，表面比较光滑，有明显的银白色金属光泽。从外观看，铸件没有产生裂纹，比较致密。经检测，铸件尺寸满足质量标准。

(a) 砂型环形铸件　　　　　　(b) 离心环形铸件
图 2-55　Q235B 砂型和离心环形铸件

2. 环坯金相组织观察

1）晶粒形貌的实验与模拟结果对比

砂型铸件和离心铸件切取金相样品时的位置相同，都是用锯床先把环件切开，然后用线切割机在铸件上表面、中间和内层分别取样，具体位置如

图2-56所示。抛光后的样品用4%的硝酸酒精溶腐蚀，可以多次去金相显微镜查看腐蚀效果如何，直到能看到清新的金相组织为止。注意，当样品放置在显微镜平台时应先把样品压平以防止图像模糊。

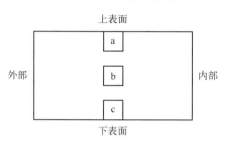

图2-56　砂型铸件和离心铸件取样位置

当用铸造模拟软件ProCAST对铸件进行模拟时，微观组织的计算是在凝固刚刚完成时结束，因此模拟出来的微观组织是Q235B凝固刚结束时的奥氏体晶粒组织，因此在对微观组织进行验证时，是对铸件中的奥氏体晶粒进行验证。

图2-57所示为砂型铸件原奥氏体形貌和相同部位模拟结果的对比图。图2-57（a）、（b）、（c）所示为砂型铸件中不同部位的原奥氏体的形貌，图2-57（a_1）、（b_1）、（c_1）所示为相同部位的模拟结果。可以看出，模拟与实验结果比较吻合。金相组织是在常温下腐蚀出来的，在图2-60（a）、（b）、（c）中观察到了明显的原奥氏体晶粒的轮廓，发现铸件中原奥氏体晶粒较为粗大。这说明在砂型铸造过程中，由于冷却速度比较缓慢，在发生先共析铁素体析出前，原奥氏体晶粒得到了充分的长大。图2-57（a）、（b）、（c）中的原奥氏体都是粗大的等轴晶，并没有出现表面细晶粒区和柱状晶区。由于钢液在凝固过程中冷却速度的变化，铸坯的宏观组织通常由3个晶粒区所构成，即外表层的细晶区、中间的柱状晶区和心部的等轴状晶区。由于所铸环件在铸造厂已经清理过，表面被切除了约3mm，在清除表面时表面细晶区和柱状晶区被切掉，所以看不到柱状晶区和等轴晶区，这也充分说明了铸件在此处的柱状晶比较少，与模拟结果相当吻合。

图2-58所示为离心铸件原奥氏体形貌和相同部位的模拟结果对比图，图2-58（a）、（b）、（c）所示为离心铸件中不同部位的原奥氏体的形貌，图2-58（a_1）、（b_1）、（c_1）所示为相同部位的模拟结果。可以看出，模拟与实验结果比较吻合。从图2-58（a）、（c）中可以看出，离心铸件的上表面和下表面出现了柱状晶，而中间部位基本是等轴晶。这说明在凝固的早期阶段，沿垂直于铸型壁的方向散热最快，钢液中的先析出相沿着散热相反的方向择

优生长形成柱状晶。对比图 2-57 和图 2-58 可以看出，离心铸造铸件中的奥氏体晶粒明显小于砂型铸造的，这说明在离心铸造过程中，由于冷却速度比较较快，在发生先共析铁素体析出前，原奥氏体晶粒长大的时间短，因此奥氏体晶粒比较细小。

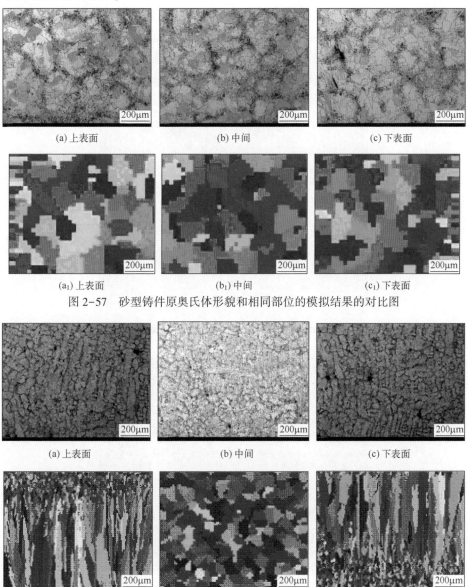

图 2-57　砂型铸件原奥氏体形貌和相同部位的模拟结果的对比图

图 2-58　离心铸件原奥氏体形貌和相同部位的模拟结果对比图

2）常温下铸件金相组织

Q235B 的含碳量为 0.2%，属于亚共析钢，在 Q235B 钢液降温凝固过程中，主要有匀晶析出、包晶反应、共析反应等相变。在降温过程中，钢液温度在 AB 线与 BH 之间时先匀晶析出 δ 相。当温度降至 BH 线时，开始发生包晶反应，由于 Q235B 的含碳量大于 0.17%，在完成包晶反应后仍有少部分液相存在，在 JE 线以下时合金全部为含碳量 0.2% 的奥氏体单相组织。当冷却到 GS 线时，从奥氏体中析出少量先共析铁素体；当温度降至 PK 线时，发生共析反应，产生珠光体，碳含量越多，微观组织中珠光体也就越多。

图 2-59 所示为砂型和离心铸件的室温金相组织。从图 2-59（a）中可以看

(a) 砂型试样金相组织（c 试样）

(b) 离心试样金相

图 2-59　砂型和离心铸件的室温金相组织

出，砂型铸件的常温组织是铁素体和少量珠光体（黑色部分），铁素体主比较规则，基本呈等轴状，晶粒大小为 1.8 级。珠光体比较细小，形状不规则。图 2-59（b）所示为离心铸造铸件的室温组织，室温组织由铁素体和少量的珠光体组成。铸坯中铁素体的形貌以针状为主，同时存在一定量的块状。随着距铸型表面距离的增加，针状铁素体的数量减少，块状铁素体的数量增加，同时伴随着铁素体晶粒尺寸增加。之所以出现针状铁素体，是因为铸坯在凝固过程中，采用冷却水对铸型表面进行了强制冷却，以至于大量的先共析铁素体以针状的形式出现。随着距铸型表面距离的增加，铸坯内部的冷却速率降低，从而针状铁素体数量减少，块状铁素体数量增加。经检测，针状铁素体的显微硬度为 160HV，尺寸最长可达 200μm。

3. 环坯力学性能分析

铸件的力学性能是评定铸件品质的重要依据，良好的塑韧性是材料辗扩成形的保证，因此对铸件力学性能的测试显得尤为重要。在这种需求下，作者对所铸环件进行力学性能测试，并分析了影响铸件力学性能的因素。

1）拉伸性能

图 2-60 所示为拉伸试样的取样位置，图 2-61 所示为拉伸试样的尺寸和拉伸试样形貌。铸件的拉伸样品尺寸参照《金属材料 拉伸试验 第 1 部分：室温试验方法》(GB/T 228.1—2010) 标准进行加工。拉伸试验机要求试样的夹持部位直径为 8~20mm，并且要求长度控制在 120~140mm。为了加工方便选定了拉伸试样夹头 12mm、长度 120mm。试样加工方式是先用 DK7732E 快走丝线切割机切出 14mm×14mm×120mm 的长方体，之后在机床上由专业人员进行车削加工，最后对拉伸试样进行表面精加工，保证图 2-61（a）中标距部分的粗糙度即可。

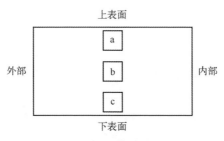

图 2-60　拉伸试样的取样位置

Q235B 钢砂型和离心铸件常温下的拉伸力学性能分别如表 2-6 和表 2-7 所列。

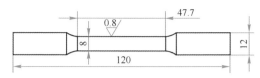

(a) 拉伸试样的尺寸（单位：mm）

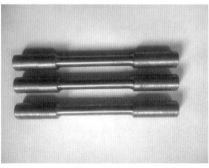

(b) 砂型拉伸试样   (c) 离心拉伸试样

图 2-61　拉伸试样的尺寸和拉伸试样形貌

表 2-6　砂型法兰铸坯铸件的拉伸力学性能

砂型	断后伸长率/%	断面收缩率/%	抗拉强度/（N/mm²）
a	19.90	27.75	439.26
b	24.05	41.86	436.88
c	26.50	43.75	437.26
平均	23.48	37.79	437.80

表 2-7　离心法兰铸坯的拉伸力学性能

离心	断后伸长率/%	断面收缩率/%	抗拉强度/（N/mm²）
a	27.50	41.86	511.75
b	30.25	60.93	510.97
c	30.00	54.43	507.71
平均	29.25	52.41	510.14

　　由国家标准 GB/T 700—2006 得到 Q235B 抗拉强度为 370~500N/mm²，断后伸长率大于 21%。由表 2-6 可知，砂型试样的断后伸长率平均值为 23.48%，断面收缩率为 37.79%，抗拉强度为 437.80N/mm²。由表 2-7 可知，离心试样的断后伸长率平均值为 29.25%，断面收缩率为 52.41%，抗拉强度为 510.14N/mm²。以上数据分析可知，在没有对铸件进行热处理的情况下，砂型和离心铸件的力学性能已达到国家标准，离心铸件的拉伸力学性能优于

砂型铸件的，离心铸件的断面伸长率比砂型高 24%、断面收缩率比砂型高
39%、抗拉强度比砂型高 16%。

金属材料中晶粒大小决定着材料的力学性能。当受到外力作用时，具有
较小晶粒组织的材料可以将塑性变形分散到更多的晶粒内进行，塑性变形较
均匀，应力集中较小。此外，晶粒越细，晶界面积越大，晶界越曲折，越不
利于裂纹的扩展。因此，在常温下的细晶粒金属比粗晶粒金属有更高的强度、
塑性和韧性。由上述显微组织分析可知，无论是原奥氏体晶粒尺寸，还是室
温铁素体晶粒尺寸，离心铸坯均明显小于砂型铸坯，从而具有较高的力学
性能。

2）冲击性能

图 2-62 所示为冲击试样标准尺寸及砂型铸件和离心铸件加工出的冲击试
样。冲击试样的选取位置与图 2-60 中拉伸试样的位置一致，分为上、中、下
3 层。

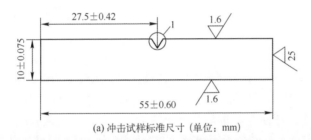

(a) 冲击试样标准尺寸（单位：mm）

(b) 砂型铸件冲击试样

(c) 离心铸件冲击试样

图 2-62　冲击试样标准尺寸及砂型铸件和离心铸件加工出的冲击试样

表 2-8 和表 2-9 所列分别为砂型铸件和离心铸件的冲击性能测试结果。结
果表明，离心铸件的冲击功明显大于砂型铸件的，是砂型铸件冲击功的近 4 倍。

表 2-8　砂型铸件的冲击性能测试结果

砂型	a	b	c	平均值
冲击功/J	38	23	23	28

表 2-9　离心铸件的冲击性能测试结果

离心	a	b	c	平均值
冲击功/J	84	114	134	111

3）硬度测试

对不同材料的硬度测试有不同的硬度检测仪器，Q235B 材料属于低合金低碳钢，其硬度值适合用布氏硬度计测量。试样位置选取与微观组织模拟位置相同，取上、中、下 3 层。长方体试样表面光滑，尺寸为 10.5mm×10.5mm×55mm。进行试样加工时与冲击试样同时进行，对试样用砂轮磨光后进行测试。砂型上、中、下 3 个试样硬度分别为 154IIB、153HB、155HB，平均值为 154HB。离心试样的测试结果为 162HB、163HB、163HB，平均值为 162.6HB。可以看出，离心铸件的硬度比砂型高出约 7%。

结合室温金相分析可知，离心铸件的晶粒相对比较细小，并且离心组织中交错缠结的长条状铁素体能够对缺陷起到一定的钉扎作用，显著提高了铸件的力学性能。

4）断口形貌分析

图 2-63 所示为砂型试样的拉伸断口照片（a 试样）。图 2-63（a）、（b）分别为拉伸断口的低倍和高倍照片。从图 2-63（b）中可以观察到，出室温下拉伸断口的形貌是韧窝和准解理形貌。图 2-63（b）显示韧窝大小不同、深浅不一，且韧窝内部含有大小不一的球状颗粒，韧窝越大，内部的球状颗粒也就越大，大部分韧窝只含有一个球状颗粒。从图 2-63 中（b）可以看出，韧窝比较浅，在拉伸时并没有出现比较明显的撕裂棱，并显示出有些部分具有准解理断裂。之所以出现这种断裂，是因为砂型铸件中的铁素体晶粒较大，在拉伸形成空穴时，材料内部的析出相、夹杂物、晶界等位置应力过于集中，由于晶粒小并且晶界面积少，难以阻止裂纹扩展，因此在断口上形成了较浅的韧窝和准解理断口形貌。

韧窝一般产生于异相质点和基体界面的连接处，球形颗粒一般是非金属夹杂，可以借助能谱分析仪对夹杂进行鉴定。两相之间的结合力比较小，因此在拉力的作用下这些接触面首先断裂并继续扩展成裂纹。所以，在进行铸造时，对钢液成分的控制是必要的，减少有害元素和非金属杂质的量能提高铸件的力学性能。

图 2-64 所示为离心试样的拉伸断口照片（c 试样）。图 2-64 中（a）、（b）分别为拉伸断口的低倍和高倍照片。从图 2-64（b）中可以看出，离心断口照片中可以观察到大量的等轴韧窝，基体出现明显的撕裂棱。该断口形

成的过程是：在拉力作用下，较大的第二相或夹杂首先形成空穴，当这些空穴长到一定尺寸后，较小尺寸的夹杂开始形成更小的空穴，与先前形成的空穴连接形成了图中大小不一的韧窝形貌。离心铸件的铁素体晶粒比较细，珠光体与夹杂的分布比较散，这些可以有效地阻止裂纹的形成，因此与砂型拉伸试样断口形貌相比，离心试样的韧窝相对比较深，这是离心铸件拉伸力学性能高于砂型铸件的原因。

(a) 低倍　　　　　　　　　　　　　　　(b) 高倍

图 2-63　砂型试样拉伸断口照片

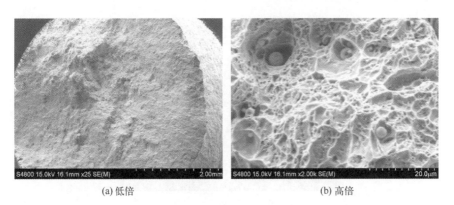

(a) 低倍　　　　　　　　　　　　　　　(b) 高倍

图 2-64　离心试样的拉伸断口照片

　　冲击试样的断口一般有纤维区、放射区和剪切唇，断口中 3 个区域所占比例大小决定着材料的韧性好坏。一般认为纤维区和剪切唇所占比例越大，韧性越好。

　　图 2-65 所示为砂型冲击试样的断口照片（a 试样）。从图 2-65（a）中可以看出，冲击试样宏观断口由纤维区、放射区和剪切唇组成，纤维区的比例不大，几乎为完全脆性断裂特征，仅在 V 口附近有少量韧窝 [图 2-65（c）]。

可以推断，在试样断裂过程中，V 口附近首先萌生裂纹，之后沿着裂纹方向向内部以解理断裂的方式快速穿过冲击试样发生断裂。局部放大图片，从图 2-65（b）中可以看出，试样断口呈典型的解理扇形河流花样。这是由于在断裂过程中，解理裂纹在新的晶界上某处形核并扩展到整个晶粒，在这个晶粒的内部断裂以形核位置为中心，以扇形方式向外扩展形成扇形解理。图 2-65（c）所示为 V 口附近的韧窝断裂区。可以看出，韧窝内部出现了椭球形或球形颗粒，基体出现了明显的撕裂棱，由于作用力平行于断裂面，冲击试样的韧窝比较深，并伴随着塑性变形，但是韧窝区的范围非常小。

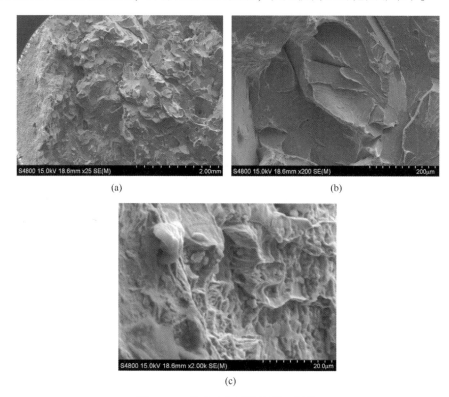

(a)　　　　　　　　　　　　　　　　(b)

(c)

图 2-65　砂型冲击试样的断口照片

　　图 2-66 所示为离心铸件冲击试样的断口照片（a 试样）。图 2-66（a）所示为离心铸坯冲击试样宏观断口。可见，在 V 形缺口底部与解理断裂区域之间出现了韧性断裂的形貌，韧窝内有球状或饼状颗粒，韧窝的大小、形状、深度不一，结合电镜观察和图 2-66（a）分析发现韧窝区比砂型冲击试样明显大，同时，解理区域的表面凹凸不平程度和颗粒状程度都有所降低。对图 2-66（a）部分区域进行放大后，发现韧性断裂区域的韧窝呈抛物线状，凸向都指向裂

纹源［图 2-66（c）］，表明该韧窝为典型的撕裂韧窝。对图 2-66（a）中的解理区域进行放大后，发现解理断裂区域的形貌为扇形解理［图 2-66（b）］，在扇形解理区域内还出现了少量韧窝。这些结果表明，与砂型法兰铸坯相比，离心法兰铸坯具有较好的冲击韧性。

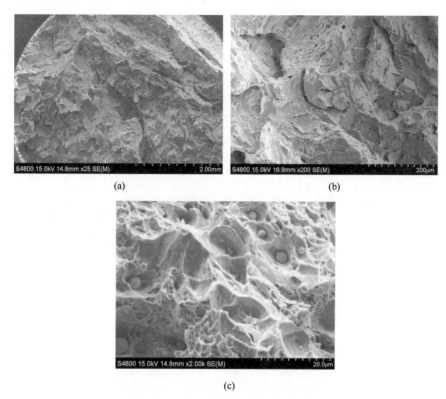

图 2-66　离心铸件冲击试样的断口照片

众所周知，夹杂物或第二相偏聚在晶界时，能极大地降低晶界结合能，从而导致韧性降低；随着晶粒的细化，材料的韧性提高，同时在细晶粒材料中的缺陷尺寸减小，使断裂需要的应力提高。砂型铸坯的夹杂物尺寸较大，并且主要分布在原奥氏体的晶界处，在冲击力作用下，很容易产生应力集中，使其成为裂纹源；同时铁素体的晶粒较大，很难阻挡裂纹的快速扩展，以致过早发生断裂。离心铸坯的夹杂物尺寸明显减小，并且分布较为均匀，这就阻止了裂纹的过早萌生和形成，同时铁素体的晶粒尺寸较小，大量晶界的存在增大了裂纹的扩展阻力，使冲击韧性得到了显著提高。

从试样的拉伸和冲击断口中可以看出，韧窝内的颗粒基本呈球状，很少出现带尖角的夹杂，这种球状的夹杂对金属的性能影响最小，因此，所检测的材料拉伸和冲击力学性能比较好。

4. 不同铸造工艺的优缺点分析

离心铸件和砂型铸件有不同的组织和力学性能。在本节中，以利用铸件的余热进行直接进行热辗扩成形为前提，主要从铸件组织和铸造工艺两个方面分析铸造工艺对法兰件铸辗复合成形工艺的适用性。

1）铸件组织

利用铸件余热进行热辗扩，一般的出模温度至少在 900℃ 以上，此时 Q235B 法兰铸件的组织为奥氏体。从图 2-57 和图 2-58 中可以看出，高温下的离心铸件奥氏体比较细小，砂型铸件的奥氏体比较粗大，对于环件热辗扩成形来说，铸件中的组织越细，越有利于塑性成形。但是相对于砂型铸件，离心铸件组织容易产生柱状晶，反而不利于后续的辗环过程。因此，从这个方面考虑，离心铸造工艺和砂型铸造工艺各有优劣。

2）工艺过程

砂型铸件在浇注完毕后要清理浇道和冒口，需要费时间，在清理后铸件的温度降低较大，散热比较严重，整个铸件的铸造时间比较长。

卧式水冷离心铸造工艺的铸件表面质量较高，没有冒口、浇道等，可以在浇注完毕后利用拔管机拔出铸件，利用均热炉对铸件进行加热后直接辗扩成形，整个环件成形过程比较紧凑，有利于法兰生产的自动化设计，比较适合环件的大批量生产。

第**3**章

环形铸坯材料热变形行为
及组织演变

3.1 热变形本构模型

　　在环件铸辗复合成形工艺中，采用先进的铸造方式，得到的环形铸坯外形尺寸精度要高于传统环件制造工艺中镦粗、冲孔后的锻坯，而组织性能质量较低，往往会存在缩孔、缩松及粗大晶粒等铸造缺陷。因此，在后续环形铸坯直接热辗扩过程中，不仅要控制环件的尺寸成形精度，而且要焊合缩孔、缩松等缺陷，使微观组织在高温辗扩条件下得到重组，细化晶粒，均匀组织，实现"宏观几何尺寸成形"与"微观组织改性"的双重目的。因此，为了研究环形铸坯在热辗扩过程中的应力/应变状态及组织演变规律，并通过控制辗扩工艺参数达到铸态环坯组织向细匀化锻态组织的转变，首先需要对铸坯材料在热力耦合作用下的热变形行为及组织演变机理开展研究，构建准确的本构关系模型与组织演变模型，借助数值模拟技术分析并优化跨尺度热力耦合辗扩过程中的工艺参数，为环件铸辗复合成形工艺的产业化应用提供理论与试验基础。

　　环形铸坯的热辗扩过程具有多道次、连续、非对称、非等温与局部等温塑性变形等复杂特征，在一个道次的辗扩过程中，原始粗大晶粒在驱动辊和芯辊形成的孔型中被辗压，沿轴向伸长，晶粒内部发生位错堆积，当位错密度达到使材料发生动态再结晶的临界应变时，晶界处的位错源就成为新生再结晶晶粒的形核点，并在高温条件下不断发生长大。环件的组织演变过程主要涉及辗扩变形区内的动态再结晶，变形区外的亚动态与静态再结晶，以及晶粒长大，如图3-1所示。由于环形铸坯壁厚一般比较大，当一个道次内的应变量较小时，在驱动辊和芯辊形成的孔型中环坯沿厚度方向应变量会存在一定差别，往往导致近中层区域的晶粒无法发生动态再结晶，而只有静态再结晶，细化程度很低，组织均匀性由表层至中层区域呈梯度降低。

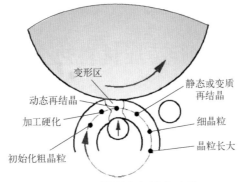

图 3-1　环件的组织演变过程

作者采用 Gleeble-3500 热力模拟试验机对铸态环坯进行轴对称压缩，研究铸态环坯在热压缩过程中的热变形行为，借助金相显微技术和电子背散射衍射技术分析变形参数对铸态环坯在热压缩时的显微组织及微观织构演变的影响，分别建立 Arrhenius 型本构模型。

3.1.1　铸态 42CrMo 钢本构模型

根据洛阳 LYC 轴承有限公司提供的 42CrMo 钢环形铸坯试样，其化学成分如表 3-1 所列。

表 3-1　42CrMo 钢的化学成分（质量分数，%）

C	Si	Mn	P	Cr	Mo	S
0.46	0.28	0.72	0.012	1.13	0.22	0.007

由 JMatpro 材料热物性软件得到的铸态 42CrMo 钢热物理性能参数如表 3-2 所列。

表 3-2　42CrMo 钢热物理性能参数

温度 /℃	密度 /(g/cm³)	导热系数 /(W/m·K)	热焓 /(J/m³)	比热容 /(J/g·K)	弹性模量 /GPa	膨胀系数 /(10⁻⁶/℃⁻¹)	泊松比
900	7.57348	28.1268	615.37545	0.61296	127.33322	23.51177	0.34242
1000	7.52417	29.41795	677.52974	0.62891	119.02843	23.66879	0.34821
1100	7.47522	30.70966	741.27211	0.64515	110.72338	23.82783	0.35401
1250	7.40267	32.64902	773.75687	0.67053	98.26382	24.06927	0.36270

将上述模拟数据导入 Deform 材料数据库中，可以得到铸态 42CrMo 钢的材料模型，以便于后续辊扩模拟的调用。另外，在 Deform 中进行运算时，其自动线性插值功能能实现材料热物理性能随温度变化这一特点，计算更符合实际。

本节的试样均采用标准的热力模拟试样尺寸，直径为 8mm，长度为 12mm 的圆柱体，试样尺寸及公差如图 3-2 所示。

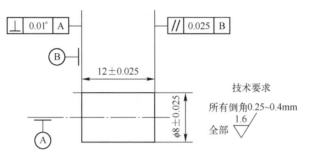

图 3-2　试样尺寸及公差

在做单向压缩实验时，为了保证试样均匀变形，防止出现鼓肚，必须尽量减小试样端面与压头之间的摩擦力。只有把摩擦力控制到很小，才能获得精确的真实应力、应变曲线。在本次实验中，在压头与试样端面中间放置了厚度为 0.25mm 的石墨片，并放入一层厚度为 0.1mm 的钽片，起隔离和润滑的作用，以防止试样被压成鼓肚形，并能有效防止试样与压头黏连，热压缩实验示意图如图 3-3 所示。

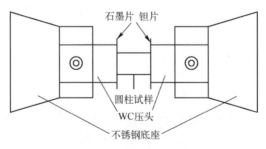

图 3-3　热压缩实验示意图

本节的实验分为单道次实验和双道次实验两部分。单道次实验用来获得材料在热成形时的应力、应变曲线，动态再结晶模型；双道次实验用来获得亚动态再结晶及静态再结晶模型。

热压缩实验在 Gleeble-1500 热力模拟实验机上进行，热压缩实验主要模拟在变形温度分别为 850℃、950℃、1050℃、1150℃，变形速率分别为 $0.05s^{-1}$、$0.1s^{-1}$、$0.5s^{-1}$、$1s^{-1}$、$5s^{-1}$，变形量为 50% 时的真应力—真应变的关系。热变形工艺如图 3-4 所示。将试样以 5℃/s 加热到 1200℃，并保温 300s，然后以 10℃/s 冷却到变形温度保温 10s 后按预设的变形工艺进行压缩（图 3-4），热压缩完成后立即进行水淬。最后对圆柱试样进行轴向切除，采用 4% 硝酸酒精浸蚀后，取不同位置观察其金相组织，采用 Quantimet-500 型自动图像分析仪定量测定试样晶粒尺寸和再结晶体积分数。

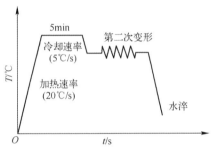

图 3-4　热变形工艺

1. 真应力—真应变曲线分析

图 3-5 所示为铸态 42CrMo 钢在不同应变速率和变形温度下的真应力—真应变曲线。在热加工过程中，真应力—真应变曲线的变化主要由两个方面的因素来决定。第一个因素是加工硬化，在加工过程中，材料内部在受力情况下位错密度不断增加，位错反应和相互交割加剧，使得材料的流动应力升高；第二个因素是由于发生动态回复和动态再结晶等软化过程，使材料的应力降低。二者在热加工过程中同时进行，当前者胜于后者时，真应力—真应变曲线就不断升高，表现出应变硬化的特征；当后者胜于前者时，则应力有明显的下降，表现出软化特征；当二者趋于平衡时，真应力—真应变曲线趋于稳定。

从图 3-5 中可以看出，材料的真应力—真应变曲线有两种形式：第一种，如温度为 850℃，应变速率为 $1s^{-1}$ 的真应力—真应变曲线，为应变硬化曲线，真应力随真应变的增加不断增大。材料在加工过程中产生加工硬化；第二种为动态回复和再结晶型曲线，如温度为 1150℃、应变速率为 $0.05s^{-1}$ 时的曲线，在第一阶段，真应力随真应变的增加而增大，当真应力达到一个峰值后，反而随着真应变的增加略有降低，最后真应力—真应变曲线相对稳定，因为应变硬化和动态回复、动态再结晶的软化达到平衡。

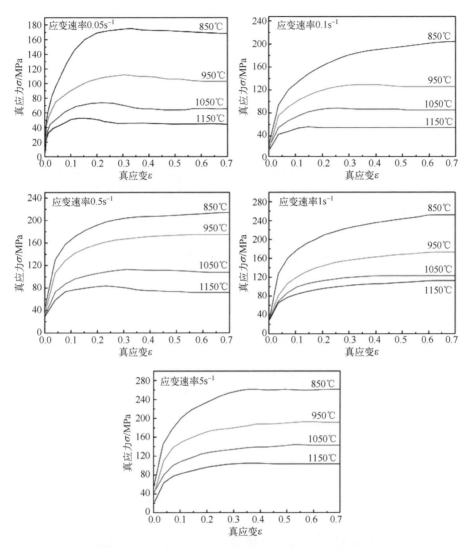

图 3-5　铸态 42CrMo 钢在不同应变速率和变形温度下的真应力—真应变曲线

　　在铸态 42CrMo 钢的真应力—真应变曲线中，最明显的特征就是随着温度的升高，材料塑性变形所需的应力减小。当应变速率为 0.1s^{-1}、温度为 850℃时，压缩真应力可达到 190MPa，而在温度为 1150℃时进行压缩，真应力最高只达到 60MPa。随着温度的升高，由于原子运动加剧，原子间的结合力减小，动能增加使得材料的临界剪应力减小。因此，在热加工中适当提高材料的变形温度可以减小材料变形所需应力。

　　真应力随着应变速率的增大而增大。随着应变速率的增加，材料位错移动速度增加，而要更大的临界剪应力才能使材料发生塑性变形。此外，塑性变形比弹性变形需要更多的时间，当应变速率很高时，塑性变形来不及发生，材料更多地表现为弹性变形，使得塑性变形所需的应力升高。此外，材料的软化形也需要一定的时间来完成，较高的应变速率不利于软化材料，使得材料的变形抗力增强，也使得应力升高，所以，在热加工过程中，真应力受应变速率的影响很大，要想在加工过程中节能，减小设备吨位，可以选择较低的应变速率。

从图 3-5 中还可以看出，应变速率越小，真应力—真应变曲线达到峰值时的应变就越小，说明应变速率越小，在受力过程中材料的软化进行得越充分。图 3-6 所示为锻态 42CrMo 钢在应变速率为 1s⁻¹ 时的真应力—真应变曲线。与锻态 42CrMo 钢相比，铸态 42CrMo 钢有更大的屈服应力，而且动态再结晶不容易发生，有必要对铸态 42CrMo 钢的热变形行为和组织演变机理进行深入的研究。

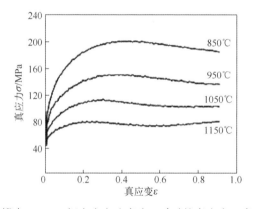

图 3-6　锻态 42CrMo 钢在应变速率为 1s⁻¹ 时的真应力—真应变曲线

2. 形变激活能与流变应力本构模型

1）形变激活能计算

材料在热变形过程中，影响其流变应力的因素主要有两类：①材料的特性、组织及微观形貌，如化学成分、晶粒尺寸、热处理制度及变形历史等；②热变形条件，如变形速度、温度和变形量等。因此，材料在热变形过程中的流变应力通常表达为

$$\sigma = f(T, \dot{\varepsilon}, \varepsilon, C, S) \tag{3-1}$$

式中：T 为变形温度（K）；$\dot{\varepsilon}$ 为应变速率（s⁻¹）；ε 为应变量；C 为化学成分；S 为材料内部显微组织结构参数。

由于材料在热变形过程中可以认为其化学成分基本不变，并且材料内部的显微组织结构参数也受到热变形条件的制约，因此，材料变形过程中的流变应力可简化为关于热变形条件的函数关系，只与应变速率、变形温度及应变量有关。

铸坯材料的高温热加工过程也是热激活的过程，在热加工时，它的流变应力和应变速率、变形温度之间的关系采用广泛接受的双曲正弦修正的 Arrhenius 型方程进行描述。Arrhenius 型方程是 Sellars 和 Tegart 根据材料热变形过程与高温蠕变过程的相似性提出包含变形激活能 Q 和热力学温度 T 的双曲正弦形式。

$$\dot{\varepsilon} = AF(\sigma)\exp[-Q/(RT)] \tag{3-2}$$

式中：$F(\sigma)$ 为应力函数，有以下 3 种表达形式。

$$F(\sigma) = \sigma^n, 低应力水平(\alpha\sigma < 0.8) \tag{3-3}$$

$$F(\sigma) = \exp(\beta\sigma), 高应力水平(\alpha\sigma > 1.2) \tag{3-4}$$

$$F(\sigma) = [\ln\sinh(\alpha\sigma_p)]^n, 所有应力水平 \tag{3-5}$$

式中：$\dot{\varepsilon}$ 为应变速率（s^{-1}）；σ 为峰值应力或稳定流变应力（MPa）；Q 为变形激活能（kJ/mol）；T 为热力学温度（K）；R 为气体常数，$8.314 J \cdot mol^{-1} K^{-1}$；$n$、$\beta$ 和 A 均为材料常数，$\alpha = \beta/n$。

采用广泛接受的双曲正弦关系式来表示热变形过程中 σ、T 及 $\dot{\varepsilon}$ 之间的关系，即

$$\dot{\varepsilon} = A[\sinh(\alpha\sigma_p)]^n \exp[-Q/(RT)] \tag{3-6}$$

在高应力和低应力下，当 Q 与 T 无关时，将式（3-3）和式（3-4）分别代入式（3-2）中，可得

$$\dot{\varepsilon} = B\sigma^n \tag{3-7}$$

$$\dot{\varepsilon} = B'\exp(\beta\sigma) \tag{3-8}$$

式中：B 和 B' 均为与温度无关的常数。

根据 Zener 和 Hollomon 的研究结果，材料在高温塑性变形时，应变速率受热激活能过程控制，应变速率与温度之间的关系可用 Z 参数表示，即

$$Z = \dot{\varepsilon}\exp[Q/(RT)] = A[\sinh(\alpha\sigma_p)]^n \tag{3-9}$$

在温度恒定的情况下，对式（3-9）两边取自然对数，再对 σ_p 求偏微分，则系数为

$$\beta = [\partial(\ln\dot{\varepsilon})/\partial\sigma_p]_T = 1/[\partial\sigma_p/\partial(\ln\dot{\varepsilon})]_T \tag{3-10}$$

Z 参数的物理含义为温度补偿的应变速率因子。当 Q 与 T 无关时，对式（3-9）取自然对数，可得

$$\ln\sinh(\alpha\sigma_p) = \frac{Q}{nR} \cdot \frac{1}{T} + \frac{1}{n}(\ln\dot{\varepsilon} - \ln A) \tag{3-11}$$

假设温度恒定，对式（3-9）两边 $\ln\dot\varepsilon$ 求偏导，得

$$\frac{1}{n} = \left[\frac{\partial\ln\sinh(\alpha\sigma_p)}{\partial\ln\dot\varepsilon}\right]_T \qquad (3-12)$$

假设变形速率恒定，对式（3-9）两边 $1/T$ 求偏导，得

$$Q = nR\left[\frac{\partial\ln\sinh(\alpha\sigma_p)}{\partial(1/T)}\right]_{\dot\varepsilon} \qquad (3-13)$$

显然，σ_p-$\ln\dot\varepsilon$ 与 $\ln\sigma_p$-$\ln\dot\varepsilon$ 呈线性关系，采用最小二乘法线性回归拟合出直线关系如图 3-7 所示，可求得其斜率再求倒数值平均后由式（3-8）可得高应力状态下，$\beta = 0.06521$，由式（3-12）可得低应力状态下，$n = 9.2964$，求得 $\alpha = 0.007012$，这与 Karhausent 认为取 α 为 0.007MPa^{-1} 最佳数值的结论较为接近。

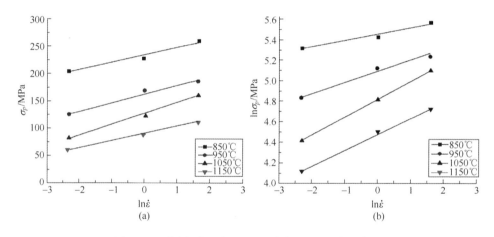

图 3-7　不同变形温度下 σ_p-$\ln\dot\varepsilon$ 与 $\ln\sigma_p$-$\ln\dot\varepsilon$ 的关系

因此，可取 $\alpha = 0.007$，由式（3-9）显然可以看出，$\ln\sinh(\alpha\sigma_p)$-$1/T$、$\ln\sinh(\alpha\sigma_p)$-$\ln\dot\varepsilon$ 呈线性关系，作图拟合出直线关系如图 3-8 所示，求出 $\ln\sinh(\alpha\sigma_p)$-$1/T$ 的斜率 $K = 5.25335$，代入式（3-13）可得 $Q = 406.033\text{kJ/mol}$。

以 σ_p 和 $1/T$ 为坐标（图 3-8）求得曲线的平均斜率为 $K = 750139.585$，则 $Q = R\beta K$ 代入气体常数 R 的值，算得 42CrMo 钢的形变激活能为 $Q = 406.693\text{kJ/mol}$。

因此，对于 Q，求平均值为 $Q = 406.363\text{kJ/mol}$。

2）流变应力本构模型

对式（3-11）两边求对数，可得 $\ln\sinh(\alpha\sigma_p)$-$\ln\dot\varepsilon$ 函数关系，由图 3-9（b）

可得截距 $\ln\sinh(\alpha\sigma_p)_{\dot\varepsilon=1}=Q/(nRT)-\ln A/n$，代入 Q、R、T 可得 $A=0.85782\times$ 10^{17}。

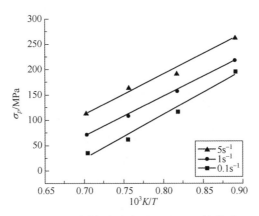

图 3-8 不同应变速率下 σ_p 和 $1/T$ 的关系

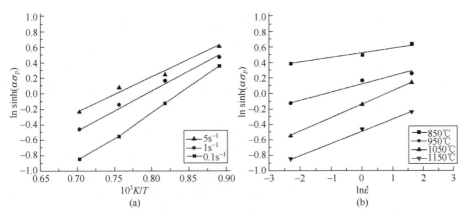

图 3-9 不同应变速率下 $\ln\sinh(\alpha\sigma_p)-1/T$ 与 $\ln\sinh(\alpha\sigma_p)-\ln\dot\varepsilon$ 的关系

将 Q、n、α、A 代入式（3-6），可得铸态 42CrMo 钢热压缩流变应力本构方程为

$$\dot\varepsilon=0.85782\times10^{17}\left[\sinh(0.007\sigma)\right]^{9.2964}\exp\left[-406363/(RT)\right] \quad (3-14)$$

Z 参数则可表述为

$$Z=\dot\varepsilon\exp\left[4.06363\times10^5/(RT)\right]=0.85782\times10^{17}\left[\sinh(0.007\sigma)\right]^{9.2964}$$

$$(3-15)$$

根据双曲正弦函数定义及式（3-9），可将 σ 表达成 Z 参数的函数，即

$$\sigma=\alpha^{-1}\ln\left\{(Z/A)^{1/n}+\left[(Z/A)^{2/n}+1\right]^{1/2}\right\} \quad (3-16)$$

因此，流变应力方程也可用包含 Arrhenius 项的 Z 参数表述为

$$\sigma = 142.86 \ln \left\{ \left[Z / (0.85782 \times 10^{17}) \right]^{1/9.2964} + \left\{ \left(Z / 0.85782 \times 10^{17} \right)^{2/9.2964} + 1 \right\}^{1/2} \right\}$$

$$(3-17)$$

由于热变形中发生动态再结晶的过程是受 σ_p、t 和 $\dot\varepsilon$ 为变量的热激活过程所支配，因此可将所含有这些变量的热变形方程式（3-9）用同蠕变过程相似公式简化如下：

$$\dot\varepsilon = 0.85782 \times 10^{17} \sigma_p^{9.2964} \exp\left[-406363 / (RT) \right] \qquad (3-18)$$

为验证上述导出的热变形方程的准确性，由式（3-9）可得，峰值应力的预测公式为

$$\sigma = \frac{\left[\dot\varepsilon \exp(Q/RT) / A \right]^{1/n}}{\alpha} \qquad (3-19)$$

式（3-19）所示的本构方程可为 42CrMo 钢热成形加工工艺的制定提供理论依据。

3.1.2 铸态 Q235B 钢本构模型

1. 砂型铸造 Q235B 钢真应力—真应变分析

如图 3-10 所示，在所研究的变形条件下，砂型铸造 Q235B 钢的真应力—真应变曲线包含了加工硬化、动态回复及动态再结晶 3 个典型的形变曲线状态[7]。总体而言，砂型铸造 Q235B 钢的流变应力随应变速率的增加和形变温度的减小而大幅增加，说明了流变应力对应变速率和形变温度的敏感性较大。当应变速率较高或形变温度较低时，真应力随真应变的增加而不断增大，表明材料在变形过程中产生了加工硬化现象。特别是在应变速率为 $5s^{-1}$、变形温度为 850~950℃时，加工硬化现象最为明显，在图上表现为曲线一直呈上升的趋势。当应变速率相对较低或形变温度相对较高时，初始阶段真应力随真应变的增加而增大，并达到某一峰值，随后随着应变量的增加达到某一临界值 ε_c 时，真应力出现小幅度降低，此后基本不发生明显变化，呈现出稳态流变特征，因为此时的形变硬化与动态回复、动态再结晶产生的软化作用达到动态平衡，在真应力—真应变曲线上表现为流变应力趋向于一个稳定值，如图 3-10 中的变形温度为 1050℃、应变速率为 $1s^{-1}$ 的情况。而在高温、低应变速率下，砂型铸造 Q235B 钢的真应力—真应变曲线则表现为随变形的进行很快会出现峰值应力，并且真应力降低明显，动态软化现象显著，如在 1050~1150℃、应变速率不大于 $0.1s^{-1}$ 的变形条件下。

2. 离心铸造 Q235B 钢真应力—真应变分析

离心铸造 Q235B 钢的应变硬化现象并不像砂型铸造 Q235B 钢的那么明显，即使是在低温、高应变速率下，也仅仅表现为加工硬化与动态回复的相

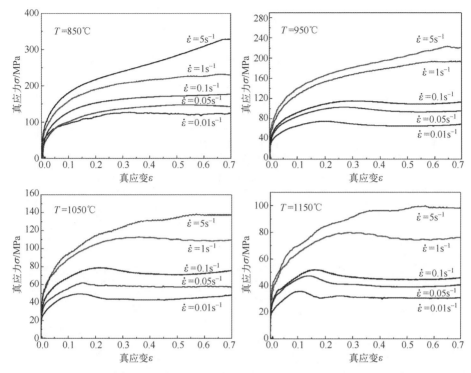

图 3-10   不同应变速率下砂型铸造 Q235B 钢的真应力—真应变曲线

互作用，真应力—真应变曲线呈现出随变形量的增加，刚开始真应力上升得较快，而后达到某一应力峰值，并维持在这个值附近，不再随变形的进行而发生变化。在所研究的变形条件下，该铸坯材料的真应力变化相对要平稳，变形过程较均匀，促使最终的组织性能更加稳定。

结合图 3-10 和图 3-11 可以发现，在相同的热变形条件下，砂型铸造 Q235B 钢要比离心铸造 Q235B 钢拥有更大的屈服应力，它的真应力—真应变曲线达到应力峰值时的应变量较大，而且动态再结晶不容易发生。尤其是在低温、高应变速率下变形时（$T \leqslant 950℃$、$\dot{\varepsilon} \geqslant 1s^{-1}$），砂型铸造 Q235B 钢的加工硬化更加明显，二者真应力—真应变曲线的差异更大。当变形温度为 950℃ 时，在 $5s^{-1}$ 时热压缩的砂型铸造 Q235B 钢的真应力可达到 224.4MPa，而离心铸造 Q235B 钢的真应力最高只达到了 157.7MPa。这主要是因为通过离心铸造方式获得是 Q235B 钢内部组织致密，缩孔、缩松和枝晶偏析等铸造缺陷较少，且只存在少量粗大的奥氏体晶粒，金属组织的连续性较好，可加工性能也比较好，使得在相同的热压缩条件下较砂型铸造 Q235B 钢更容易发生变形。

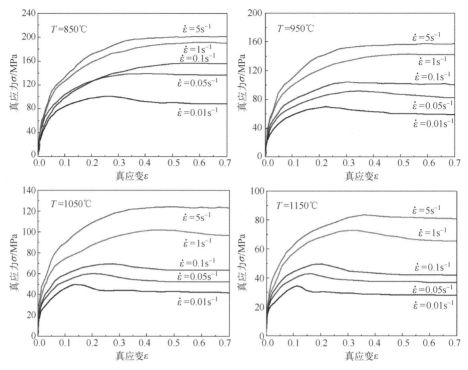

图 3-11   不同应变速率下离心铸造 Q235B 钢的真应力—真应变曲线

3. 砂型铸造 Q235B 钢的本构模型

根据 3.1.1 节的分析结果，采用 σ_p 对砂型铸造 Q235B 钢热塑性变形本构关系模型进行计算。表 3-3 所列为砂型铸造 Q235B 钢不同热压缩条件下的峰值应力。

表 3-3   砂型铸造 Q235B 钢不同热压缩条件下的峰值应力（MPa）

应变速率 $\dot{\varepsilon}$ /s^{-1}	变形温度 T/℃			
	850	950	1050	1150
0.01	127.2	75.1	50.1	35.9
0.05	160.4	103.1	64.4	47.5
0.1	174.5	115.5	78.2	52.1
1	235.6	194.5	113.8	81.2
5	353.0	262.0	138.6	100.3

将砂型铸造 Q235B 钢的峰值应力和对应的应变速率代入式（3-7）和式（3-8）中，得到一组关于真应力与应变速率关系的平行线，如图 3-12（a）

和（b）所示。由图可知，$\ln\sigma$ 和 $\ln\dot{\varepsilon}$ 及 σ 和 $\ln\dot{\varepsilon}$ 都近似呈线性关系，其关系线的斜率的倒数分别为 n、β 的值，通过线性回归分析，得出 $n = 5.7323\text{MPa}^{-1}$、$\beta = 0.0441\text{MPa}^{-1}$。由此，$\alpha = \beta/n = 0.00769\text{MPa}^{-1}$。

再将表 3-3 中的峰值应力、应变速率和变形温度代入式（3-12）和式（3-13）中，得到 $\ln\sinh(\alpha\sigma)$ 和 $\ln\dot{\varepsilon}$、$\ln\sinh(\alpha\sigma)$ 和 $1/T$ 的关系，如图 3-12（c）和（d）所示。通过线性回归分析，分别求得 $n = 4.1733\text{MPa}^{-1}$、$Q = 302.060\text{kJ/mol}$、$A_3 = 9.296\times10^{11}\text{s}^{-1}$。

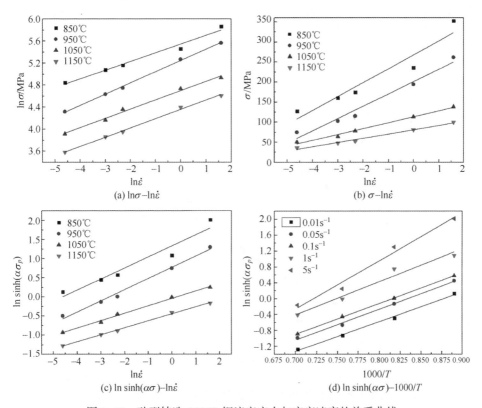

(a) $\ln\sigma - \ln\dot{\varepsilon}$ (b) $\sigma - \ln\dot{\varepsilon}$

(c) $\ln\sinh(\alpha\sigma) - \ln\dot{\varepsilon}$ (d) $\ln\sinh(\alpha\sigma) - 1000/T$

图 3-12　砂型铸造 Q235B 钢流变应力与应变速率的关系曲线

Z 参数则可表述为

$$Z = \dot{\varepsilon}\exp(Q/RT) = A\left[\sinh(\alpha\sigma)\right]^n \tag{3-20}$$

由式（3-20）可知，Z 参数值随应变速率的增大和变形温度的减小而增大。

对式（3-20）两边取对数，得到

$$\ln Z = \ln A + n\ln\sinh(\alpha\sigma) \tag{3-21}$$

将不同热变形条件下的 $\ln Z$ 值和峰值流变应力（表3-4）代入式（3-21）中，拟合出图3-13所示的关系曲线。易见，$\ln Z$ 与 $\ln\sinh(\alpha\sigma)$ 呈线性关系，曲线的斜率为应力指数 n。

表3-4　砂型铸造 Q235B 钢在不同热变形条件下的 $\ln Z$ 值

应变速率/s^{-1}	变形温度/℃			
	850	950	1050	1150
0.01	27.7	25.1	22.8	20.9
0.05	29.4	26.7	24.5	22.5
0.1	30.0	27.4	25.2	23.2
1	32.4	29.7	27.5	25.5
5	33.9	31.3	29.1	27.1

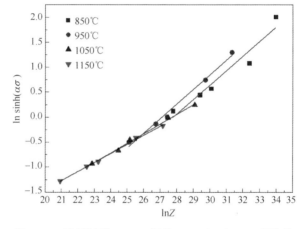

图3-13　砂型铸造 Q235B 钢的 $\ln\sinh(\alpha\sigma)$-$\ln Z$ 相关性

根据图3-13的拟合结果可知，斜率倒数的平均值为 $n = 4.1733$。

截距为 $\dfrac{\ln A}{n} = 6.603425$，即 $A = 9.296\times10^{11}$。

此时，得出的 n 和 A 较前面得出的要更加精确，可直接用于砂型铸造 Q235B 钢的本构关系模型中。

结合双曲正弦函数的定义，流变应力 σ 可以表示为 Z 参数的函数，即

$$\sigma = \frac{1}{\alpha}\ln\left(\left(\frac{Z}{A}\right)^{\frac{1}{n}} + \left(\left(\frac{Z}{A}\right)^{\frac{2}{n}} + 1\right)^{\frac{1}{2}}\right) \tag{3-22}$$

由式（3-20）和式（3-22）可知，只要已知 A、n、α 和 Q，即可计算出

环形铸坯在热加工过程中流变应力与变形温度、应变速率的关系，为合理制定铸坯的热变形工艺提供理论依据。

综上，得到砂型铸造 Q235B 钢热塑性变形本构关系模型为

$$\dot{\varepsilon} = 9.296 \times 10^{11} \cdot (\sinh(0.00769\sigma))^{4.1733} \cdot \exp\left(-\frac{302060}{RT}\right) \quad (3-23)$$

$$Z = \dot{\varepsilon} \exp\left(\frac{302060}{RT}\right) = 9.296 \times 10^{11} (\sinh(0.00769\sigma))^{4.1733} \quad (3-24)$$

$$\sigma = \frac{1}{0.00769} \ln\left(\left(\frac{Z}{9.296 \times 10^{11}}\right)^{\frac{1}{4.1733}} + \left(\left(\frac{Z}{9.296 \times 10^{11}}\right)^{\frac{2}{4.1733}} + 1\right)^{\frac{1}{2}}\right) \quad (3-25)$$

4. 离心铸造 Q235B 钢的本构模型

同理，根据 3.1.1 节的分析结果，采用 σ_p 对离心铸造 Q235B 钢热塑性变形本构关系模型进行计算。表 3-5 所列为离心铸造 Q235B 钢不同热压缩条件下的峰值应力。

表 3-5　离心铸造 Q235B 钢不同热压缩条件下的峰值应力（MPa）

应变速率 $\dot{\varepsilon}$ /s^{-1}	变形温度 T/℃			
	850	950	1050	1150
0.01	100.7	69.5	49.8	34.7
0.05	138.9	90.3	59.8	42.6
0.1	157.6	103.5	69.4	49.8
1	191.8	142.5	101.8	72.8
5	201.2	157.8	123.8	83.6

将离心铸造 Q235B 钢峰值应力和对应的应变速率代入式（3-7）和式（3-8）中，得到一组关于应力与应变速率关系的平行线，如图 3-14（a）和（b）所示。由图可知，$\ln\sigma-\ln\dot{\varepsilon}$ 和 $\sigma-\ln\dot{\varepsilon}$ 都近似呈线性关系，其关系线的斜率的倒数分别为 n、β 的值，通过线性回归分析，得出 $n = 7.5266$MPa^{-1}、$\beta = 0.0825$MPa^{-1}。由此，$\alpha = \beta/n = 0.01096$MPa^{-1}。

再将表 3-5 中的峰值应力、应变速率和温度代入式（3-12）和式（3-13）中，得到 $\ln\sinh(\alpha\sigma)-\ln\dot{\varepsilon}$ 和 $\ln\sinh(\alpha\sigma)-1/T$ 的关系，如图 3-14（c）和（d）。通过线性回归分析，分别求得 $n = 4.1733$MPa^{-1}、$Q = 344.673$kJ/mol、$A_3 = 4.124 \times 10^{14}$s^{-1}。

表 3-6 所示为离心铸造 Q235B 钢在不同变形条件下的 $\ln Z$ 值。

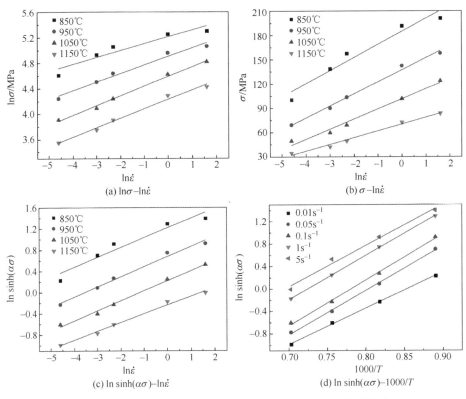

图 3-14　离心铸造 Q235B 钢流变应力与应变速率的关系曲线

表 3-6　离心铸造 Q235B 钢在不同变形条件下的 lnZ 值

应变速率/s^{-1}	变形温度/℃			
	850	950	1050	1150
0.01	35.9	32.6	29.8	27.4
0.05	37.5	34.2	31.4	28.9
0.1	38.2	34.8	32.2	29.6
1	40.5	37.2	34.4	31.9
5	42.1	38.8	35.9	33.5

　　将不同热变形条件下的 lnZ 值和峰值流变应力（表3-6）代入式（3-21），拟合出图 3-15 的关系曲线。易见，lnZ 与 ln[sinh($\alpha\sigma$)] 呈线性关系，曲线的斜率为应力指数 n。

　　根据图 3-15 的拟合结果可知，斜率倒数的平均值为 $n = 5.4922$

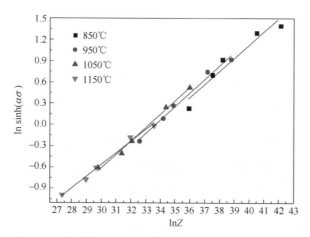

图 3-15 离心铸造 Q235B 钢的 lnsinh(ασ)-lnZ 的相关性

截距为 $\dfrac{\ln A}{n}=6.1274$，即 $A=4.124\times10^{14}$。此时，得出的 n 和 A 较前面得出的要更加精确，可直接用于离心铸造 Q235B 钢的本构关系模型中。

同理，结合双曲正弦函数的定义，流变应力 σ 可以表示为 Z 参数的函数，即

$$\sigma=\frac{1}{\alpha}\ln\left(\left(\frac{Z}{A}\right)^{\frac{1}{n}}+\left(\left(\frac{Z}{A}\right)^{\frac{2}{n}}+1\right)^{\frac{1}{2}}\right) \tag{3-26}$$

离心铸造 Q235B 钢热塑性变形本构关系模型为

$$\dot{\varepsilon}=4.124\times10^{14}\cdot\left(\sinh(0.01096\sigma)\right)^{5.4922}\cdot\exp\left(-\frac{344673}{RT}\right) \tag{3-27}$$

$$Z=\dot{\varepsilon}\exp\left(\frac{344673}{RT}\right)=4.124\times10^{14}\left(\sinh(0.01096\sigma)\right)^{5.4922} \tag{3-28}$$

$$\sigma=\frac{1}{0.01096}\ln\left(\left(\frac{Z}{4.124\times10^{14}}\right)^{\frac{1}{5.4922}}+\left(\left(\frac{Z}{4.124\times10^{14}}\right)^{\frac{2}{5.4922}}+1\right)^{\frac{1}{2}}\right) \tag{3-29}$$

3.1.3 铸态 25Mn 钢本构模型

采用某公司生产的铸态 25Mn 钢为实验原料，其成分如表 3-7 所列。为获得铸态 25Mn 钢的在热塑性变形过程中流动应力的变化规律与动态再结晶的变化规律，在 Gleeble-3500 热力模拟机上对铸态 25Mn 钢进行单道次热模拟压缩实验，根据真应力—真应变由线的数据建立铸态 25Mn 钢热变形本构模型。

表 3-7 铸态 25Mn 钢的化学成分（质量分数/%）

元素	C	Si	Mn	S	P	Fe
含量	0.235	0.37	1.0	0.022	0.026	其余

1. 真应力—真应变曲线分析

铸态 25Mn 钢在不同温度下的真应力—真应变曲线如图 3-16 所示[8]。从图 3-16 中可以发现，在应变速率一定的条件下，流动应力曲线主要有两种类型：一种是先增加后趋于平缓的动态回复型曲线；另一种是先增加随后出现峰值，最后下降并趋于平缓的非连续动态再结晶型曲线。在相同的应变速率下，随着变形温度降低，真应力—真应变曲线的峰值应力升高，峰值应力对应的峰值应变右移，即动态再结晶发生的发生变得困难。这是因为金属的高温热变形是一个热激活过程，变形温度升高，原子振动加剧，为各种塑性变形机理创造了条件，降低了变形阻力，从而使位错具有足够的运动能力，克服钉扎作用而产生动态回复，当其储存能足够高时产生动态再结晶。可以看

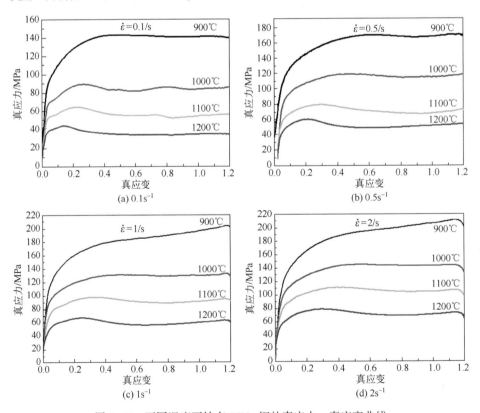

图 3-16 不同温度下铸态 25Mn 钢的真应力—真应变曲线

出，在图 3-16（a）、（b）所示的低应变速率下，温度对流动应力曲线有较大影响，在 1000℃以上时峰值应力之间的差值减小，并且都出现了相应的动态再结晶软化现象，但是在 900℃时软化现象不明显。从图 3-16（c）、（d）中可以看出，在较高的加工速率下，在 900℃时表现出完全的加工硬化现象，不发生软化。综合比较发现，在 900℃时的峰值应力比在 1000℃时均高出了近50MPa，并且不发生动态再结晶软化现象。所以铸态 25Mn 钢不适宜在相对低温下进行大变形量热加工，其终段温度应该在 900℃左右。

2. 本构模型

将图 3-16 所示的 25Mn 钢铸坯的峰值应力和对应的应变速率代入式（3-7）和式（3-8）中，得到图 3-17（a）和（b）所示的 $\ln\sigma-\ln\dot\varepsilon$ 和 $\sigma-\ln\dot\varepsilon$ 的线性关系。采用最小二乘法得出 $n=5.358585$、$\alpha=0.011084\mathrm{MPa}^{-1}$。

再将峰值应力、应变速率和温度代入式（3-12）和式（3-13）中，得到 $\ln\sinh(\alpha\sigma)-\ln\dot\varepsilon$ 和 $\ln\sinh(\alpha\sigma)-1/T$ 的关系，如图 3-17（c）和（d）所示。通过线性回归分析，分别求得 $n=4.4602$、$Q=336.049\mathrm{kJ/mol}$。

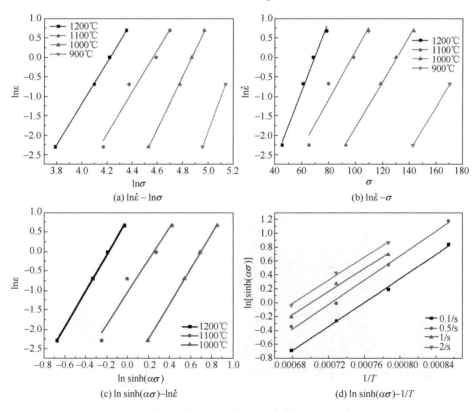

图 3-17 铸态 25Mn 钢流变应力与应变速率的关系曲线

把 α、n、Q_{def} 代入式（3-11）中，求得 A 的平均值为 $A=2.19\times10^{12}\,\text{s}^{-1}$。最后将得到的 Q_{def}、n、α 和 A 等参数代入式（3-6）中，即可得铸态 25Mn 钢热压缩时的流动应力本构模型。

$$\dot{\varepsilon}=2.19\times10^{12}\left[\sinh(0.011084\sigma)\right]^{4.4602}\exp\left[-336049/(RT)\right] \quad (3-30)$$

把热激活能 Q_{def} 代入式（3-20）中，即可得到 Z 参数方程的表达式，即

$$Z=\dot{\varepsilon}\exp\left[336049/(RT)\right] \quad (3-31)$$

由式（3-30）分别计算得到不同变形条件下的 Z 参数，如表 3-8 所列。

表 3-8　不同变形条件下的 Z 参数

温度/℃	变形速率/s^{-1}	Z 参数	ln$Z$
1200	0.1	8.23×10^{10}	25.13342552
1200	0.5	4.11×10^{11}	26.74286343
1200	1	8.23×10^{11}	27.43601061
1200	2	1.65×10^{12}	28.12915779
1100	0.1	6.07×10^{11}	27.13146001
1100	0.5	3.03×10^{12}	28.74089792
1100	1	6.07×10^{12}	29.4340451
1100	2	1.21×10^{13}	30.12719228
1000	0.1	6.12×10^{12}	29.4433671
1000	0.5	3.06×10^{13}	31.05280501
1000	1	6.12×10^{13}	31.74595219
1000	2	1.22×10^{14}	32.43909937
900	0.1	9.17×10^{13}	32.14941084
900	0.5	4.58×10^{14}	33.75884876

根据表 3-8 中的值，把温度 T、应变速度 $\dot{\varepsilon}$ 及 Z 参数的值用 MATLAB 进行作图可以更加直观地得到任意变形条件下的 Z 值，如图 3-18 所示。

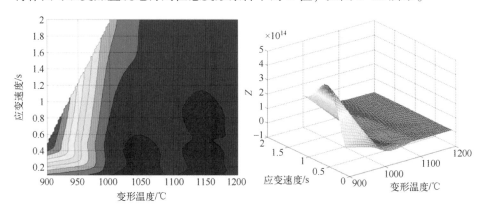

图 3-18　不同变形条件下的 Z 值

3.2.1 铸态 42CrMo 钢组织演变

1. 不同变形温度对微观组织的影响

当应变速率分别为 $0.1s^{-1}$、$1s^{-1}$、$5s^{-1}$，变形量为 0.5 时，变形温度分别为 850℃、950℃、1050℃、1150℃时的微观组织演变情况如图 3-19~图 3-21 所示[8]。

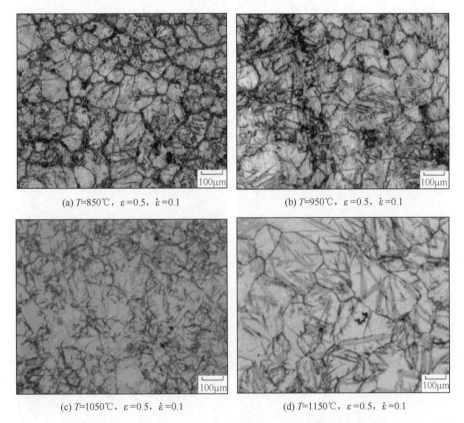

(a) T=850℃，ε=0.5，$\dot{\varepsilon}$=0.1

(b) T=950℃，ε=0.5，$\dot{\varepsilon}$=0.1

(c) T=1050℃，ε=0.5，$\dot{\varepsilon}$=0.1

(d) T=1150℃，ε=0.5，$\dot{\varepsilon}$=0.1

图 3-19 应变速率为 $0.1s^{-1}$ 时不同温度下的显微组织演变图

由金相分析可知，当变形温度为 850℃时，不同的应变速率下没有明显的变化，这可能是低温态不易诱导发生动态再结晶的缘故。850℃后再结晶变得较为明显，这是因为较高的变形温度有利于位错运动和晶界的迁移，即随着变形温度的升高，空位原子的扩散及位错的攀移和交滑移增多。当变形温度为1050℃、变形速率为10s^{-1}时，所得马氏体板条间距最细，随着变形温度的升高（1150℃）组织逐渐趋于粗化。

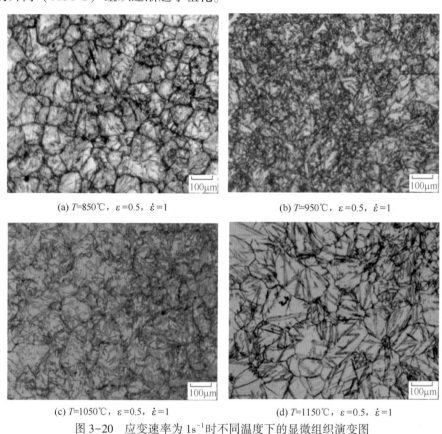

(a) T=850℃，ε=0.5，$\dot{\varepsilon}$=1

(b) T=950℃，ε=0.5，$\dot{\varepsilon}$=1

(c) T=1050℃，ε=0.5，$\dot{\varepsilon}$=1

(d) T=1150℃，ε=0.5，$\dot{\varepsilon}$=1

图 3-20　应变速率为1s^{-1}时不同温度下的显微组织演变图

(a) T=850℃，ε=0.5，$\dot{\varepsilon}$=5

(b) T=950℃，ε=0.5，$\dot{\varepsilon}$=5

(c) T=1050℃，ε=0.5，$\dot{\varepsilon}$=5   (d) T=1150℃，ε=0.5，$\dot{\varepsilon}$=5

图 3-21　应变速率为 5s^{-1}时不同温度下的显微组织演变图

2. 不同应变速率对微观组织的影响

当变形温度为 1050℃、变形量为 0.5 时，研究应变速率分别为 0.1s^{-1}、1s^{-1}、5s^{-1}下的微观组织变化，所得金相组织图如图 3-22 所示。

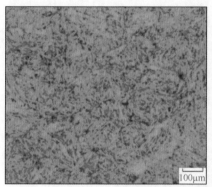 

(a) T=1050℃，ε=0.5，$\dot{\varepsilon}$=0.1   (b) T=1050℃，ε=0.5，$\dot{\varepsilon}$=1

(c) T=1050℃，ε=0.5，$\dot{\varepsilon}$=5

图 3-22　不同应变速率下的显微组织演变图

由图 3-22 可知，在 1050℃ 相同的变形温度下，随着应变速率的增大，材料的变形组织是逐渐变细的，且在变形速率为 $5s^{-1}$ 时达到最细。这是由于碳化物具有阻止奥氏体晶粒聚集和长大的作用，随着应变的增加促进了动态再结晶的进行，从而加快了晶粒的细化，细化的晶粒主要存在于奥氏体晶界上。

3. 不同变形量对微观组织的影响

当变形温度为 1050℃、应变速率 $0.1s^{-1}$ 时，研究变形量分别为 0.3、0.45、0.7 下的微观组织变化，所得金相组织图如图 3-23 所示。

由真应力—真应变曲线可知，在变形初期呈现硬化型曲线，当变形量达到 0.3 时，已经出现软化特征，说明动态再结晶已开始启动。随着变形量的增加，晶粒逐渐破碎，当变形量达到 0.5 时，晶粒细化且等轴化，有利于塑性变形。当变形继续增大到 0.7 时，内部畸变能增高，晶粒会长大粗化，此时若曲轴钢再继续变形，就可能会产生裂纹等缺陷。

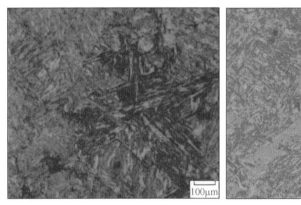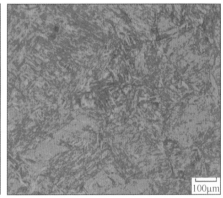

(a) T=1050℃，ε=0.3，$\dot{\varepsilon}$=0.1

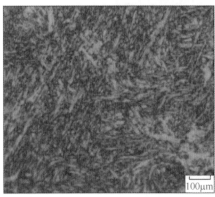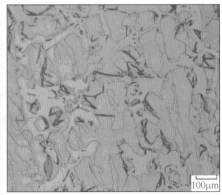

(b) T=1050℃，ε=0.45，$\dot{\varepsilon}$=0.1

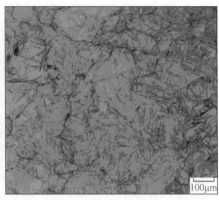

(c) T=1050℃，ε=0.7，$\dot{\varepsilon}$=0.1

图 3-23　不同变形量下的显微组织演变图

3.2.2　铸态 Q235B 钢组织演变

结合砂型铸造和离心铸造 Q235B 钢的真应力—真应变曲线及变形后试样的显微组织，可以看出，试样在热压缩变形过程中发生了动态再结晶。以下主要研究变形温度、应变速率及变形量对砂型铸造和离心铸造 Q235B 钢在热压缩变形过程中微观组织演变的影响规律[7]。

1. 变形温度对微观组织的影响

图 3-24 和图 3-25 分别为在应变速率为 0.05s^{-1}、变形量为 60% 时，砂型铸造和离心铸造 Q235B 钢显微组织随变形温度的变化情况。试样在850℃轴向压缩变形时，原始大晶粒沿径向被拉长，晶界开始锯齿化，在晶界处新生大量细小的等轴晶粒。结合真应力—真应变曲线可以看出，逐渐发生动态再结晶晶粒的形核过程，该过程的主要特征为新晶粒通过"项链机制"在形变大晶粒的晶界周围不断形核。由于在整个过程中只发生了部分再结晶，显微组织呈现出由动态再结晶小晶粒和形变大晶粒共存的组织不均匀现象（图 3-24 和图 3-25 中 850℃的情况）。随着变形温度的升高，细小的等轴晶粒数量越来越多，原有的粗大晶粒数量逐渐减小，且新生动态再结晶小晶粒不断发生长大，组织中晶粒尺寸变得相对均匀，只有极个别直径较大的晶粒存在，平均晶粒尺寸约为 43.4μm。当变形温度继续升高至 1050~1150℃时，动态再结晶晶粒发生互相吞噬长大现象，组织粗化、均匀，特别是在变形温度为 1150℃时，平均晶粒尺寸达 62~70μm。

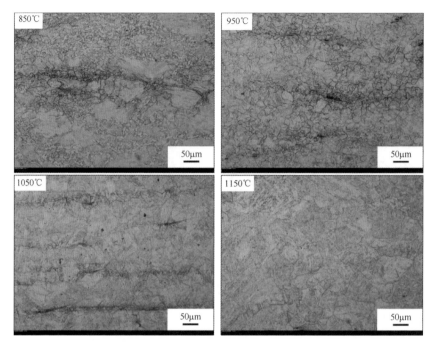

图 3-24　不同变形温度对砂型铸造 Q235B 钢微观组织的影响（0.05s^{-1}、60%）

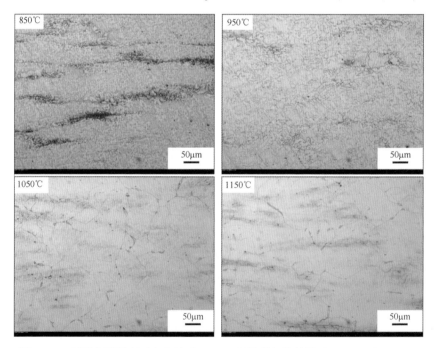

图 3-25　不同变形温度对离心铸造 Q235B 钢微观组织的影响（0.05s^{-1}、60%）

之所以发生再结晶晶粒的形核与长大过程，主要原因是在同一应变速率下，随着变形温度的升高，材料内部的热激活作用加剧，原子动能升高，原子间结合力减弱。同时，位错运动加强，更多的位错进行滑移和攀移，从而增大了形变组织的软化程度，使得流变应力减小。最终，促使动态再结晶的发生和发展变得容易。从砂型铸造和离心铸造 Q235B 钢的真应力—真应变曲线也可以看出，变形温度越高，发生动态再结晶所需的应变量就越小，且易于达到峰值和稳态变形阶段。

通过对比不同变形温度下砂型铸造和离心铸造 Q235B 钢的微观组织可以发现，离心铸造 Q235B 钢的动态再结晶程度随温度的变化更加敏感，主要表现是砂型铸造 Q235B 钢组织中晶粒相对粗大，在低温下局部项链状形核现象明显，不易发生动态再结晶，而在高温状态下晶粒长大更加充分，位错密度降低，组织要更加均匀。所以，合理控制 Q235B 钢铸坯材料热压缩过程中的变形温度有利于其发生动态再结晶，并获得细小、均匀的组织。

2. 应变速率对微观组织的影响

在变形温度为 1050℃下，压缩 60% 时，不同应变速率对砂型铸造和离心铸造 Q235B 钢的微观组织的影响如图 3-26 和图 3-27 所示，从图中可以看出，

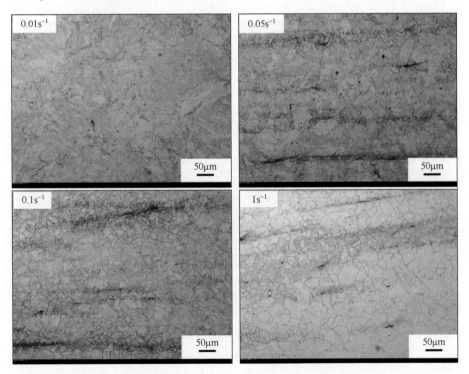

图 3-26　不同应变速率对砂型铸造 Q235B 钢微观组织的影响（1050℃，60%）

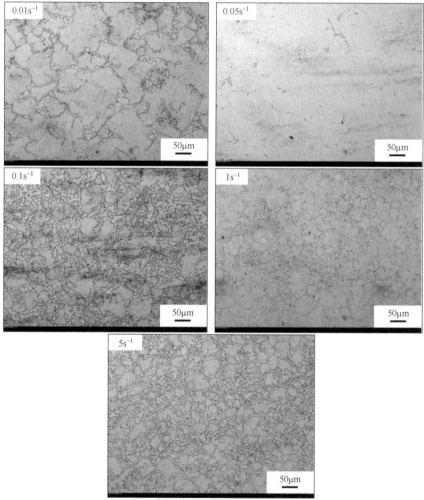

图 3-27　不同应变速率对离心铸造 Q235B 钢微观组织的影响（1050℃，60%）

在同一变形温度下，动态再结晶晶粒随着应变速率的增大而逐渐减小，平均晶粒尺寸也逐渐减小，因此，增大应变速率有利于细化动态再结晶晶粒。这主要是因为应变速率增大，加工硬化及形变储存能增大，再结晶驱动力增加；同时，变形时间随着应变速率的增大而减小，位错被激活的时间延长，再结晶发生的时间随之缩短，导致没有充足的时间给予热压缩变形后的晶粒进行回复和长大过程。

然而，从砂型铸造和离心铸造 Q235B 钢的真应力—真应变曲线也可以看出，应变速率对动态再结晶的影响效果明显，应变速率越大，发生动态再结晶所需的应变量也就越大，且达到峰值和稳态阶段变得更加困难。因此，单就这一点而言，应变速率的降低有利于动态再结晶的发生。

可见，应变速率对动态再结晶的发生和进行及动态再结晶晶粒细化的影响是双重的。在实际的热变形中，应首先保证动态再结晶的发生，再适当增大应变速率，才会有利于细化动态再结晶晶粒。

3. 变形量对微观组织的影响

图 3-28 和图 3-29 分别为砂型铸造和离心铸造 Q235B 钢在变形温度为 1050℃、应变速率 0.05s^{-1} 时不同变形量下的显微组织。当变形量为 10% 时，两种材料的变形组织中都未观察到动态再结晶晶粒，因为变形量小，奥氏体晶粒小，由变形产生的位错无法满足发生奥氏体再结晶的条件，动态再结晶难以发生，如图 3-28 和图 3-29 中 10% 的情况。随着变形量的增加（20%~30%），晶粒发生变形扭曲、拉长，有少量再结晶晶粒在晶界处出现，且在形变组织内部也陆续出现动态再结晶晶粒，开始发生动态再结晶。变形量继续增加，再结晶晶粒发生长大，且晶粒已经明显地被细化和均匀化，平均晶粒尺寸为 47.6μm。

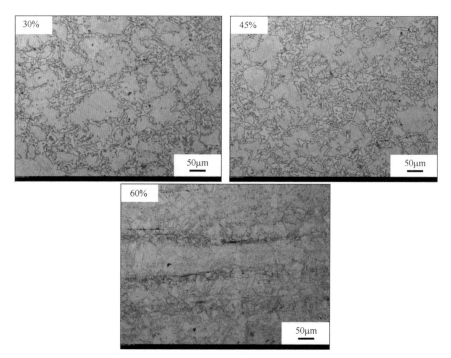

图 3-28　不同变形量对砂型铸造 Q235B 钢微观组织的影响（0.05s^{-1}，1050℃）

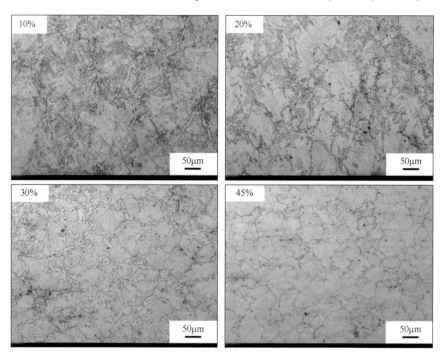

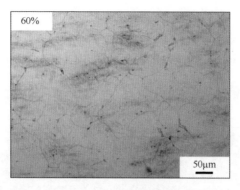

图 3-29　不同变形量对离心铸造 Q235B 钢微观组织的影响（$0.05s^{-1}$，$1050℃$）

尤其是离心铸造 Q235B 钢中动态再结晶晶粒长大更迅速，组织均匀性更高，晶粒度级别为 4.5 级（$68.1\mu m$）（图 3-29 中 45%）。当变形量达到 60% 时，动态再结晶晶粒长大完全，已观察不到动态再结晶晶粒，组织内部的畸变能几乎为零。

综上可知，变形量从 10% 增加到 60% 的过程中，两种材料都经历了未发生再结晶、开始发生再结晶（或部分再结晶）、完全再结晶几个阶段。上述显微组织的变化说明了在应变速率和变形温度不变时，材料发生动态再结晶还需要达到一定的变形量，即临界应变量。一旦应变量达到临界应变量，动态再结晶就开始启动，动态再结晶程度也随着变形量的增加而不断增大，晶粒逐渐被细化，组织更加均匀。达到稳态阶段后动态再结晶百分量就不再随变形量的增加而增大，即晶粒不能被继续细化，而是维持在稳定阶段。

3.2.3　铸态 25Mn 钢组织演变

不同变形条件下压缩后的晶粒形貌如图 3-30 所示。当温度为 $1200℃$、应变速率为 $0.1s^{-1}$ 和 $0.5s^{-1}$ 时，均发生了非连续完全动态再结晶，相对于压缩前的初始晶粒均发生了明显的细化现象，并且应变速率提高对细化晶粒有明显的促进作用。当温度为 $900℃$、应变速率为 $0.1s^{-1}$ 和 $0.5s^{-1}$ 时，虽然有细晶粒的产生，但不是发生非连续完全动态再结晶造成的，其原因类似于试样发生了几何动态再结晶，即由于试样的变形量较大，原始晶粒的晶界发生强烈扭曲，出现锯齿形状，晶界与晶界发生强烈的交叉，导致了新晶粒或亚晶的产生。对比两种晶粒形貌可以发现，发生非连续动态再结晶的晶粒在原始晶界处形核，新晶粒通过晶界的弓出进行长大，发生非连续动态再结晶的组织内部的铸态偏析现象得到明显改善，但是未发生非连续完全动态再结晶的晶粒较细小，混晶现象严重，而且压缩后组织多纤维状流线型带状组织，使金属性能产生明显的方向性，垂直于带状组织的方向塑形将变得非常差。结合应力曲线可以发现，发生非连续完全动态再结晶的曲线发生明显的软化现象，而未发生非连续完全动态再结晶的曲线呈现出回复型曲线的特征。

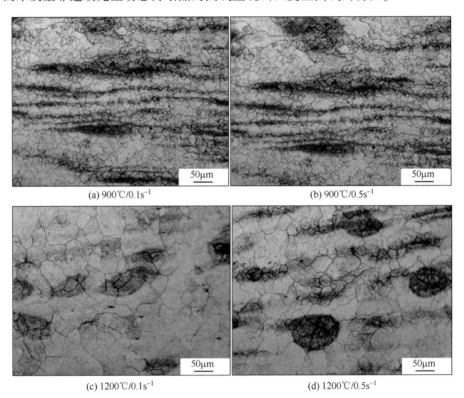

(a) 900℃/0.1s^{-1} (b) 900℃/0.5s^{-1}

(c) 1200℃/0.1s^{-1} (d) 1200℃/0.5s^{-1}

图 3-30　不同变形条件下压缩后的晶粒形貌

3.3 铸坯热变形过程组织演变预测模型

3.3.1　铸态 42CrMo 钢组织演变模型

在金属铸坯材料的热变形中，组织变化过程主要包含静态回复/再结晶、亚动态再结晶、动态回复/再结晶。而动态再结晶是铸坯材料在热变形过程中最为重要的显微组织变化过程，是实现铸坯材料动态软化及其晶粒细化的重要途径，直接影响着成形件的内部质量及其工艺与力学性能。在环件铸辗复合成形中，铸坯的热辗扩工艺是多场多因素、非线性耦合作用的过程，必须通过合理控制辗扩工艺参数（变形温度、变形速率与进给量），促使变形区域内的组织发生完全动态再结晶，得到细小均匀的再结晶晶粒组织，提高成形环件的综合力学性能。然而，环件铸辗复合成形的复杂性决定了无法通过反复的工业生产进行研究，必须从动态再结晶细化晶粒的角度出发，建立相应的再结晶数学模型，并借助于计算机仿真技术，对环形铸坯在热辗扩过程中的组织变化进行模拟分析。

此外，准确建立环件在热辗扩变形过程中的动态再结晶的数学模型是采用有限元分析软件对环件的组织变化过程进行微观模拟的前提基础，并且动态再结晶模型可为制定和优化热变形工艺提供重要依据。因此，研究铸坯材料在热变形过程中的显微组织演变规律对于控制环件的组织与性能具有重要的指导意义。

1. 动态再结晶动力学模型

金属发生动态再结晶后，峰值应变 ε_p 存在式（3-32）与如下（3-33）的关系式：

$$\varepsilon_p = A_1 d_0^{m_1} Z^{n_1} \tag{3-32}$$

$$\varepsilon_s = A_2 d_0^{m_2} Z^{n_2} \tag{3-33}$$

式中：A_1、A_2、m_1、m_2、n_1、n_2 均为材料常数。

根据测得的不同变形参数的应变值，分别对 $\ln\varepsilon_p$-$\ln Z$、$\ln\varepsilon_p$-$\ln d_0$（图 3-31）、$\ln\varepsilon_s$-$\ln Z$、$\ln\varepsilon_s$-$\ln d_0$（图 3-32），线性回归出各个参数值为

$$A_1 = 6.1875\times10^{-2}, m_1 = 2.38904, n_1 = 0.027$$

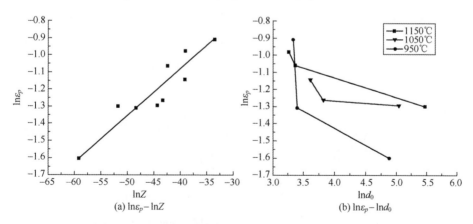

(a) $\ln\varepsilon_p$-$\ln Z$　　　　　　　(b) $\ln\varepsilon_p$-$\ln d_0$

图 3-31　不同热变形条件下 $\ln\varepsilon_p$-$\ln Z$ 和 $\ln\varepsilon_p$-$\ln d_0$ 的关系

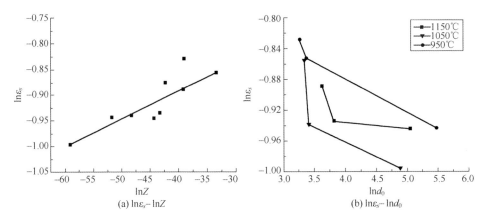

图 3-32　不同热变形条件下 $\ln\varepsilon_s-\ln Z$ 和 $\ln\varepsilon_s-\ln d_0$ 的关系

$$A_2 = 7.6618\times10^{-2}, m_2 = 0.55436, n_2 = 0.0055$$

因此，峰值应变 ε_p、稳态应变 ε_s 模型分别为

$$\varepsilon_p = 6.1875\times10^{-2}d_0^{2.38904}\dot{\varepsilon}^{0.027}\exp\left(\frac{10971.8}{RT}\right) \tag{3-34}$$

$$\varepsilon_s = 7.6618\times10^{-2}d_0^{0.55436}Z^{0.0055} \tag{3-35}$$

2. 动态再结晶运动学模型

动态再结晶分数模型是以 Avrami 方程为基础的，即

$$X_d = 1-\exp\left[-K_1\left(\frac{\varepsilon-\varepsilon_c}{\varepsilon_{0.5}}\right)^{K_2}\right] \tag{3-36}$$

式中：K_1、K_2 均为材料常数；$\varepsilon_{0.5}$ 为发生 50% 再结晶变形量，其表达式为

$$\varepsilon_{0.5} = E_1 d_0^{E_2}\dot{\varepsilon}^{E_3}\exp(Q_{\mathrm{dyn}}/(RT)) \tag{3-37}$$

式中：E_1、E_2、E_3 均为材料常数；Q_{dyn} 为动态再结晶激活能。

当 $\varepsilon_c<\varepsilon<\varepsilon_s$ 时，

$$X_d = (\sigma_c-\sigma)/(\sigma_{ss}^A-\sigma_{ss}^B) \tag{3-38}$$

式中：ε_c、ε_s 分别为临界应变、稳态应变；σ_c 为临界应力；σ 为应力、应变曲线上应变为 ε 时的应力值；σ_{ss}^B 为稳态应力；σ_{ss}^A 为假象金属未发生动态软化得到的稳态应力值，如图 3-33 所示。

结合式（3-38）计算出动态再结晶分数为 50% 的 σ，对照图 3-5 真应力—真应变曲线读出 $\varepsilon_{0.5}$ 如表 3-9 所列，并且根据金相组织测量的结果进行相应的调整。

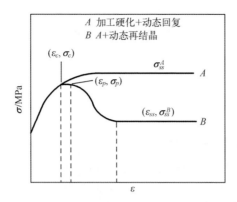

图 3-33　材料热变形真应力—真应变曲线示意图

表 3-9　部分动态再结晶分数

变形温度/℃	应变速率/$\dot{\varepsilon}$	真应变 ε	X_d	临界应变	发生50%再结晶变形量
950	5	0.5	0.89	0.195	0.392
1050	1	0.5	0.465	0.187	0.377
1050	5	0.5	0.91	0.175	0.345
1150	1	0.5	0.86	0.205	0.406
1150	5	0.5	0.94	0.174	0.346

根据不同变形参数下的 $\varepsilon_{0.5}$ 对 $\ln\varepsilon_{0.5}-\ln d_0$、$\ln\varepsilon_{0.5}-1/T$、$\ln\varepsilon_{0.5}-\ln\dot{\varepsilon}$ 作图（图 3-34），线性回归计算得出 $E_1 = 3.736\times10^{-3}$、$E_2 = 0.4163$、$E_3 = 0.1341$、$Q_{\text{dyn}} = 24835\text{J/mol}$。因此：

$$\varepsilon_{0.5} = 3.736\times10^{-3} d_0^{0.4163}\ \dot{\varepsilon}^{0.1341}\exp\left(\frac{24835}{\text{RT}}\right) \tag{3-39}$$

根据式（3-37），对 $\ln[-\ln(1-X_d)]-\ln(\varepsilon-\varepsilon_c/\varepsilon_{0.5})$ 作图 [图 3-34（d）]，回归直线斜率有 $k_2 = 2$、$k_1 = 0.69$。

因此，动态再结晶百分数模型为

$$X_d = 1-\exp\left[-0.69\left(\frac{\varepsilon-\varepsilon_c}{\varepsilon_{0.5}}\right)\right]^2 \tag{3-40}$$

3. 动态再结晶晶粒尺寸模型

动态再结晶晶粒尺寸 d_{DRX} 正比于 Z 参数的指函数，其表达式为

$$d_{\text{DRX}} = AZ^n \tag{3-41}$$

式中：A、n 均为材料常数。

将不同变形参数下测得的晶粒尺寸 d（表 3-10）代入式（3-33）中进行

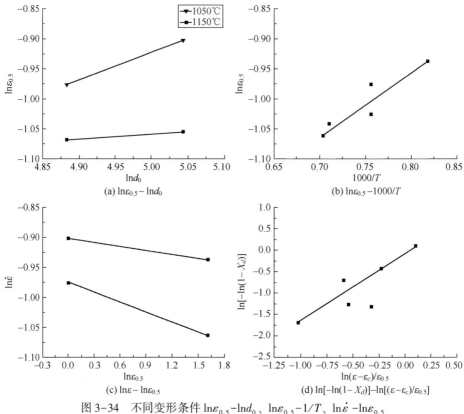

图 3-34 不同变形条件 $\ln\varepsilon_{0.5}-\ln d_0$、$\ln\varepsilon_{0.5}-1/T$、$\ln\dot\varepsilon-\ln\varepsilon_{0.5}$
和 $\ln[-\ln(1-X_d)]-\ln[(\varepsilon-\varepsilon_c)/\varepsilon_{0.5}]$ 的关系

回归处理（图 3-35），得到模型中的系数 $A=1.455\times10^{20}$、$n=-0.0319$。完整模型表达式为

$$d_{DRX} = 1.455\times10^{20}d_0\varepsilon^{4.978}Z^{-0.0319} \qquad (3-42)$$

$$d_{DRX} = 1.455\times10^{20}d_0\varepsilon^{4.978}\dot\varepsilon^{-0.0319}\exp[-12963/(RT)] \qquad (3-43)$$

表 3-10 不同变形条件下动态再结晶晶粒尺寸（$d_0=288\mu m$）

应变速率/$\dot\varepsilon$	变形温度/℃	动态再结晶尺寸/μm	变形温度/℃	动态再结晶尺寸/μm
0.1	850	—	950	—
	1050	130	1150	152
1	850	—	950	29
	1050	31	1150	46
5	850	—	950	26
	1050	28	1150	38

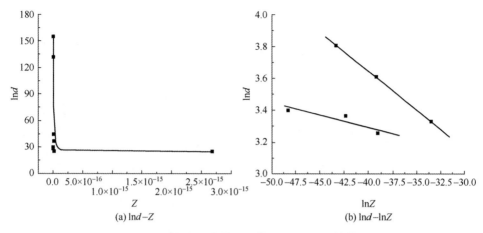

图 3-35　不同热变形条件下晶晶粒尺寸与 Z 参数的关系

3.3.2　铸态 Q235B 钢组织演变模型

1. 动态再结晶动力学模型

动态再结晶发生的条件是应变量达到临界应变量，确定临界应变模型即可确定动态再结晶动力学模型。不同变形温度和不同应变速率下铸坯材料的临界应变量是不相同的，本节采用的临界应变模型为

$$\varepsilon_c = 0.83\varepsilon_p \tag{3-44}$$

峰值应变 ε_p 和稳态应变 ε_s 存在式（3-45）与式（3-46）的关系式，即

$$\varepsilon_p = k_1 Z^{m_1} \tag{3-45}$$

$$\varepsilon_s = k_2 Z^{m_2} \tag{3-46}$$

式中：K_1、K_2、m_1、m_2 均为材料常数。

分别拟合图 3-36 和图 3-37 中的实验数据，可确定峰值应变与稳态应变的数学模型。

砂型铸造 Q235B 钢：
$$\varepsilon_p = 0.002078Z^{0.1906} \tag{3-47}$$

$$\varepsilon_s = 0.02965Z^{0.1044} \tag{3-48}$$

离心铸造 Q235B 钢：
$$\varepsilon_p = 0.0009164Z^{0.1706} \tag{3-49}$$

$$\varepsilon_s = 0.02139Z^{0.09691} \tag{3-50}$$

根据式（3-45）与式（3-46）的形式可建立临界应力 σ_c（表现为在真应力—真应变曲线上对应的临界应变为 ε_c）的模型：

$$\sigma_c = k_3 Z^{m_3} \tag{3-51}$$

式中：K_3、m_3 均为只与材料自身相关的常数。

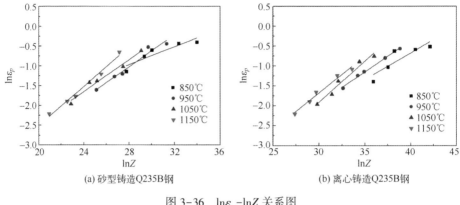

(a) 砂型铸造Q235B钢　　　　　　(b) 离心铸造Q235B钢

图 3-36　$\ln\varepsilon_p$-$\ln Z$ 关系图

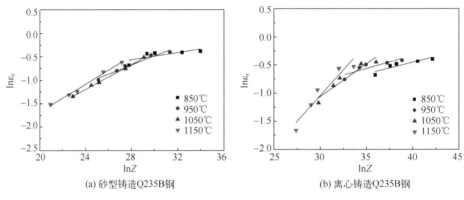

(a) 砂型铸造Q235B钢　　　　　　(b) 离心铸造Q235B钢

图 3-37　$\ln\varepsilon_s$-$\ln Z$ 关系图

同理，根据图 3-38 的实验数据，得到以下结果。

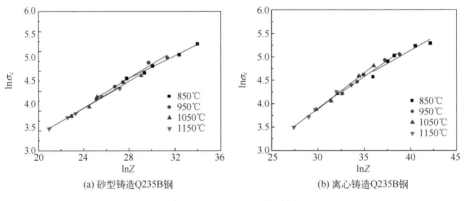

(a) 砂型铸造Q235B钢　　　　　　(b) 离心铸造Q235B钢

图 3-38　$\ln\sigma_c$-$\ln Z$ 关系图

砂型铸造 Q235B 钢:　　　$\sigma_c = 2.652Z^{0.1623}$　　　　(3-52)

离心铸造 Q235B 钢:　　　$\sigma_c = 0.4205Z^{0.1383}$　　　　(3-53)

具有高温应变软化特征的材料,加工硬化率 θ($\theta = \mathrm{d}\sigma/\mathrm{d}\varepsilon$,即真应力—真应变曲线的斜率)和流变应力 σ 的关系如图 3-39 所示。当加工硬化率 $\theta = 0$ 时,流变应力分别对应于峰值应力 σ_p 和稳态应力 σ_{ss};结合本章中真应力—真应变曲线也可以发现,峰值应力与稳态应力处曲线的斜率为 0。研究表明,θ-σ 的关系曲线大致可分为 3 个阶段。

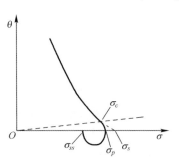

图 3-39　加工硬化率与流变
应力的关系曲线

由于饱和应力 σ_s 无法从流变应力曲线中直接读取,且不能反映在加工硬化率曲线(图 3-40 和图 3-41)上,因为 σ_s 是一个虚拟出来的量。本书采用作图法求取 σ_s 的值:从 σ_c 处,按照图 3-39,从临界应力处曲线的变化趋势顺着作出一条虚线,虚线与 σ 轴的交点就是 σ_s 的值。

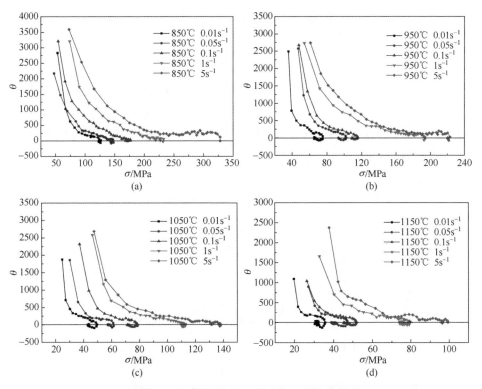

图 3-40　砂型铸造 Q235B 钢的加工硬化率曲线

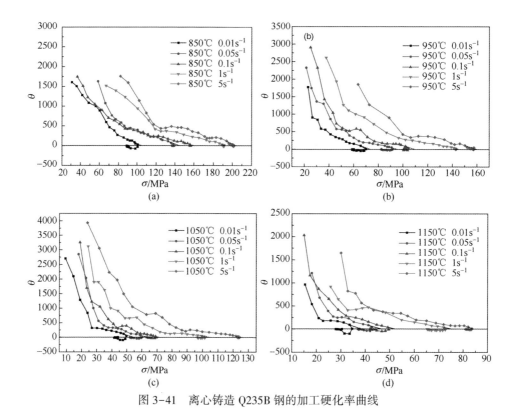

图 3-41　离心铸造 Q235B 钢的加工硬化率曲线

根据图 3-39 的作图思路，可以得出变形温度为 1150℃、不同应变速率下离心铸造 Q235B 钢的饱和应力 σ_s（图 3-42 中虚线与 $\sigma=0$ 轴的交点）。类似地，计算出砂型铸造和离心铸造 Q235B 钢在所研究变形条件下的饱和应力 σ_s 值，如表 3-11 和表 3-12 所列。

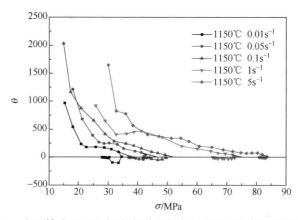

图 3-42　离心铸造 Q235B 钢在变形温度为 1150℃下的加工硬化率曲线

表 3-11　不同变形条件下砂型铸造 Q235B 钢的饱和应力 σ_s（MPa）

应变速率 ＼ 变形温度	850℃	950℃	1050℃	1150℃
0.01s^{-1}	134.6	84.0	57.8	39.2
0.05s^{-1}	153.8	105.1	66.9	49.6
0.1s^{-1}	—	121.3	80.5	53.8
1s^{-1}	—	—	113.5	80.6
5s^{-1}	—	—	—	—

表 3-12　不同变形条件下离心铸造 Q235B 钢的饱和应力 σ_s（MPa）

应变速率 ＼ 变形温度	850℃	950℃	1050℃	1150℃
0.01s^{-1}	104.7	73.5	54.1	37.9
0.05s^{-1}	—	95.5	64.3	46.4
0.1s^{-1}	—	109.9	71.5	52.2
1s^{-1}	—	—	105.3	75.2
5s^{-1}	—	—	—	84.2

因此，采用式（3-9）的形式，分别作出砂型铸造和离心铸造 Q235B 钢 $\ln Z - \ln \sinh(\alpha\sigma_s)$ 关系图，根据图 3-43 的实验结果，分别求得以下结果。

砂型铸造：$\quad Z = 9.165 \times 10^{11} \left[\sinh(0.00769\sigma_s)\right]^{5.4279}$ （3-54）

离心铸造：$\quad Z = 1.837 \times 10^{14} \left[\sinh(0.01096\sigma_s)\right]^{6.2195}$ （3-55）

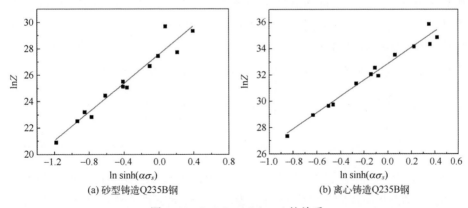

(a) 砂型铸造 Q235B 钢　　　(b) 离心铸造 Q235B 钢

图 3-43　$\ln Z - \ln \sinh(\alpha\sigma_s)$ 的关系

最终，得出不同变形条件下的饱和应力 σ_s 的数学模型。

砂型铸造： $\qquad \sigma_s = 130.04 \sinh^{-1}(1.091 \times 10^{-12} Z)^{0.1842}$ (3-56)

离心铸造： $\qquad \sigma_s = 91.2408 \sinh^{-1}(5.443 \times 10^{-15} Z)^{0.1608}$ (3-57)

结合砂型铸造和离心铸造 Q235B 钢的加工硬化率曲线和真应力—真应变曲线，可直接读出二者的稳态应力 σ_{ss} 的值。并根据上述方法，拟合得到图 3-44。

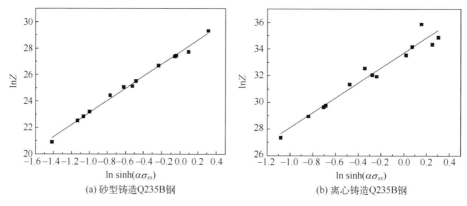

(a) 砂型铸造Q235B钢 　　　　　　　　　(b) 离心铸造Q235B钢

图 3-44　$\ln Z$-$\ln \sinh(\alpha \sigma_{ss})$ 的关系

因此，计算得出不同变形条件下的稳态应力 σ_{ss} 的数学模型。

砂型铸造： $\qquad \sigma_{ss} = 130.04 \sinh^{-1}(9.039 \times 10^{-13} Z)^{0.2181}$ (3-58)

离心铸造： $\qquad \sigma_{ss} = 91.2408 \sinh^{-1}(2.245 \times 10^{-15} Z)^{0.1781}$ (3-59)

2. 动态再结晶运动学模型

随着热压缩变形过程的进行，当应变大于临界应变量时，材料会开始发生动态再结晶。而动态再结晶是一个形核与长大的过程，在一定时间内动态再结晶发生的程度可以根据动态再结晶运动学模型进行确定。为了建立砂型铸造和离心铸造 Q235B 钢的动态再结晶运动学模型，需计算出动态再结晶体积百分数 X_{DRX}，通常采用 Avrami 方程来求解，表示为

$$X_{\mathrm{DRX}} = 1 - \exp\left[-k_d \left(\frac{\varepsilon - \varepsilon_c}{\varepsilon_{0.5}}\right)^{m_d}\right]$$ (3-60)

$$\varepsilon_{0.5} = A \dot{\varepsilon}^{A_1} \exp\left(\frac{Q_{\mathrm{DRX}}}{\mathrm{R}T}\right)$$ (3-61)

式中：X_{DRX} 为动态再结晶体积百分数；ε 为达到对应动态再结晶百分数时的应变；ε_c 为发生动态再结晶的临界应变；$\varepsilon_{0.5}$ 为发生 50% 动态再结晶时的应变；k_d、m_d 均为材料常数；A_1 为应变速率指数；Q_{DRX} 为动态再结晶激活能（J/mol）；A 为材料常数。

动态再结晶体积百分数与应力参数之间的关系又可以用下式表示。

$$X_{DRX} = \frac{\sigma_{WH} - \sigma}{\sigma_s - \sigma_{ss}} \quad (\varepsilon \geqslant \varepsilon_c) \qquad (3-62)$$

式中：σ_{WH} 为加工硬化部分应力的外延（MPa）；σ 为瞬时流变应力（MPa）；σ_s 为饱和应力（MPa）；σ_{ss} 为稳态应力（MPa）。

根据图 3-33 的变化规律，获得不同变形条件下砂型铸造和离心铸造 Q235B 钢的加工硬化部分应力的外延 σ_{WH} 值。再结合前面已有的 σ_s 和 σ_{ss}，把 $X_{DRX} = 50\%$ 代入式（3-62）中，可以得出发生 50% 动态再结晶时的瞬时流变应力，再结合砂型铸造和离心铸造 Q235B 钢的真应力—真应变曲线，即可读出此时的 $\varepsilon_{0.5}$，如表 3-13 和表 3-14 所列。

表 3-13　不同变形条件下砂型铸造 Q235B 钢的 $\varepsilon_{0.5}$

变形温度 / 应变速率	850℃	950℃	1050℃	1150℃
$0.01s^{-1}$	0.49	0.33	0.22	0.14
$0.05s^{-1}$	0.66	0.35	0.27	0.18
$0.1s^{-1}$	—	0.43	0.28	0.21
$1s^{-1}$	—	—	0.43	0.29
$5s^{-1}$	—	—	—	—

表 3-14　不同变形条件下离心铸造 Q235B 钢的 $\varepsilon_{0.5}$

变形温度 / 应变速率	850℃	950℃	1050℃	1150℃
$0.01s^{-1}$	0.35	0.37	0.2	0.17
$0.05s^{-1}$	0.59	0.52	0.32	0.23
$0.1s^{-1}$	—	—	0.35	0.27
$1s^{-1}$	—	—	0.57	0.42
$5s^{-1}$	—	—	—	—

对式（3-61）两边取对数，得到

$$\ln\varepsilon_{0.5} = \ln A + A_1 \ln \dot{\varepsilon} + \frac{Q_{DRX}}{RT} \qquad (3-63)$$

故 $\ln\varepsilon_{0.5}$ 与 $\ln\dot{\varepsilon}$ 和 $\frac{1}{T}$ 都呈线性关系，将已知实验数据代入式（3-61），经线性拟合分别得到砂型铸造和离心铸造 Q235B 钢的 $\ln\varepsilon_{0.5}$-$\ln\dot{\varepsilon}$、$\ln\varepsilon_{0.5}$-$\frac{1}{T}$ 的关

系曲线，如图 3-45 和图 3-46 所示。

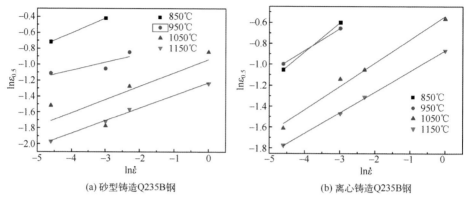

(a) 砂型铸造Q235B钢   (b) 离心铸造Q235B钢

图 3-45 $\ln\varepsilon_{0.5} - \ln\dot{\varepsilon}$ 的关系曲线

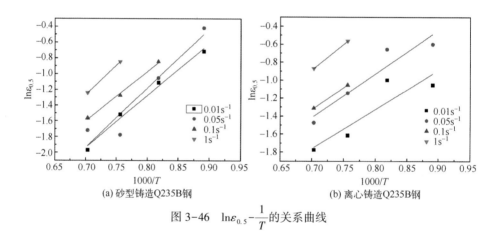

(a) 砂型铸造Q235B钢   (b) 离心铸造Q235B钢

图 3-46 $\ln\varepsilon_{0.5} - \dfrac{1}{T}$ 的关系曲线

所以，砂型铸造 Q235B 钢：$A = 0.06783$、$A_1 = 0.1531$、$Q_{DRX} = 57.802\text{kJ/mol}$

离心铸造 Q235B 钢：$A = 0.3069$、$A_1 = 0.2282$、$Q_{DRX} = 41.293\text{kJ/mol}$

即砂型铸造 Q235B 钢：

$$\varepsilon_{0.5} = 0.06783\,\dot{\varepsilon}^{0.1531}\exp\left(\frac{57802}{RT}\right) \tag{3-64}$$

离心铸造 Q235B 钢：

$$\varepsilon_{0.5} = 0.3069\,\dot{\varepsilon}^{0.2282}\exp\left(\frac{41293}{RT}\right) \tag{3-65}$$

对式（3-60）两边取对数两次，得到

$$\ln\left[-\ln(1-X_{DRX})\right] = \ln k_d + m_d\ln\left(\frac{\varepsilon-\varepsilon_c}{\varepsilon_{0.5}}\right) \tag{3-66}$$

拟合实验数据，获得 $\ln[-\ln(1-X_{DRX})]-\ln\left(\dfrac{\varepsilon-\varepsilon_c}{\varepsilon_{0.5}}\right)$ 的关系曲线，如图 3-47 所示。根据曲线的斜率和截距即可分别求取 k_d 和 m_d 的值。图形结果显示，各变形条件下的砂型铸造和离心铸造 Q235B 钢的动态再结晶体积百分数的分布都比较密集，近似趋于一条直线的附近，从而表明了模型中的系数 k_d 和 m_d 只是与材料有关的常数，与变形温度和应变速率的变化无关。

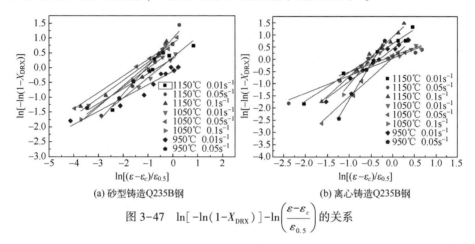

(a) 砂型铸造Q235B钢   (b) 离心铸造Q235B钢

图 3-47 $\ln[-\ln(1-X_{DRX})]-\ln\left(\dfrac{\varepsilon-\varepsilon_c}{\varepsilon_{0.5}}\right)$ 的关系

求得，砂型铸造 Q235B 钢：$k_d=1.6343$，$m_d=1.7995$；离心铸造 Q235B 钢：$k_d=1.5374$，$m_d=1.8412$。

由此，可以得出以下结果。

砂型铸造 Q235B 钢的动态再结晶体积百分数模型：

$$X_{DRX}=1-\exp\left[-1.7995\left(\frac{\varepsilon-\varepsilon_c}{\varepsilon_{0.5}}\right)^{1.6343}\right] \tag{3-67}$$

离心铸造 Q235B 钢的动态再结晶体积百分数模型：

$$X_{DRX}=1-\exp\left[-1.8412\left(\frac{\varepsilon-\varepsilon_c}{\varepsilon_{0.5}}\right)^{1.5374}\right] \tag{3-68}$$

3. 动态再结晶晶粒尺寸模型

由砂型铸造和离心铸造 Q235B 钢的热压缩变形试样的微观组织观察发现，动态再结晶晶粒大小 D_{DRX} 不仅与应变速率有关，而且还与变形温度有关。研究表明，当动态再结晶过程进入稳态变形阶段后，原始晶粒尺寸和应变量对动态再结晶晶粒尺寸的影响很小，可以忽略；而且，D_{DRX} 与综合了应变速率和变形温度影响的 Z 参数有关，呈指数形规律变化。因此可以用以下公式来表示：

$$D_{DRX} = BZ^{-k_4} \qquad (3-69)$$

式中：k_4 为动态再结晶晶粒指数；B 为常数。

$$Z = \dot{\varepsilon} \exp\left[\frac{Q}{RT}\right] \qquad (3-70)$$

对式（3-69）两边取对数，可得

$$\ln D_{DRX} = \ln B - k_4 \ln Z \qquad (3-71)$$

将实验测得的不同变形条件下（变形量60%）动态再结晶晶粒尺寸代入式（3-69）中。因此，动态再结晶晶粒尺寸的对数与 $\ln Z$ 呈线性关系，由其关系可以求出指数 k_4 和常数 B，砂型铸造和离心铸造 Q235B 钢的 $\ln D_{DRX}$ 与 $\ln Z$ 的关系如图3-48所示，得到以下结果。

砂型铸造 Q235B 钢：$k_4 = 0.0836$，$B = 453.05$

离心铸造 Q235B 钢：$k_4 = 0.0512$，$B = 269.48$

表3-15 和表3-16 所列分别为不同变形条件下砂型铸造 Q235B 钢及离心铸造 Q235B 钢的动态再结晶晶粒尺寸。

表3-15　不同变形条件下砂型铸造 Q235B 钢的动态再结晶晶粒尺寸

应变速率/s^{-1}	变形温度/℃	动态再结晶晶粒尺寸/μm	变形温度/℃	动态再结晶晶粒尺寸/μm
0.01	850	52.8	1050	67.1
	950	57.3	1150	76.5
0.05	850	—	1050	63.4
	950	47.2	1150	74.1
0.1	850	—	1050	54.7
	950	43.4	1150	62.4
1	850		1050	42.0
	950		1150	48.7

表3-16　不同变形条件下离心铸造 Q235B 钢的动态再结晶晶粒尺寸

应变速率/s^{-1}	变形温度/℃	动态再结晶晶粒尺寸/μm	变形温度/℃	动态再结晶晶粒尺寸/μm
0.01	850	50.6	1050	63.2
	950	52.5	1150	70.3
0.05	850	—	1050	61.2
	950	48.9	1150	62.7

(续)

应变速率/s⁻¹	变形温度/℃	动态再结晶晶粒尺寸/μm	变形温度/℃	动态再结晶晶粒尺寸/μm
0. 1	850	—	1050	49. 2
	950	42. 1	1150	53. 9
1	850	—	1050	—
	950	—	1150	39. 7

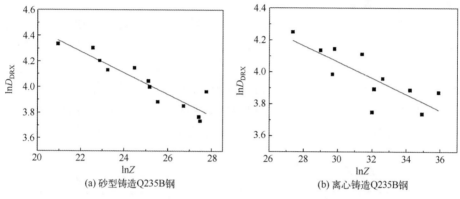

(a) 砂型铸造Q235B钢 　　　　　(b) 离心铸造Q235B钢

图 3-48　动态再结晶晶粒尺寸与参数 Z 的关系

所以，砂型铸造 Q235B 钢动态再结晶晶粒尺寸模型为

$$D_{\mathrm{DRX}} = 453.05Z^{-0.0836} \tag{3-72}$$

离心铸造 Q235B 钢动态再结晶晶粒尺寸模型为

$$D_{\mathrm{DRX}} = 269.48Z^{-0.0512} \tag{3-73}$$

　　砂型铸造和离心铸造 Q235B 钢的动态再结晶晶粒尺寸随 Z 参数的变化趋势，与实际的晶粒尺寸随应变速率和变形温度的变化相同。也就是说，应变速率越低或变形温度越大，Z 参数就越小，促进原子的迁移和位错的攀移、合并，形成更大直径的晶粒；而应变速率越大或变形温度越低，Z 参数就越大，动态软化的时间缩短，原子活动所需的动能降低，导致晶粒尺寸变小。由砂型铸造和离心铸造 Q235B 钢不同热压缩变形条件下的微观组织也可以得出相应的结果。

　　因此，在建立铸态 Q235B 钢的动态再结晶尺寸模型时，可以忽略原始晶粒尺寸和应变量对它们的影响，而只考虑应变速率和变形温度的影响。在实际的环形铸坯热辗扩过程中，制定合理的辗扩变形参数，以获得充分的再结晶，使铸坯组织经过辗扩变形能够得到细化，组织更加均匀，可以通过改变应变速率和变形温度的方式来实现，同时也要考虑材料的可成形性和辗环机的辊扩能力。

4. 动态再结晶体积百分数

不同变形条件下砂型铸造和离心铸造 Q235B 钢的动态再结晶体积分数可以根据式（3-60）计算得出，如图 3-49 和图 3-50 所示。当变形温度和应变速率一定时，两种材料的动态再结晶体积分数都随变形量的增大而不断增加，大致呈 S 形趋势增加，开始时刻随应变量增大，动态再结晶体积分数增加的速度很大，而当应变量达到某一值后，其增加的速度逐渐减小，直至发生100%的动态再结晶。

相同变形温度下，应变速率越大，Z 参数越大，使得发生动态再结晶的临界应变就越大，从而导致动态再结晶的发生变困难，且动态再结晶体积分数的增大速率也随之减小，到达 100% 动态再结晶体积百分数所需的应变量更大，在图上表现为曲线向右移。如图 3-49（a）所示，当应变速率为 $0.01s^{-1}$ 时，临界应变为 0.09；随应变量的增加，曲线较陡，动态再结晶体积百分数到达 100% 时的应变只为 0.2。而当应变速率为 $1s^{-1}$ 时，临界应变增大至 0.18；

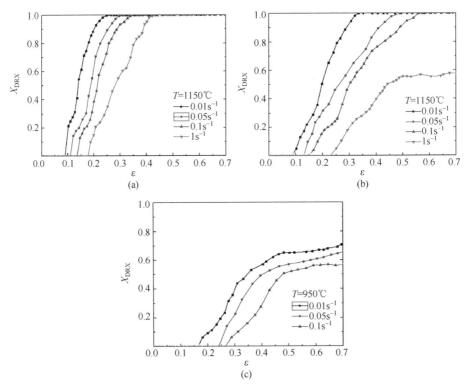

图 3-49　不同变形条件下砂型铸造 Q235B 钢动态再结晶体积分数

随应变量的增加，曲线变得相对平缓，在应变量为 0.39 时动态再结晶体积百分数才能到达100%。可见，应变速率对动态再结晶的发生及动态再结晶体积百分数的变化具有重要影响，应变速率越小，动态再结晶越易于发生，变化速率也更快。

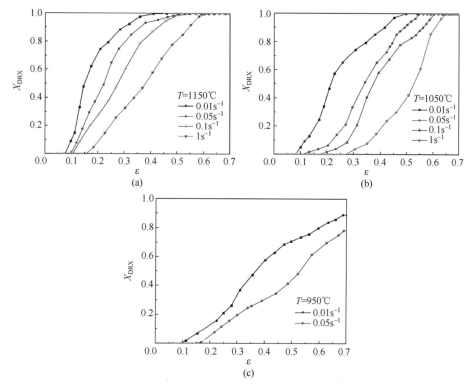

图 3-50　不同变形条件下离心铸造 Q235B 钢动态再结晶体积分数

在同一应变速率下，变形温度升高，Z 参数就减小，发生动态再结晶时所需的临界应变减小，动态再结晶体积百分数的增大速率也变大，动态再结晶体积分数很迅速就能达到100%，在图上表现为曲线变陡，左移。如图 3-49 所示，在应变速率为 0.05s^{-1}、变形温度为950℃时，发生动态再结晶的临界应变为 0.23，应变量为 0.7 时仍未达到100%动态再结晶。当变形温度为1050℃时，临界应变为 0.14，动态再结晶体积百分数到达100%时的应变为0.43。而当变形温度升高至1150℃时，临界应变只需 0.12，且应变量为0.29 时动态再结晶体积百分数就能到达100%。因此，变形温度对动态再结晶的启动和发生速度也具有重要的影响，变形温度较高时，更有利于动态再结晶的发生和发展。

综上可知，变形温度的升高或应变速率的降低，都会直接影响砂型铸造和离心铸造 Q235B 钢动态再结晶的发生和发展，势必会使得铸坯材料的流变应力降低。其结果与热压缩实验所得的铸态 Q235B 钢的真应力—真应变曲线的变化规律趋于一致。所以，在大直径、大壁厚的环形铸坯热辗扩时，将变形温度和应变速率控制在合理的范围内，使动态再结晶尽可能地在变形区域充分发生，将有助于细化晶粒，均匀组织。

3.3.3　铸态 25Mn 钢组织演变模型

根据式（3-44），再结合 3.1 节中得到的峰值应变值 ε_p，可以得到临界应变值 ε_c，因此可得不同变形条件下的所有特征应变值，如表 3-17 所列。

表 3-17　特征应变值

温度/℃	变形速率$\dot{\varepsilon}$ /s^{-1}	临界应变 ε_c	峰值应变 ε_p	稳态应变 ε_{ss}
1200	0.1	0.1162	0.14	0.60
1200	0.5	0.166	0.20	0.63
1200	1	0.2158	0.26	0.65
1200	2	0.2407	0.29	0.73
1100	0.1	0.1826	0.22	0.61
1100	0.5	0.2407	0.29	0.74
1100	2	0.2822	0.34	0.80
1100	0.1	0.332	0.40	0.84
1000	0.5	0.2158	0.26	0.59
1000	1	0.3403	0.41	0.80
1000	2	0.415	0.50	—
1000	0.1	0.4316	0.52	—
900	0.5	0.3735	0.45	—
900	1	0.5146	0.62	—

由式（3-32）与式（3-33），分别对 $\ln\varepsilon_p-\ln d_0$、$\ln\varepsilon_p-\ln Z$、$\ln\varepsilon_{ss}-\ln d_0$、$\ln\varepsilon_{ss}-\ln Z$ 线性回归得到如图 3-51~图 3-54 所示的规律。

得出各个参数为 $A_1=0.000387$、$A_2=0.00539$、$m_1=0.4806$、$m_2=0.1731$、$n_1=0.2307$、$n_2=0.1197$。于是，得到铸态 25Mn 钢的动态再结晶的特征应变模型为

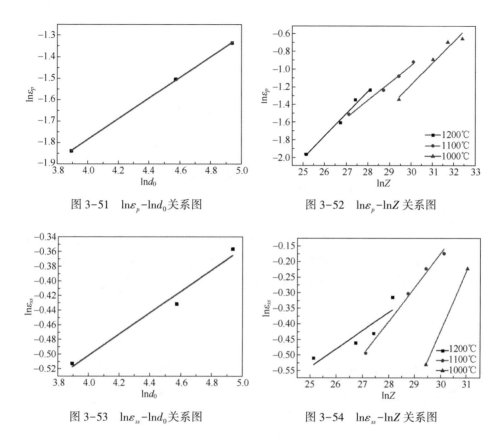

图 3-51 $\ln\varepsilon_p$-$\ln d_0$关系图   图 3-52 $\ln\varepsilon_p$-$\ln Z$ 关系图

图 3-53 $\ln\varepsilon_{ss}$-$\ln d_0$关系图   图 3-54 $\ln\varepsilon_{ss}$-$\ln Z$ 关系图

$$\varepsilon_p = 0.00001522 d_0^{0.4806} Z^{0.2307} \qquad (3-74)$$

$$\varepsilon_c = 0.00001263 d_0^{0.4806} Z^{0.2307} \qquad (3-75)$$

$$\varepsilon_{ss} = 0.006356 d_0^{0.1731} Z^{0.1197} \qquad (3-76)$$

1. 动态再结晶动力学模型

本节采用 JMA 方程法来获得不同变形条件下的动态再结晶的体积分数 f_{dyn}，即

$$f_{dyn} = 1-\exp(-bt^n) \qquad (3-77)$$

在 JMA 方程中，b 和 n 是随着变形条件的不同而变化的，因此可以把 JMA 方程改写成与变形参数相关的形式，即

$$f_{dyn} = 1-\exp\left[-b(Z)t^{n(Z)}\right] \qquad (3-78)$$

式中：f_{dyn}为动态再结晶体积分数；$b(Z)$ 和 $n(Z)$ 均为与变形参数 Z 相关的函数。

假设热压缩试样开始发生再结晶时体积分数为 0.005，动态再结晶达到稳态时的体积分数为 0.999，则式（3-78）可以写为如下形式。

$$f_{\mathrm{dyn}}=1-\exp[-b(Z)t_c^{n(Z)}]=0.005 \tag{3-79}$$

$$f_{\mathrm{dyn}}=1-\exp[-b(Z)t_{ss}^{n(Z)}]=0.999 \tag{3-80}$$

由式（3-78）和式（3-79）可得

$$n(Z)=\frac{\ln\left[\ln\left(\dfrac{1-0.005}{1-0.999}\right)\right]}{\ln\left(\dfrac{t_c}{t_{ss}}\right)} \tag{3-81}$$

$$b(Z)=-\frac{\ln(1-0.005)}{t_c^{n(Z)}} \tag{3-82}$$

式中：$t_c=\varepsilon_c/\dot{\varepsilon}$，$t_{ss}=\varepsilon_{ss}/\dot{\varepsilon}$。

不同变形条件下的 $n(Z)$ 和 $b(Z)$ 的值可以由式（3-81）和式（3-82）计算得到（表 3-18），然后把表 3-17 中所得数据代入式（3-77）的 JMA 方程，即可获得不同变形条件下铸态 25Mn 钢的动态再结晶体积分数。

表 3-18　不同变形条件下 $n(Z)$ 和 $b(Z)$ 的值

变形温度/℃	变形速度/s^{-1}	ε_c	ε_s	t_c	t_s	$n(Z)$	$b(Z)$
1200	0.1	0.1162	0.6	1.16	6.00	4.1563	2.69×10^{-3}
1200	0.5	0.166	0.63	0.33	1.26	5.1157	1.41
1200	1	0.2158	0.65	0.22	0.65	6.1880	6.62×10^{1}
1200	2	0.2407	0.73	0.12	0.37	6.1496	2.26×10^{3}
1100	0.1	0.1826	0.61	1.83	6.10	5.6568	1.66×10^{-4}
1100	0.5	0.29	0.24	0.74	0.48	1.4800	6.08
1100	1	0.2822	0.8	0.28	0.80	6.5480	1.99×10^{1}
1100	2	0.332	0.84	0.17	0.42	7.3502	2.71×10^{3}
1000	0.1	0.2158	0.59	2.16	5.90	6.7838	2.72×10^{-5}
1000	0.5	0.3403	0.8	0.68	1.60	7.9821	1.08×10^{-1}

2. 再结晶动力学模型

动态再结晶体积分数与应变之间的关系通常采用 Avrami 方程来表示，再结晶动力学预报模型即把再结晶体积分数转变为应变的函数。目前有两种常用的再结晶体积分数预报模型，分别为

模型一：
$$X_{\mathrm{dyn}}=1-\exp\{-k[(\varepsilon-\varepsilon_c)/(\varepsilon_{ss}-\varepsilon_c)]^m\} \tag{3-83}$$

模型二：
$$X_{\mathrm{dyn}}=1-\exp\{-k[(\varepsilon-\varepsilon_c)/\varepsilon_{0.5}]^m\} \tag{3-84}$$

式中：k 和 m 均为材料常数；ε_c、ε_{ss}、$\varepsilon_{0.5}$ 分别为动态再结晶临界应变、动态

再结晶稳态应变、动态在再结晶发生 50% 时的应变。

$$\varepsilon_{0.5} = E_1 d_0^{E_2} \dot{\varepsilon}^{E_2} \exp\left(\frac{Q}{RT}\right) \tag{3-85}$$

根据不同变形条件下的 $\varepsilon_{0.5}$ 作出 $\ln\varepsilon_{0.5} - \ln d_0$、$\ln\varepsilon_{0.5} - \ln\dot{\varepsilon}$、$\ln\varepsilon_{0.5} - 1/T$ 曲线，回归得出 $E_1 = 21.2571$、$E_2 = 0.5578$、$E_3 = 0.1231$、$Q = 1473.08 \text{J/mol}$。

$$\varepsilon_{0.5} = 21.2571 d_0^{0.5578} \dot{\varepsilon}^{0.1231} \exp\left(\frac{1473.08}{RT}\right) \tag{3-86}$$

上述两种再结晶动力学模型都表现出 S 形曲线变化规律，均符合动态再结晶的变化规律，上面两种模型的不同点在于指数项的分母。但是对于文献中常用的两种模型的优劣没有给出证明，也未见文献有所报道。

为了对比不同动态再结晶体积分数预报模型的精度，将实验所得数据分别进行线性回归得到相应的铸态 25Mn 钢的动态再结晶动力学模型。

模型一： $$X_{\text{dyn}} = 1 - \exp\{-3.1186[(\varepsilon - \varepsilon_c)/(\varepsilon_{ss} - \varepsilon_c)]^{2.65}\} \tag{3-87}$$

模型二： $$X_{\text{dyn}} = 1 - \exp\{-1.9020[(\varepsilon - \varepsilon_c)/\varepsilon_{0.5}]^{1.769}\} \tag{3-88}$$

采用不参与模型计算的一组数据进行相关性检验，计算可得两种模型的相关系数分别为 $R_1 = 0.9986$、$R_2 = 0.9881$。将回归后模型预测值与实验值进行对比，结果如图 3-55 所示。

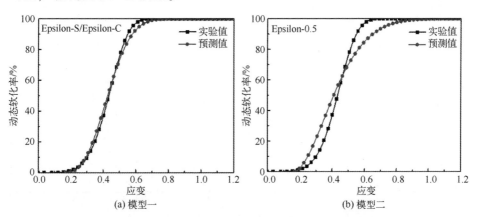

图 3-55   不同模型再结晶分数实验值与预测值对比

从图 3-55 中可以发现，模型一的拟合效果较好，可以很好地反映实验中再结晶曲线的规律，而模型二的预测效果远不如模型一，其原因有：模型一考虑从动态再结晶开始到动态再结晶完成的全部动态再结晶过程；而模二型只考虑了动态再结晶开始到动态再结晶发生 50% 之间部分，没有把 $\varepsilon_{0.5}$ 应变到稳态应变之间区域考虑在动态再结晶过程中，所以模型一的精度高于模型二。

3. 变形条件对动态再结晶体积分数的影响

1）变形温度对再结晶体积分数的影响

如图 3-56 所示，在一定变形速率下，变形温度不同对铸态 25Mn 钢动态再结晶体积分数的影响曲线。从图 3-56 中可以看出，变形温度对再结晶体积分数影响明显，在变形速度一定时，随着变形温度的升高，动态再结晶发生提前。在变形量和形变速率一定时，温度越高再结晶体积分数越高，再结晶发生的越完全，并且再结晶完成的越早。造成这一原因主要是：温度越高，原子热运动变得剧烈，原子的动能增大，从而使得原子间结合力降低，最终加速动态结晶的发生。

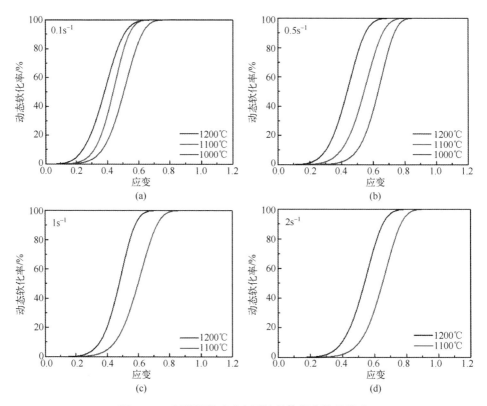

图 3-56　变形温度对动态再结晶体积分数的影响

2）变形速率对再结晶体积分数的影响

如图 3-57 所示，在一定变形温度下，不同变形速率对铸态 25Mn 钢动态再结晶体积分数的影响曲线。从图 3-57 中可以看出，应变速率的降低有利于动态再结晶的发生，再结晶动力学曲线变得陡峭。在同一变形温度下，变形量相同时，动态再结晶体积分数随着应变速率的降低而增大。这是因为随着应变速率的降低，达到同一变形量时的时间越长，材料内部有足够的时间发生回复和再结晶，促进了动态再结晶的形核与长大发生，从而在相同的变形条件下促使动态再结晶的发生更加充分。

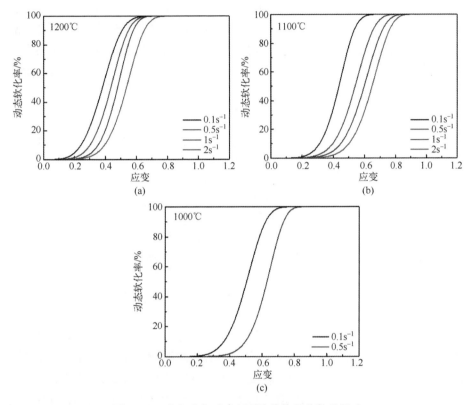

图 3-57　应变速率对动态再结晶体积分数的影响

　3）初始晶粒尺寸对再结晶体积分数的影响

　　如图 3-58 所示，初始晶粒尺寸对动态再结晶体积分数有重要的影响，在相同的变形温度与形变速度的条件下，初始晶粒越细小动态再结晶体积分数越大，再结晶发生的越充分。并且从图 3-58 中可以看出，当初始晶粒度增加时，再结晶的发生变得困难，随着晶粒的继续增大可能将不发生动态再结晶的软化现象。这主要是因为动态再结晶主要发生在晶界处，初始晶粒越细小，可提供再结晶形核位置的晶界面积越多，动态再结晶更容易发生，所以在相同的变形条件下动态再结晶体积分数增加。

　　结合图 3-56~图 3-58 可知，当应变超过临界应变量以后，材料将发生动态再结晶。并且从图中可以看出，在整个动态再结晶过程中，再结晶体积分数曲线成 S 形曲线，且再结晶发生的速率是不相同的，再结晶开始时速度比较缓慢，随后逐渐增加并趋于恒定，最后随着应变的增大，再结晶的速度减慢直到材料发生完全动态再结晶，再结晶体积分数不再增加，维持在 100%。在不同变形条件下，再结晶开始时的临界应变不同，一般在较低应变速度、较高变形温度、较细初始晶粒时再结晶提前发生，并且发生完全动态再结晶时的稳态应变量也相对较小，符合动态再结晶新晶粒的形核和长大的热力学特点。

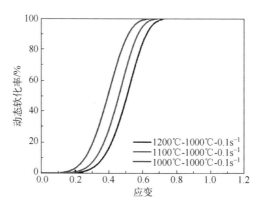

图 3-58 初始晶粒尺寸对动态再结晶体积分数的影响

综上所述，在铸辗复合成形进行环件生产过程中，应该充分考虑热变形温度、变形速率及初始晶粒尺寸对动态再结晶的综合作用：热加工选择较低的应变速率、较高的变形温度、较细的初始奥氏体晶粒度。但是当变形温度过高时，也会促使原奥氏体晶粒的长大，并且也会促使发生奥氏体动态再结晶以后的新晶粒发生迅速的长大；形变速率较低时虽然可以促进奥氏体动态再结晶的发生，但会延长坯料的热加工时间，导致坯料温度散失过快，造成坯料温度的降低，从而又会对再结晶的发生产生不利影响。在变形条件及变形量完全相同时，初始晶粒较细可以促进动态再结晶的发生，因此在对坯料进行加热时应该控制升温过程，以达到较小初始晶粒度的目的。因此在对铸坯的热塑性变形过程中应该综合考虑应变温度、形变速率及坯料的加热过程对塑性成形的影响，并且应该选取合适的变形量，以达到发生完全动态再结晶的目的，提高坯料的动态再结晶软化率，细化铸态 25Mn 钢辗扩后组织形貌。

3.4 织构演变与晶粒细化机理

3.4.1 铸态 42CrMo 钢织构演变与晶粒细化

　　三维空间中晶体的取向分布函数可以定量、完整地描述具有 3 个自由度的晶粒，有效地弥补了极图和反极图（它们通常是一个二维平面图）的不足。对于立方晶系，恒 φ 的 ODF 取 φ_2 分别为 0°、45° 和 90° 的截面具有主要参考价值，以下取 $\varphi_2=45°$ 截面（Bunge 符号）进行分析。图 3-59 所示为变形温度 T 为 1050℃时，不同应变速率下铸态 42CrMo 钢环坯的取向分布函数（ODF）图。通过与标准 ODF 图比对分析可知，应变速率 $\dot\varepsilon$ 为 0.01s^{-1} 时微观织构组态主要由 {001}<100>立方织构和 {110}<001>高斯织构组成，随着应变速率 $\dot\varepsilon$ 增

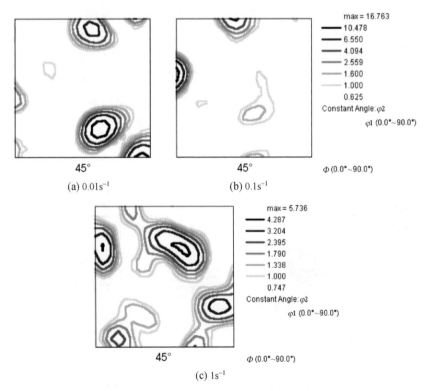

图 3-59　温度为 1050℃时不同应变速率下的 ODF 图

大至 0.1s^{-1}，{110}<001>织构消失，沿着<110>//RD 取向线出现强度较高的
{112}<110>形变织构，应变速率继续增大时，主要呈现{112}<110>形变织构
和{111}<112>再结晶织构，强度相对较弱。

低应变速率下出现的{001}<100>织构及其强度与再结晶有关，也称为再
结晶织构，该过程动态再结晶程度高，再结晶完成后晶粒发生长大现象。在
应变速率$\dot{\varepsilon}$为 0.1s^{-1}的条件下，仍伴随有{001}<100>织构，同时出现了{112}
<110>形变织构，强度为 8.0，该过程形变组织表现为动态再结晶软化与形变
硬化相互作用的状态，使得晶粒大小及分布相对均匀。而在应变速率$\dot{\varepsilon}$为 1s^{-1}
的条件下的再结晶织构转变为{111}<112>组分，其强度与低应变速率条件下
的相比明显较弱，表明该过程再结晶程度很弱。

图 3-60 所示为应变速率$\dot{\varepsilon}$为 1s^{-1}时，不同变形温度下铸态 42CrMo 钢环坯
的 ODF 图。当变形温度较高时，微观织构组态主要由{001}<110>旋转立方织
构、沿着<111>//ND 取向线分布的{111}<110>和{111}<112>再结晶织构组成。
结合图 3-60（c）可知，随着变形温度降低，织构强度减弱，择优取向不明显，
如在 950℃/1s^{-1}条件下主要为强度约 3.0 的立方织构［图 3-60（b）］。

当应变速率条件一定时，织构组分及其强度的变化与变形温度密切相关，
也直接体现了形变组织的软化形式与程度。在温度为 1150℃/1s^{-1}和 1050℃/1s^{-1}
条件下，均存在形变织构与再结晶织构，但在 1150℃/1s^{-1}时的再结晶织构
组分更丰富，其强度更高，表明该条件下组织软化形式为动态再结晶。从
图 3-60（b）中可以看出，当变形温度 T 为 950℃时，几乎不存在沿着
<111>//ND 取向线分布的再结晶织构，且立方织构的强度也很弱，组织演
变形式可能以动态回复为主。

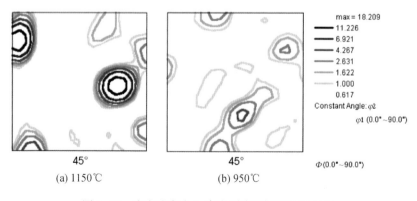

图 3-60　应变速率为 1s^{-1}时不同温度下的 ODF 图

3.4.2 铸态 Q235B 钢织构演变与晶粒细化

图 3-61 和图 3-62 所示分别为砂型铸造和离心铸造两种方式下铸态 Q235B 钢不同变形温度热压缩后的晶界取向差分布图，均与文献［26］中的取向成像图相对应。可见，所有变形组织中晶界取向差分布都呈现典型的双峰特征，即小角度晶界在热压缩过程中向大角度晶界呈不连续特征迁移转变。图 3-61 (a)、(b) 表明，砂型铸造 Q235B 钢在 1000℃ 热压缩变形达到稳态时含有 15% 小角度晶界和 17% 集中在 20°~50° 的大角度晶界；而当温度升高至 1100℃，大角度晶界所占比例上升为 60%。对于离心铸造 Q235B 钢而言，1000℃ 热变形达到稳态时具有 10% 小角度晶界和 22% 集中在 20°~50° 的大角度晶界；而温度升高至 1100℃，大角度晶界所占比例上升为 75%，如图 3-62 (b) 所示。温度较高，组织回复和再结晶充分，亚晶界通过迁移形成大角度晶界。而且，离心铸造 Q235B 钢的回复和再结晶作用更加剧烈，小角度晶界向大角度晶界的转变相对容易，最终导致同等变形条件下的大角度晶界所占比例较高。

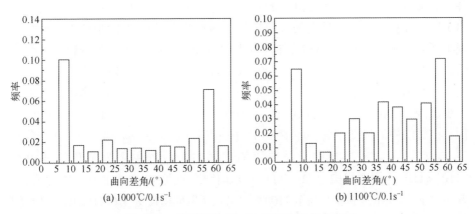

(a) 1000℃/0.1s⁻¹ (b) 1100℃/0.1s⁻¹

图 3-61 砂型铸造 Q235B 晶界取向差分布图

由于在 1100℃ 的高温下，两种铸态环坯微观组织演变机理主要是动态再结晶，并伴随少量旋转动态再结晶，热压缩开始时局部剪切变形使晶粒取向发生变化来达到最佳滑移方向，使得新晶粒具有与原始晶粒不同的晶粒取向分布特点；应变速率适中、温度较高，有足够的能量和时间促进亚晶的合并和长大，向大角度晶界渐近转变，从而形成大量大角度晶界。而在 1000℃ 时，小角度晶界较多，发生动态回复和连续动态再结晶，其中砂型铸造材料伴有几何动态再结晶，新生再结晶晶粒主要是由于亚晶界的逐渐转动形成的，并且变形完成后的淬火处理使得具有亚晶界的晶核来不及长大，所以以小角度晶界和20°~50°的过渡型大角度晶界为主。

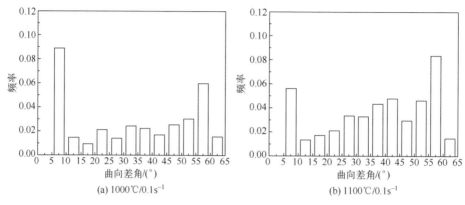

(a) 1000℃/0.1s⁻¹   (b) 1100℃/0.1s⁻¹

图3-62   离心铸造Q235B晶界取向差分布图

图3-63和图3-64所示分别为砂型和离心铸造Q235B钢在不同热压缩条件下的试样中心大变形区的恒φ的ODF图。通过与标准ODF图对比分析，得出了所研究材料的织构种类与分布特征。砂型铸造材料在1100℃热变形时出现了高斯织构{110}<001>和旋转立方织构{110}<110>，表现为旋转立方织构沿着<110>//ND取向线向{110}<001>方向移动并聚集，高斯织构的取向密度较大，约为8.0，旋转立方织构的取向密度为6.0；而在1000℃热压缩只出现了少量沿着<001>//ND取向线分布的{001}<100>立方织构和{001}<110>织构，该类织构的强度较弱，如图3-63（a）所示。图3-64（a）、（b）表明，在1000℃下，离心铸造的材料热压缩试样中心位置主要为旋转立方织构{110}<110>和铜型织构{112}<111>，取向密度分别为4.0和2.0，铜型织构沿着ε-取向线分布；温度升高至1100℃，出现了取向密度为5.0的{001}<110>织构和{112}<110>织构，且沿着γ取向线出现{111}<112>黄铜R形织构向剪切类型的织构{111}<110>的转变，剪切织构的取向密度为6.0；取向密度的增加与变形过程中再结晶的发生有关。

在不同变形温度下，试样中心大变形区织构组态变化明显，这是晶界在热压缩过程中转动的角度不同导致的，并且受变形时所发生的动态、静态再结晶及回复过程的影响。对于砂型铸造材料，高温下除了具有强度较弱的{001}<100>织构和{001}<110>织构，还出现了强度较高的高斯织构{110}<001>和旋转立方织构{110}<110>。对于离心铸造Q235B，温度升高使得铜型织构{112}<111>沿着ε-取向线向{001}<110>织构转动，同时还出现了强度较大的剪切织构，该过程主要受小角度晶界迁移、晶界数量与分布的影响。再结晶初期由于形变带的作用，<001>//ND 纤维中的｛001｝<100>立方取向晶粒优先形核长大，随着变形温度的升高，再结晶程度加大，位错滑移、攀移形成的剪切带在再结晶过程中会诱发<110>//RD 取向晶粒的优先形核与长大。在此阶段中，对 Q235B 砂型铸造环坯较为突出的是｛110｝<110>取向，而对离心铸造 Q235B 环坯则是｛112｝<110>取向。

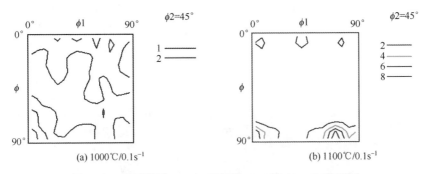

图 3-63　砂型铸造 Q235B 环坯的 ODF 恒 $\phi2=45°$ 截面图

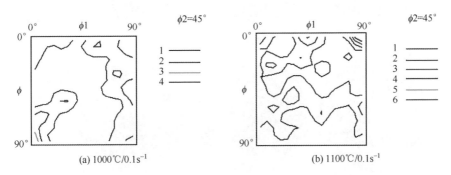

图 3-64　离心铸造 Q235B 环坯的 ODF 恒 $\phi2=45°$ 截面图

图 3-65 和图 3-66 所示分别为两种铸造试样在不同变形条件下的极图，经过与标准投影图进行比对分析，发现存在的织构类型与上述 ODF 图所表现的信息一致。轴对称压缩时，存在 c 轴方向拉应力或垂直于 c 轴方向的压应力分量，孪生发生。对比图 3-64（a）、（b）可以看出，温度为 1100℃的极密度比 1000℃的极密度大，这是由于高温下组织演变机理由动态回复转变为再结晶，动态再结晶程度增加，织构择优取向和择优核心长大增强。砂型铸造环坯的极图表明，1000℃具有简单的｛001｝<110>织构和｛001｝<100>立方织构，但是当 1100℃时出现两种极密度较大的旋转立方织构和高斯织构，这是由于随着变形温度的升高，原子的活动能力增强，原子间

作用力减弱，位错滑移阻力减小，大量潜在的滑移系被激活，且滑移系之间的临界剪切应力（CRSS）差值减小，结果使得砂型铸造 Q235B 钢的织构组成特征变得复杂，各种类型的织构的锋锐程度也随之发生了变化；所以在 1100℃ 热压缩时，不仅发生了孪生，也发生了锥面和柱面滑移，形成了两种较强的织构。随着变形温度升高，离心铸造 Q235B 钢的铜型织构沿着 ε-取向线向 $\{001\}<110>$ 织构移动，$\{111\}<112>$ 黄铜 R 形织构出现，并沿着 γ 取向线向复杂的剪切织构 $\{111\}<110>$ 的转变，择优取向明显，极密度稍微增强，有利于铸环坯材料塑性成形工艺性能的提高。这主要与变形程度较高时，应变速率适中使得旋转动态再结晶引起的小角度晶界迁移连续形成大角度晶界有关。

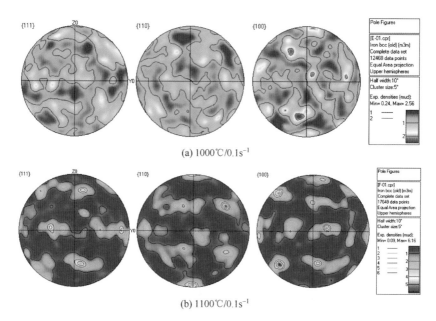

(a) 1000℃/0.1s⁻¹

(b) 1100℃/0.1s⁻¹

图 3-65　不同变形条件下砂型铸造环坯的极图

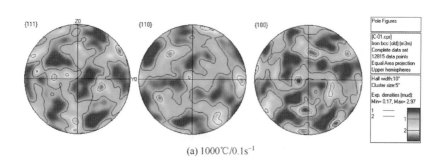

(a) 1000℃/0.1s⁻¹

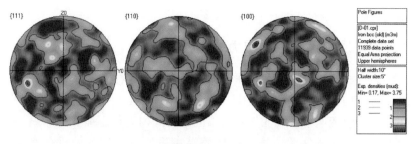

(b) 1100℃/0.1s⁻¹

图 3-66　不同变形条件下离心铸造环坯极图

3.5 多道次等温变形的应力软化行为与热加工图

　　铸态环坯热辗扩过程存在连续、多道次、非等温与局部等温的复杂特征，目前针对 42CrMo 钢铸坯材料热变形力学行为及组织演变的研究主要集中在等温单道次热压缩过程。然而，单道次压缩的真应变量较大，使得铸坯材料在热变形过程中容易出现开裂的趋势。而实际 42CrMo 钢铸坯环件辗扩过程表现为连续、多道次、单道次小应变特征，往往需要经过反复多道次的成形过程，并伴随着非等温或局部等温的变形特征。已有的研究发现，当第一道次真应变量小时，随着温度和应变速率的增加，道次间隙内的再结晶软化程度增大。在相同变形条件下，当热加工图上功耗效率随应变量增加而下降时，组织会由细晶分布向粗晶转变；反之，则由粗晶向细晶状态转变。为制定合理的变形参数范围，热加工图在单道次压缩过程中已得到广泛的应用，而热加工图在双道次压缩过程中的应用还鲜见报道，尤其是针对多道次压缩时道次间隙停留阶段所建立的热加工图对前后道次压缩变形参数的识别具有重要影响。因此，有必要构建不同道次真应变分配下 42CrMo 铸坯材料双道次等温压缩的热加工图，研究所识别参数范围内的组织演变规律。

　　以 42CrMo 钢环形铸坯热辗扩过程一个周期内的双道次热变形行为作为切入点，研究应变量变化和不同道次应变量分配对其应力软化及热加工图的影响，表征道次间再结晶软化程度，建立考虑应变分段的双道次应力软化模型，探明双道次等温压缩过程组织演变机理。随后，在环形铸坯热辗扩过程一个周期内的双道次热变形行为的研究基础上，进一步分析三道次等温压缩过程中应变量分配、应变速率和道次间隙时间对其应力软化、组织及微观织构演变的影响规律。

3.5.1　双道次等温变形的应力软化模型建立

沿环坯径向切取轴对称热压缩实验所需的圆柱体试样，试样直径为10mm、高度为15mm。多道次等温压缩实验在 Gleeble-3500 热力模拟机上进行，在设定的应变速率、应变量及道次间隙时间内进行压缩变形。表 3-19 所列为双道次等温压缩实验方案，热压缩结束后所有试样立即进行水淬处理，保留高温形变组织。

表 3-19　42CrMo 钢铸坯双道次等温压缩实验方案

真应变($\varepsilon_1+\varepsilon_2$)	温度 T/℃	应变速率$\dot{\varepsilon}$/s^{-1}	间隙时间 t_p/s
0.45+0.45	900 1000 1100 1200	0.01 0.1 1	1
0.3+0.6	900 1000 1100 1200	0.01 0.1 1	1

图 3-67 和图 3-68 所示分别为铸态 42CrMo 钢环坯在应变量分配规程为0.45+0.45、0.3+0.6 双道次压缩过程中的真应力—真应变曲线。在不同应变量分配规程下，流变应力均随着变形温度升高而减小，随着应变速率的增大而增加。在相同变形温度下，道次间应力软化程度随着应变速率增加而增大。此外，对比两组不同应变量下的双道次真应力—真应变曲线可以发现，随着等温压缩温度升高，道次间隙内应力软化程度增加，尤其是应变量分配为 0.3+0.6 时，第一道次的小应变使得材料在道次停留间隙具有相对较大的应力软化程度。

当应变速率$\dot{\varepsilon}$≤0.1s^{-1}时，在所研究的变形参数下均发生了再结晶；而当变形温度 T≥1100℃时，在高应变速率条件下也观察到了再结晶现象。无论应变量分配规程如何，在变形温度 T≤1000℃、应变速率$\dot{\varepsilon}$为 1s^{-1}条件下，均以恢复或加工硬化为主。

在应变量分配规程为 0.45+0.45 双道次压缩过程中，低温、高应变速率下材料的加工硬化现象更加明显（图 3-69），道次间应力软化较小，其中在900℃/1s^{-1}条件下第一道次的流变应力为 183MPa，使得第二道次压缩流变应力仍呈稍微上升特征，具有一定程度的加工硬化现象。在应变量分配规程为0.3+0.6 双道次压缩过程中，道次间隙停留结束后，发生的动态再结晶使得第二道次压缩的应力变化更加平稳，易于进入稳态变形阶段。可见，双道次等温压缩的第一道次发生了动态再结晶，在随后的道次间隙时间内也会发生再结晶（主要为亚动态再结晶），进一步减轻前一道次的加工硬化效应，反映在真应力—真应变曲线上则表现为第二道次压缩时的应力值下降。可见，双道次等温压缩过程中，第一道次变形对随后的第二道次变形影响显著。

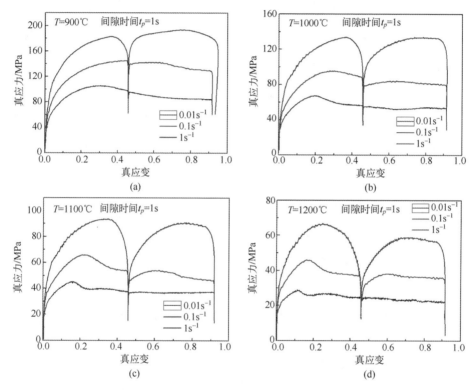

图3-67　应变量为0.45+0.45双道次压缩下的真应力—真应变曲线

在应变速率和变形温度一定时，流变应力与应变量满足如下关系式。

$$\sigma = A\varepsilon^a \tag{3-89}$$

式中：σ 为流变应力（MPa）；ε 为应变量；A 和 a 均为材料常数。

已有的研究结果表明，式（3-89）并不能完整地描述整个变形过程中流变应力与应变量的关系，即当其能够很好地描述应力的上升阶段，则不能很好地描述应力的下降阶段，反之亦然。其主要原因是变形过程中存在加工硬化和再结晶，随着应变量增加，加工硬化导致应力值增大，再结晶则使得应力值减小，这是一个互相矛盾的过程。因此，需要对式（3-89）进行修正。

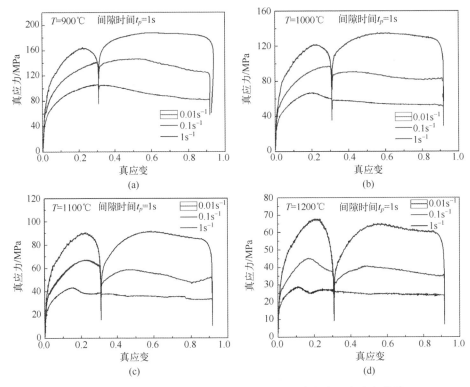

图 3-68　应变量为 0.3+0.6 双道次压缩下的真应力—真应变曲线

根据铸态 42CrMo 钢环坯真应力—真应变曲线及本构关系模型的分析结果，可知材料常数 A 在热压缩过程中受应变量的影响，并满足：

$$A = A_1 b^{\varepsilon} \qquad (3-90)$$

式中：A、A_1 和 b 均为材料常数。因此，式（3-89）可以整理为

$$\sigma = A_1 b^{\varepsilon} \varepsilon^{a} \qquad (3-91)$$

以应变量分配规程为 0.45+0.45 为例，采用非线性拟合方法求解得到 ε = 0.05~0.45 时 $A_1 = 7.369 \times 10^{-5}$，$a = 0.21$，$b = 0.458$；$\varepsilon = 0.45 \sim 0.90$ 时，$A_1 = 1.728 \times 10^{-4}$，$a = 0.11$，$b = 0.223$。考虑应变分段的拟合结果如图 3-69（a）、（b）所示，表明了式（3-91）的流变应力计算值与实验值的拟合度较好。

在应变速率和应变量一定时，流变应力与变形温度满足如下关系式。

$$\sigma = A_2 e^{c/T} \qquad (3-92)$$

式中：T 为变形温度（K）；A_2 和 c 均为材料常数。采用非线性拟合方法求解得到应变量分配规程为 0.45+0.45 下，$\varepsilon = 0.6$ 时，$A_2 = 1.074$，$c = 4678$。图 3-69（c）所示为采用式（3-92）预测的流变应力计算值与实验值的比较

情况。

在应变量和变形温度一定时，流变应力与应变速率满足如下关系式。
$$\sigma = A_3 \dot{\varepsilon}^d \tag{3-93}$$

式中：$\dot{\varepsilon}$ 为应变速率（s^{-1}）；A_3 和 d 均为材料常数。采用非线性拟合方法求解得到应变量分配规程为 0.45+0.45 下，$\varepsilon = 0.6$ 时，$A_3 = 113.59$，$d = 0.1731$。图 3-69（d）所示为采用式（3-92）计算的流变应力预测值与实验值的比较情况。

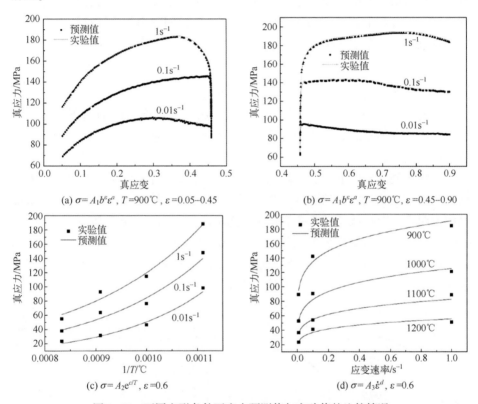

图 3-69　不同变形条件下应力预测值与实验值的比较情况

因此，采用式（3-90）～式（3-93）对应变量、变形温度和应变速率与流变应力之间关系的描述，能够确定出铸态 42CrMo 钢环坯双道次等温压缩过程中应变量分配规程为 0.45+0.45 时考虑应变分段的应力模型为
$$\sigma = 8.984 \times 10^{-4} \times 0.458^\varepsilon \varepsilon^{0.21} e^{4678/T} \dot{\varepsilon}^{0.1731} \tag{3-94}$$
$$\sigma = 2.108 \times 10^{-3} \times 0.223^{(\varepsilon - 0.45)} (\varepsilon - 0.45)^{0.11} e^{5449/T} \dot{\varepsilon}^{0.1837} \tag{3-95}$$

其中，式（3-94）为第一道次本构关系模型，式（3-95）为第二道次本构关系模型。

同理，根据以上求解方法，得到应变量分配规程为 0.3+0.6 时考虑应变分段的第一道次和第二道次应力模型，分别为

$$\sigma = 4.073 \times 10^{-5} \times 0.6144^{\varepsilon} \varepsilon^{0.35} e^{6917/T} \dot{\varepsilon}^{0.1623} \tag{3-96}$$

$$\sigma = 1.796 \times 10^{-2} \times 0.2846^{(\varepsilon-0.3)} (\varepsilon-0.3)^{0.41} e^{5476/T} \dot{\varepsilon}^{0.3145} \tag{3-97}$$

由前面的分析可知，第二道次变形受到第一道次变形的影响，为了准确衡量应变量变化及不同道次应变量分配对应力软化程度、再结晶软化率的影响，必须将第一道次结束后道次间隙内发生的部分再结晶考虑在内，并且不同真应变量分配下铸态 42CrMo 钢环坯在道次停留间隙内的再结晶软化率 X_p 可以根据式（3-98）进行计算。

$$X_p = \frac{\sigma_m - \sigma_2}{\sigma_m - \sigma_1} \tag{3-98}$$

式中：σ_m 为第一道次结束时的应力；σ_1 为第一道次变形时的屈服应力；σ_2 为第二道次变形时的屈服应力。图 3-72（a）所示为各参数在真应力—真应变曲线上的示意图。

不同热变形条件下道次间隙内再结晶软化率 X_p 计算结果如图 3-70（b）所示。再结晶软化率均随着变形温度升高而增加，在较高的应变速率下增加的幅度明显，而在低应变速率下软化率随温度的变化不显著，如应变速率 $\dot{\varepsilon}$ 为 $0.01s^{-1}$ 时。道次真应变分配规程为 0.45+0.45 时的再结晶软化率在应变速率 $\dot{\varepsilon}$ 为 $1s^{-1}$ 时要高于道次真应变分配规程为 0.3+0.6 时的软化率，而在应变速率 $\dot{\varepsilon}$ 为 $0.1s^{-1}$ 和 $0.01s^{-1}$ 时二者的区别不明显。

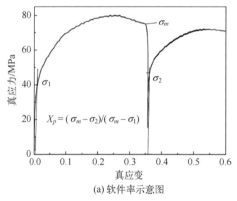
(a) 软件率示意图

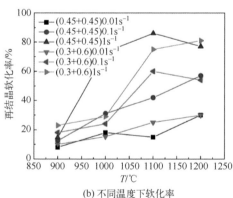
(b) 不同温度下软化率

图 3-70　道次间再结晶软化率

3.5.2 双道次等温变形的热加工图建立

基于动态材料模型（Dynamic Materials Model，DMM）的热加工图将热变形过程中的材料看作动态、不可逆、非线性耗散体，用于分析包括动态再结晶、回复和流变失稳等变形机制。在热加工时，变形体通过两个互补的过程消耗能量：热量和组织演变。采用功率耗散效率（η）表征组织演变（相变、再结晶、孔洞变化）耗散的能量：

$$\eta = \frac{2m}{m+1} \tag{3-99}$$

式中：m 为应变速率敏感系数。当应变量 ε 一定时，由功率耗散效率随温度和应变速率的变化可以绘制出功耗图。

根据应用于大塑性流变中连续介质力学的不可逆热动力学原理的极大值准则，流变失稳参数（ξ）与变形温度和应变速率有关。

$$\xi(\dot{\varepsilon}) = \frac{\partial \ln\left(\frac{m}{m+1}\right)}{\partial \ln \dot{\varepsilon}} + m \leqslant 0 \tag{3-100}$$

当应变量一定时，由失稳参数随温度和应变速率的变化可以绘制出失稳图，图中 $\xi < 0$ 为流变失稳区。当合金材料在失稳区进行热加工时，易出现绝热剪切带、流变失稳、楔形开裂等缺陷。因此，在不同应变量下，将失稳图叠加到功耗图上，即可得到热加工图。

针对热加工图的研究，已有的报道主要集中于单道次压缩变形过程，分别建立了不同应变量下锻态材料、铸态 42CrMo 钢材料的功耗图、失稳图及热加工图，考察了应变速率、变形温度和应变量对功率耗散效率、失稳参数的影响规律，分析了特定区域内的组织演变，识别出有利于材料热加工的最佳工艺参数。然而，这些研究并未涉及多道次压缩变形过程应变量变化及不同道次应变量分配规程对热加工图的影响，对其热加工图中特定变形条件下的组织演变机理的研究更是知之甚少。

图 3-71 所示为应变量分配规程为 0.45+0.45 时双道次压缩不同应变量下的热加工图。图中，等高线上数字表示功率耗散效率百分数，阴影区表示流变失稳区。由图 3-71 可知，随着应变量的增加，功耗效率发生明显变化，并且在恒定的真应变条件下，随着变形温度和应变速率变化，功耗效率也存在明显变化。在不同应变量下，流变失稳区范围及出现的位置均不同；当应变量 ε 为 0.2 和 0.4 时，失稳区范围较宽，而在道次间隙停留阶段应变量 ε 为 0.45 时，失稳区范围非常窄。总体而言，失稳区所决定的变形参数范围随着

应变量增加而减小，尤其在第二道次压缩过程中应变量 ε 为 0.8 时，失稳区完全消失。此外，由图 3-71 可知，功耗峰值区域为：（a） $\varepsilon = 0.2$，$T = 1130 \sim 1200℃$，$\dot{\varepsilon} = 0.01 \sim 0.2s^{-1}$，功耗峰值约为 42%；（b） $\varepsilon = 0.4$，$T = 925 \sim 1020℃$，$\dot{\varepsilon} = 0.01 \sim 0.2s^{-1}$，功耗峰值为 37% ~ 39%；（c） $\varepsilon = 0.4$，$T = 1070 \sim 1170℃$，$\dot{\varepsilon} = 0.65 \sim 1s^{-1}$，功耗峰值为 37% ~ 40%；（d） $\varepsilon = 0.45$，$T = 900 \sim 1000℃$，$\dot{\varepsilon} = 0.01 \sim 0.18s^{-1}$，功耗峰值为 36%；（e） $\varepsilon = 0.6$，$T = 900 \sim 1000℃$，

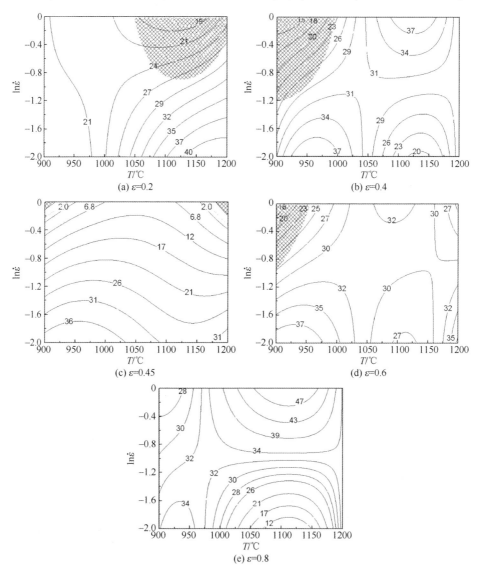

图 3-71　应变量为 0.45+0.45 时铸态 42CrMo 钢双道次热加工图

$\dot{\varepsilon} = 0.01 \sim 0.22 \mathrm{s}^{-1}$，功耗峰值为 38%~40%；（f）$\varepsilon = 0.8$，$T = 1000 \sim 1200℃$，$\dot{\varepsilon} = 0.45 \sim 1 \mathrm{s}^{-1}$，功耗峰值为 40%~49%。结合辗扩成形工艺理论，铸坯环件连续多道次热辗扩过程中每道次应变量均较小，但往往要高于锻坯辗扩的每道次应变量，随着辗扩的进行，辗扩孔型内靠近成形辊的近表层材料以及辗扩孔型外处于回转过程中的材料的温度会逐渐降低，而辗扩孔型内环件近中层区域的温度则会处于等温甚至温度升高的状态。因此，在辗扩初期，可以采用较低的辗扩进给速度，辗扩后期则采用较快的进给速度。

通过分析应变量 ε 为 0.45 ［如图 2-71（c）所示，以第一道次结束时的应力 σ_m 为准］与应变量 ε 为 0.6 ［图 3-71（d）］的热加工图，可以明显看出，热压缩过程道次停留间隙对铸态 42CrMo 钢环坯热加工过程中功率耗散效率峰值的变化及最佳变形参数的选取均产生一定程度的影响，并且在应变量 ε 为 0.45 时没有出现明显的峰值耗散区域。

图 3-72 所示为应变量分配规程为 0.45+0.45 时热加工图所识别区域的微观组织。当铸态 42CrMo 环坯在图 3-71（d）中阴影区进行热加工时，沿着与压缩轴线呈 55° 方向发生了流变失稳，表现为该区域内晶粒尺寸不均匀，具有少量长条状晶粒，明显不同于周围晶粒的分布状态，如图 3-72（a）所示。在图 3-71（e）中识别出的最大功耗效率区热加工时，组织演变过程充分，发生了明显动态再结晶，再结晶结束后伴随晶粒长大，几乎全部为等轴状晶粒，组织均匀，平均晶粒尺寸约为 45μm，如图 3-72（b）所示。在相同温度和应变量下，随着应变速率减小，也存在动态再结晶，再结晶结束后的晶粒长大则更加充分，导致晶粒急剧粗化 ［图 3-72（c）］，组织不均匀现象明显，平均晶粒尺寸达到了 63μm。

在道次间隙停留阶段，不同变形参数条件下的组织也具有明显的差异，如变形温度 T 为 1100℃ 时，随着应变速率增加，晶粒尺寸减小。结合真应力—真应变曲线和热加工图可以发现，低应变速率下组织演变进行得更加充分，发生了动态再结晶及晶粒长大现象，而应变速率 $\dot{\varepsilon}$ 增大至 $1 \mathrm{s}^{-1}$ 时，功耗效率值处于较低水平，组织演变机理主要以动态回复或部分动态再结晶为主，并且该变形条件下的压缩时间短，晶粒发生回复后不能够进行充分的长大，导致晶粒尺寸相对较小，如图 3-72（f）所示。

图 3-73 所示为应变量分配规程为 0.3+0.6 时双道次压缩不同应变量下的热加工图。与应变量分配规程为 0.45+0.45 时的热加工图类似，随着应变量的增加，功耗效率发生明显变化，并且在恒定的应变条件下，功耗效率随着变形温度及应变速率也同样发生明显的变化。失稳区所决定的变形参数范围也随着应变量的增加而减小，尤其在第二道次压缩过程中应变量 ε 为 0.8

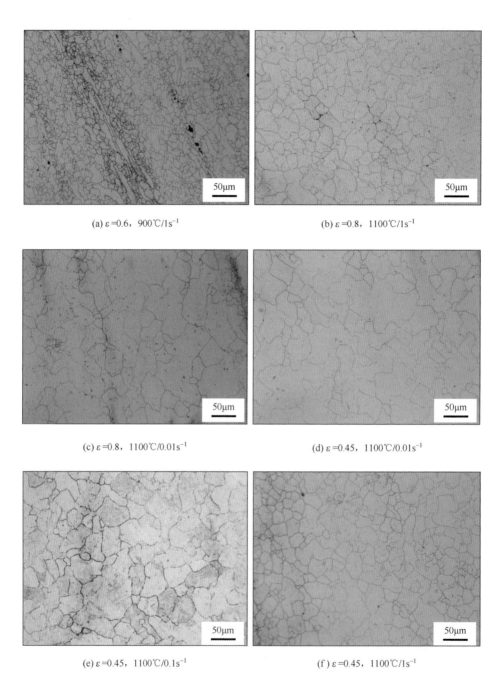

(a) ε =0.6，900℃/1s^{-1} (b) ε =0.8，1100℃/1s^{-1}

(c) ε =0.8，1100℃/0.01s^{-1} (d) ε =0.45，1100℃/0.01s^{-1}

(e) ε =0.45，1100℃/0.1s^{-1} (f) ε =0.45，1100℃/1s^{-1}

图 3-72 应变量为 0.45+0.45 时加工图所识别区域的微观组织

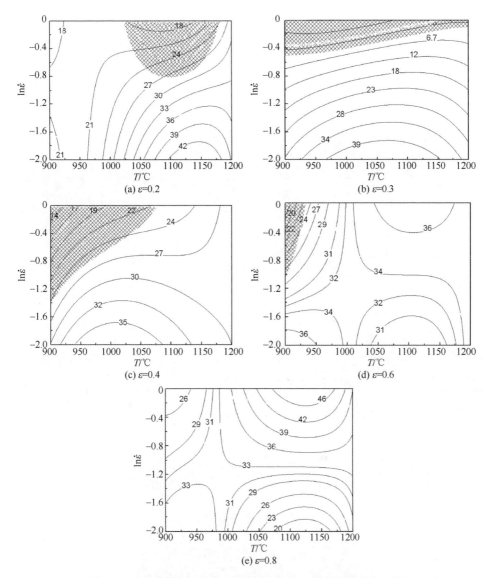

图 3-73　应变量为 0.3+0.6 时铸态 42CrMo 钢双道次热加工图

时，失稳区完全消失。但是在道次间隙停留阶段的应变量 ε 为 0.3，失稳区所识别的变形温度范围较宽。由图可知，峰值功耗区域为：（a） $\varepsilon = 0.2$，$T = 1050 \sim 1200℃$，$\dot{\varepsilon} = 0.01 \sim 0.25 s^{-1}$，功耗峰值为 39% ~ 43%；（b） $\varepsilon = 0.3$，$T = 950 \sim 1150℃$，$\dot{\varepsilon} = 0.01 \sim 0.16 s^{-1}$，功耗峰值为 36% ~ 39%；（c） $\varepsilon = 0.4$，$T = 950 \sim 1100℃$，$\dot{\varepsilon} = 0.01 \sim 0.16 s^{-1}$，功耗峰值为 34% ~ 36%；（d） $\varepsilon = 0.6$，$T = 900 \sim 1000℃$，$\dot{\varepsilon} = 0.01 \sim 0.2 s^{-1}$，功耗峰值约为 36%；（e） $\varepsilon = 0.6$，$T = 1050 \sim$

1180℃，$\dot{\varepsilon} = 0.4 \sim 1\text{s}^{-1}$，功耗峰值为 36%～38%；（f）$\varepsilon = 0.8$，$T = 1000 \sim$ 1200℃，$\dot{\varepsilon} = 0.4 \sim 1\text{s}^{-1}$，功耗峰值为 40%～48%。

图 3-74 所示为应变量分配规程为 0.3+0.6 时热加工图所识别区域的显微组织。由图 3-76（a）可知，铸态 42CrMo 钢环坯在图 3-73（d）中阴影区域内进行热加工时，沿着与压缩轴线呈 55°方向也存在流变失稳现象，表现为该

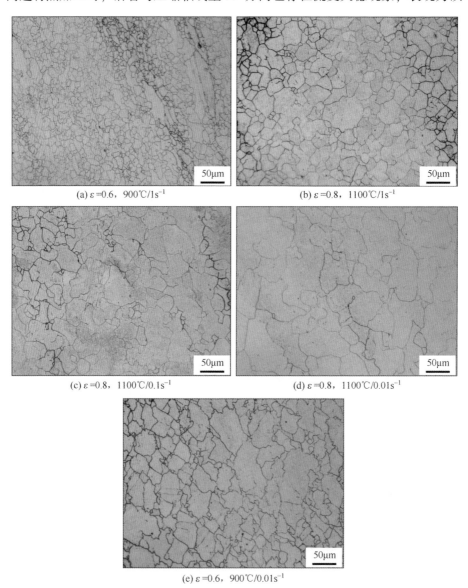

(a) ε=0.6，900℃/1s^{-1}　　　　　　(b) ε=0.8，1100℃/1s^{-1}

(c) ε=0.8，1100℃/0.1s^{-1}　　　　　(d) ε=0.8，1100℃/0.01s^{-1}

(e) ε=0.6，900℃/0.01s^{-1}

图 3-74　应变量为 0.3+0.6 时加工图所识别区域的微观组织

区域内晶粒尺寸不均匀，具有少量长条状、粗大的晶粒，明显不同于周围晶粒细小、均匀的分布状态。在变形温度 T 为 1100℃、应变速率 $\dot{\varepsilon}$ 为 $1s^{-1}$，且压缩变形达到稳态时，发生了明显的动态再结晶，再结晶结束后伴随晶粒长大过程，得到几乎全部为等轴状的晶粒，晶界平直、组织均匀，平均晶粒尺寸约为 $48\mu m$，如图 3-74（b）所示。相同温度下随着应变速率的降低，处于有利位向的晶粒通过弓出方式吞并周围小晶粒发生明显长大，在图 3-74（c）中可以观察到少量仍未发生长大的晶粒，组织分布不均匀；而当应变速率继续降低至 $\dot{\varepsilon}$ 为 $0.01s^{-1}$ 时，已观察不到细小的再结晶晶粒，晶粒粗化严重，平均晶粒尺寸达到了 $75\mu m$。

结合图 3-73（e）和图 3-74（b）~（d）可以看出，随着功耗效率的降低，微观组织从细晶粒转变为粗晶粒，反之亦然。铸态 42CrMo 钢环坯在峰值耗散区域 [图 3-73（d）] 所识别的变形参数下压缩时，虽然存在大量等轴状晶粒，组织相对均匀，但是晶界呈锯齿状，组织演变机理以动态回复为主，如图 3-74（e）所示。

3.5.3　三道次等温变形的应力软化行为与微观组织演变规律

同理，根据环形铸坯热辗扩变形原理沿环坯径向切取轴对称热压缩实验所需的圆柱体试样，试样的尺寸为直径 10mm、高度 15mm。多道次等温压缩实验在 Gleeble-3500 热力模拟机上进行，在设定的应变速率、应变量及道次间隙时间内进行多道次等温压缩变形，表 3-20 所列为三道次等温压缩实验方案，热压缩结束后所有试样立即进行水淬处理，保留高温形变组织。

表 3-20　42CrMo 钢铸坯三道次等温压缩实验方案

试样号	温度 $T/℃$	每道次应变速率 $\dot{\varepsilon}/s^{-1}$			间隙时间 t_p/s
		1	2	3	
A1	1100	0.5	0.6	0.8	0.5
A2	1100	0.5	0.6	0.8	1
A3	1150	0.5	0.6	0.8	0.5
A4	1150	0.5	0.6	0.8	1
B1	1100	0.8	0.8	1.2	0.5
B2	1100	0.8	0.8	1.2	1
C1	1100	1	1.2	1.6	0.5
C2	1100	1	1.2	1.6	1

图 3-75 所示为根据表 3-19 制订的实验方案得到的铸态 42CrMo 钢环坯三道次等温压缩变形真应力—真应变曲线。在所研究的热变形参数条件下，随着道次应变量的增加，加工硬化占主导，流变应力逐渐增大至峰值。道次间隙停留阶段，组织发生软化，加工硬化现象得到缓解，应力值逐渐降低。继续进行下一道次压缩时，道次应变速率增加，使得流变应力增加的速率变大（真应力—真应变曲线的斜率），流变应力峰值要比前一压缩道次的升高。同时，第二道次压缩结束后的道次间隙停留阶段，应力值均要低于第一道次结束后的间隙阶段，说明此过程的应力软化程度相对较高。继续进行第三道次压缩时，虽然应变速率仍在增加，但随之施加的应变量为 0.154，变形过程中累积应变增加导致的加工硬化相比组织发生软化的程度要小得多，即此阶段软化现象占主导，使得流变应力总体上增加的程度较小，甚至第三道次的应力峰值会略低于第二道次。

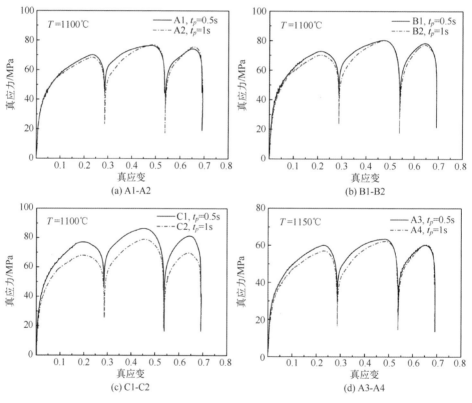

图 3-75　铸态 42CrMo 钢环坯三道次等温压缩真应力—真应变曲线

出现上述道次间不同加工硬化与应力软化现象的原因主要是，经过两道次的累积变形后，缩松、缩孔等铸造缺陷被焊合或消除，铸态 42CrMo 钢环坯组织的热塑性得到显著改善，原始粗大晶粒或具有铸造取向的晶粒通过在多道次热压缩过程中发生的动态回复、动态再结晶或在道次停留间隙内发生的亚动态与静态再结晶行为进行重组，新生再结晶小晶粒。此外，位错的迁移速率增大，塑性变形能够更加充分地进行。

根据图 3-75（a）、（b）可知，不同道次间隙停留时间下，流变应力变化不大，而在应变速率较高的图 3-75（c）中，间隙时间分别为 0.5 s 和 1 s 时的流变应力差别明显，表明只有在应变速率达到一定条件时，流变应力才会受到道次间隙时间的影响。然而，从图 3-75（a）~（c）中又可以看出，随着道次间隙时间的增加，道次间应力软化程度增大，如 A1 和 A2 试样在第一道次与第二道次之间停留阶段的应力软化程度分别为 22 MPa 和 38 MPa，在第二道次与第三道次之间停留阶段的应力软化程度则分别为 30 MPa 和 45 MPa，软化程度分别提高了 27% 和 16%。类似的结果也可以从 B1 和 B2、C1 和 C2 试样的真应力—真应变曲线中得到。

当变形温度和每道次应变量相同、应变速率不同时，流变应力存在一定差别，表现为应力值随着应变速率增大而增加。同时，由于加工硬化存在，所导致的应力值增加程度也不同，如图 3-75（a）中 A1 试样三道次压缩变形时的应变速率为 0.5mm/s、0.6mm/s、0.8mm/s，对应的流变应力最大值为 78MPa，图 3-75（b）中 B1 试样三道次压缩变形时的应变速率为 0.8、0.8、1.2mm/s，对应的流变应力最大值则为 85MPa。又如，图 3-75（c）中试样三道次压缩变形时的应变速率为 1、1.2、1.6mm/s，在第一道次的加工硬化率相对要大，应力峰值出现后的软化程度高，并且对后续道次应力值及其软化也存在一定的影响。主要原因有两个方面：一方面，应变速率增大，铸态 42CrMo 钢环坯发生热塑性变形时能量耗散的时间缩短，单位时间内的应变量增大，位错产生和运动的数目增加，位错运动速率加快，由位错攀移和位错反应引起的软化速率降低，这些过程都与时间有关，即表现为随应变速率的变化而变化，这就使得应变速率增加导致动态再结晶难于启动，软化程度降低，流变应力增大；另一方面，应变速率增加，铸态 42CrMo 钢环坯内部的温度效应加剧，促进了多道次压缩过程中环坯内部的位错运动、重新调整，从而使得位错密度降低，有利于动态回复和动态再结晶的启动与进行，并促进微裂纹的修复、压合等，并且温度效应对低温时的真应力影响相对要大些。因此，流变应力受应变速率的影响是很复杂的，应根据生产实际的不同加工阶段，选择合适的应变速率。

从图 3-75（a）、（d）中可以发现，当应变速率和间隙时间相同、变形温度不同时，流变应力降低，道次间隙内应力软化程度略微减小。当变形温度为 1150℃时，A3、A4 试样的最大流变应力值分别约为 62MPa、60MPa；而当变形温度为 1100℃时，对应的 A1、A2 试样的最大流变应力值则分别达到了 78MPa、79MPa。这主要是因为，当温度升高时，铸态 42CrMo 钢环坯内部的热激活作用增大，原子动能及相互运动增强，原子间结合力减弱，晶界活性增加。与此同时，变形温度升高使得位错运动的阻力减小，更多的位错被激活参与滑移和攀移，动态回复和再结晶易于发生和扩展，增加了组织软化程度，导致流变应力降低，动态再结晶易于启动。然而，当变形温度升高时，再结晶结束后晶粒会发生长大，优先形核和占据有利位向的晶粒在激活能作用下晶界急剧扩张，往往出现异常长大的趋势。因此，为避免晶粒过度长大、组织粗化，变形温度必须控制在一定范围内。

图 3-76 所示为不同变形温度下流变应力的峰、谷值曲线，A1-A3 的间隙时间为 0.5s，A2-A4 的间隙时间为 1s。从图 3-76 中可以发现，当应变速率与间隙时间相同时，高温时应力的峰、谷值都比低温时的小。当变形温度不同时，在每一道次的压缩（加工硬化主导）和停留（静态或动态软化主导）阶段的峰、谷值变化趋势相同，二者的差值变化较小。这是因为，高温下原子动能增加，晶界活性提高，位错运动阻力减小，发生动态再结晶所需的应变量减小，软化作用增强，更易进入稳态流变阶段。因此，应力峰值主要与应变量和应变速率有关，初始压缩温度对道次间隙软化程度影响不大。从图 3-76 中还可以看出，第二道次的应力峰值要大于第一道次，说明在第一道次的间隙阶段发生软化后，热压缩产生的加工硬化程度大于动态回复与再结晶引起的软化，与软化过程的应力部分相抵消，这有可能是稳态流变阶段的微观反映。此外，第三道次的应变速率和应变量均较小，压缩过程中累积应变导致的加工硬化小于软化程度，流变应力增加的幅度不明显。

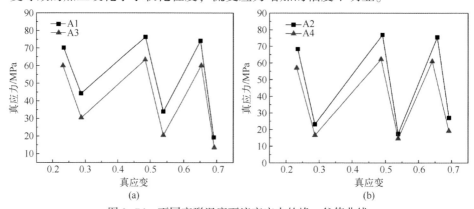

图 3-76　不同变形温度下流变应力的峰、谷值曲线

图 3-77 所示为不同应变速率下流变应力的峰、谷值曲线，A1-B1-C1 间歇时间为 0.5s，A2-B2-C2 的间歇时间为 1s。从图 3-76（a）中可以看出，在第一道次压缩过程中，应变速率减小时，应力峰值逐渐减小，到达峰值时的应变量依次增大，表明当应变速率较大时，试样发生软化程度较大。然而，出现应力谷值时的应变量差别不大，表明其应力软化程度随着应变速率降低而减弱，而软化速率则依次递增，第二、三道次的变化规律与第一道次的一致，软化程度的大小有所区别，但第一、二道次的变化更明显一些。当间隙时间为 1s 时，出现应力峰值时的应变量逐渐增大，每一道次压缩后峰、谷值几乎相同，只是在第二道次时应力峰值出现微小差别，而到达应力谷值的应变量一致。因此，该阶段的应力软化程度随应变速率的增大而增大。每一道次的软化规律与不同变形温度下的情况一致，即第二道次的应力峰值大于第一道次，表明在第一道次间隙时间内发生软化后，热压缩过程中产生的加工硬化程度大于动态回复与再结晶引起的软化程度，这也有可能是稳态流变阶段的微观反映。此外，第三道次压缩过程中的应变量较小，应力峰值相对较低，表现为软化作用占主导。

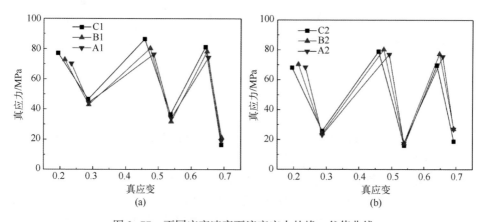

图 3-77　不同应变速率下流变应力的峰、谷值曲线

图 3-78 所示为不同道次间隙时间下流变应力的峰、谷值曲线。在多道次压缩应变速率和变形温度都相同的变形条件下，除 C1-C2 试样之外，当间隙停留时间增大时，流变应力峰值几乎没有发生变化，而应力谷值都逐渐减小，表明间隙停留时间对软化程度影响较大，道次间隙时间越长，软化程度越明显。对 C1-C2 试样而言 [图 3-78（c）]，应力峰值与谷值在间隙时间增大时均减小，但应力谷值减小程度要大一些，其软化程度也增加。

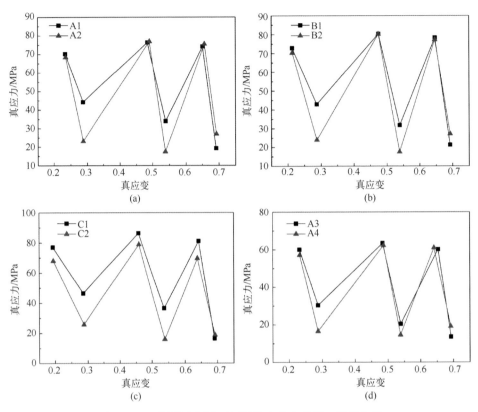

图 3-78　不同道次间隙时间下流变应力的峰、谷值曲线

　　图 3-79 所示为铸态 42CrMo 钢环坯经过三道次等温压缩后的显微组织。对比分析图 3-79（a）、（c）和（e）及图 3-79（b）、（d）和（f）可以发现，变形温度一致，应变速率增大时晶粒发生细化，尺寸逐渐减小，组织更加均匀，如在图 3-79（e）、（f）的条件下，晶粒几乎呈等轴状，平均晶粒尺寸分别约为 62μm 和 55μm。因为随着应变速率的增大，形变与加工硬化产生的畸变能增加，发生动态再结晶所需的驱动力增大。并且，在应变速率较大时，组织发生软化的时间减少，再结晶晶粒无法充分进行回复与长大。此外，从图 3-75 中也可以看出，应变速率增大，导致发生动态再结晶所需的应变量增加。可见，在能够保证动态再结晶完全启动的前提下可以选择稍大的应变速率，随着变形过程的进行还可以达到抑制晶粒粗化的目的。

　　对比图 3-79（a）和（g）、图 3-79（b）和（h）可知，应变速率相同、温度较低时，在粗大晶粒的三角晶界处出现细小再结晶晶粒形核，但晶粒尺寸大小不一、组织不均匀，可能是部分再结晶所致。而在温度为 1150℃ 的条件下，几乎观察不到细小的再结晶晶粒，晶粒长大现象明显，具有连续、平直的晶界，晶粒呈等轴状，道次间隙时间为 0.5s 和 1s 时的平均晶粒尺寸分别为 73μm 和 80μm，组织演变机理为动态再结晶和晶粒长大。因为应变速率不变时，温度升高，动态再结晶所需的热激活能增加，位错运动加剧，晶界扩展明显，给晶粒的吞并长大提供了有利的外部条件。

对比分析图 3-79（a）和（b）、图 3-79（c）和（d）及图 3-79（e）和（f）可知，应变速率和变形温度相同，道次间隙停留时间增加时形变产生的畸变能充分释放，有利于高温停留阶段组织回复和再结晶（主要为亚动态再结晶）过程的进行，晶粒尺寸略微增大。在图 3-79（e）的条件下还可以观察到少量细小的再结晶晶粒，尺寸约为 8μm，而在图 3-79（f）中晶粒呈等轴状，分布更加均匀，晶粒尺寸约为 55μm。在上述变形条件下，如果继续增大间隙停留时间，晶粒长大现象就会更加显著，导致组织粗化严重。所以，在实际生产中，应严格控制变形道次间材料在高温条件下的停留时间，避免晶粒过度粗化，恶化性能。

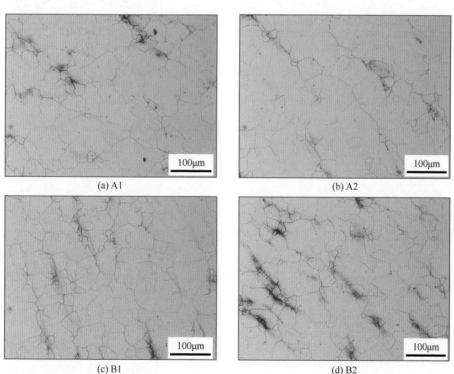

(a) A1

(b) A2

(c) B1

(d) B2

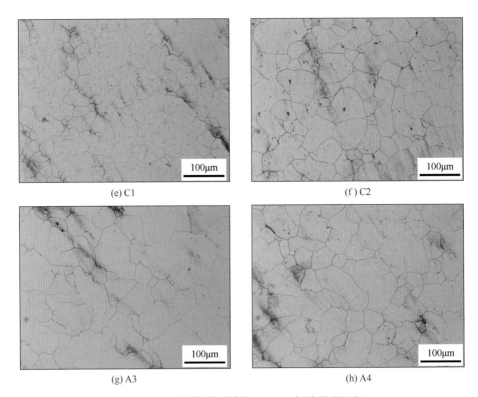

(e) C1

(f) C2

(g) A3

(h) A4

图 3-79　不同条件下铸态 42CrMo 钢的微观组织

第 **4** 章

铸坯环件热辗扩成形工艺及组织演变模拟

4.1 基于铸坯的环件热辗扩成形关键技术

环件在热辗扩成形过程中最终的微观组织结构对零件的性能、应用领域和服役寿命存在显著影响。传统的热辗扩工艺是利用棒料加热镦粗、冲孔制成环形毛坯（此时为锻态组织）后的余热进行辗扩，开坯可以消除钢锭表层缺陷，随后的镦粗和拔长工序将有效地改善偏析、闭合缩松及细化晶粒组织；冲孔工序则可将钢锭心部铸造缺陷集中的区域一次性彻底清除，环形毛坯经过这两次高温塑性变形内部质量已经得到很大程度的改善，为随后的热辗扩工艺提供了良好的预备组织，在热辗扩成形过程中，主要考虑环件的尺寸精度和生产效率。而当利用铸造环坯直接进行热辗扩时，由于铸态组织比较粗大、分布不均匀，且可能存在缩孔、缩松和裂纹等铸造缺陷，在热辗扩过程中不仅要保证环件的形状尺寸，而且更重要的是通过塑性变形来改善铸态组织、细化晶粒和消除铸造缺陷。在环形铸坯热辗扩成形工艺中，通过控制辗扩工艺参数要达到以下目的：①使铸态下原始的粗大柱状晶和等轴晶破坏，重新再结晶形成细小的等轴晶粒；②铸坯内的气孔和缩松等缺陷被焊合，提高金属的致密度；③夹杂物沿变形方向延伸、破碎，均匀分布；④显微偏析得到改善，成分均匀性提高等[4]。

在热辗扩塑性成形过程中，变形金属同时受到加工硬化和组织软化机制的影响。金属的组织软化机制有动态回复和动态再结晶，动态回复只对亚晶组织产生影响，而动态再结晶可以改善铸造环件的显微组织，使粗大的铸态组织晶粒转化为新的等轴晶粒，对晶粒细化起着关键性作用，并且可以消除加工硬化的影响，改善材料的力学和物理性能，使环件的塑性、韧性提高，强度、硬度显著降低。

金属的塑性变形主要通过晶内滑移来实现，在环件热辗扩成形过程中，随着变形的进行，晶体内位错密度增大，屈服应力提高，产生加工硬化。同时，高密度位错的存在使材料处于一种不稳定状态，位错的交滑移和攀移容易进行，异号位错相互抵消，位错密度下降，畸变能降低，发生动态回复，部分加工硬化被消除。对于位错能比较低的碳钢，扩展位错宽度大、密度低，不宜进行位错的交滑移和攀移，不利于发生动态回复。但在环件热辗扩变形过程中，随着芯辊的不断进给，径向和轴向变形量的增大，位错密度也将继续增大，聚集的能量将会导致动态再结晶的发生。在给定的辗扩变形温度条件下，动态再结晶的发生需要有一个临界变形程度，只有当环件的变形量大于这个临界变形度时，才能发生动态再结晶，此时的应变称为临界应变，对应的应力为峰值应力，随后流动应力开始呈现下降趋势。动态再结晶的发生，使更多的位错消失，位错畸变能释放，随着变形量的不断增加，再结晶晶粒又承受新的变形而产生新的位错，使动态再结晶过程不断地发展，当动态回复和动态再结晶引起的软化和加工硬化达到动态平衡时，流动应力将趋于稳定状态。

由于环件辗扩是一个连续局部变形过程，在热辗扩变形的间歇时间或热变形完成之后，金属仍然处于高温状态，使环件可能发生静态回复、静态再结晶和亚动态再结晶等软化行为。与成形辊接触的环件外层和内层变形量比较大，晶粒内的位错密度较高，高温停留时将会发生静态再结晶，而中层小变形区，将会发生静态回复。在热辗扩成形过程中，已经形成，但未长大的动态再结晶晶粒，当变形停止后温度又足够高时，将会继续长大，发生亚动态再结晶。静态再结晶和亚动态再结晶的区别在于亚动态再结晶不需要孕育期，变形停止后进行得很迅速，而静态再结晶则需要经历一个孕育期以后才能完成，且两者不能共存，即亚动态再结晶过程是静态再结晶孕育的过程。

热辗扩塑性成形后晶粒的大小主要由再结晶晶粒的大小决定，而再结晶晶粒大小取决于再结晶形核速度和再结晶程度。动态再结晶的晶粒度与塑性变形温度、应变速率和变形程度等因素有关，较高形变温度和较低应变速率有利于动态再结晶的发生，促使再结晶生核，但位错密度低，高温下晶粒急剧长大，同时经亚动态再结晶后晶粒也较粗大，降低变形温度、提高应变速率和变形程度，使再结晶晶粒细小均匀。因此，研究热辗扩成形过程中再结晶机制的一个重要目的就是通过控制辗扩工艺参数，使环件得到细小而均匀

的再结晶晶粒，有助于提高辗扩成形件的屈服强度、疲劳强度、冲击韧性和
塑性等力学性能。

利用铸造环坯直接进行辗扩，在运动学和动力学方面与基于锻态环坯基
本没有区别，武汉理工大学华林教授等对环件辗扩过程运动学和动力学有着
深入的研究，并编写了《环件轧制理论和技术》一书。这方面的研究成果可
直接为环件短流程制造技术研究提供理论依据。该书中将环件的辗扩过程分
为咬入、稳定辗扩和精整 3 个阶段，并根据静力学理论对环件的咬入过程、
锻透状态和塑性弯曲失稳情况进行了研究，建立了相应的物理力学模型、条
件等，提出了环件辗扩时的静力学规律和机制，而基于环形铸坯辗扩与锻坯
辗扩在组织与性能控制方面往往会有所不同[4]。

1. 环件的旋转运动及其对铸态组织演变的影响

在辗环机中，驱动辊的旋转由电机和减速机带动，转速不可调，当驱动
辊选定后，其半径就成为确定值，所以在辗扩过程中驱动辊给出的线速度是
定值。假设环件与驱动辊的接触面之间为纯滚动（没有滑动），即环件外圆与
驱动辊外圆的线速度相同，可知：

$$2\pi Rn = 2\pi R_D n_D \tag{4-1}$$

所以

$$n = \frac{R_D}{R} n_D \tag{4-2}$$

式中：R 为环件辗扩瞬时外圆半径（mm）；n_D、n 均为驱动辊和环件的转速
（r/min）；R_D 为驱动辊半径（mm）。

当环件的半径为 R 时，环件旋转一周所需的时间为

$$t = \frac{60R}{R_D n_D} \tag{4-3}$$

由式（4-3）可知，当驱动辊半径和转速不变时，环件旋转一周所需的
时间与环件的外半径 R 成正比。环件的外半径 R 随着辗扩的进行不断增大，
环件旋转一周的时间会随着半径的增加而不断增长。环件进入咬合区的时间
很短，环件旋转一周的时间近似等于环件热变形后的间歇时间。所以，随着
辗扩的进行，环件越来越大，材料热加工后的间歇时间会增长。由前面的分
析可知，组织的亚动态再结晶和静态再结晶百分数会随着间歇时间的增长而
升高，随着辗扩的进行环件的旋转速度降低，会影响材料组织演化，增加静
态再结晶百分数。但是环件旋转一周的时间较短，一般仅为几秒，间歇时间
的增长只能使再结晶百分数增加，而不能保证发生完全的再结晶。

2. 环件直径扩大运动及其对铸态组织演变的影响

在环件辗扩成形过程中，环件主要发生径向减薄，周向伸长的变化。当运用径-轴向辗环机辗环时，径向变形区不仅发生径向的减薄和轴向伸长，还会发生轴向的展宽。当轴向展宽转到轴向辗扩辊区域时又被消除，以保证环件轴向端面的平整。

在径-轴向辗扩中，环件发生塑性变形，不考虑其氧化皮的损失，环件遵循体积不变原理。所以，环件的直径长大可以通过体积不变来计算。环坯的外径、内径、壁厚和高度分别为 D_0、d_0、H_0、B_0，在辗扩中的环件瞬时外径、内径、壁厚和高度分别为 D、d、H、B。由塑性成形体积不变条件得出

$$\frac{\pi}{4}(D_0^2-d_0^2)B_0=\frac{\pi}{4}(D^2-d^2)B \qquad (4-4)$$

壁厚 $H_0=(D_0-d_0)/2$，代入式（4-4）得环件直径表达式为

$$D=\frac{B_0 H_0}{2BH}(D_0+d_0)+H \qquad (4-5)$$

如果辗扩时轴向不发生变化，可以得出

$$D=\frac{(D_0+d_0)}{2}\frac{H_0}{H}+H \qquad (4-6)$$

$$D_i=\frac{(D_0+d_0)}{2}\frac{H_0}{H_i}+H_i \qquad (4-7)$$

$$D_{i+1}=\frac{(D_0+d_0)}{2}\frac{H_0}{H_{i+1}}+H_{i+1} \qquad (4-8)$$

所以，第 i 转环件的长大量为

$$\Delta D=D_{i+1}-D_i=\frac{(D_0+d_0)H_0}{2}\cdot\left(\frac{1}{H_{i+1}}-\frac{1}{H_i}\right)+(H_{i+1}-H_i) \qquad (4-9)$$

$\frac{\mathrm{d}H}{\mathrm{d}t}=-v$，将式（4-9）对时间求导可得到 $v_\mathrm{D}=\frac{\mathrm{d}D}{\mathrm{d}t}$。

环件直径长大速度为

$$v_\mathrm{D}=\left(\frac{D_0+d_0}{2}\cdot\frac{H_0}{H^2}-1\right)v \qquad (4-10)$$

$$d=D-2H$$

$$v_d=v_\mathrm{D}+2v$$

在辗扩过程中，环件的内径长大速度总是大于外径长大速度，差值为芯辊直线进给速度 v 的 2 倍。在环件辗扩中，环件的壁厚并不是一致的，而是渐变式的，瞬时壁厚最小的地方为 $H=H_0-vt$，壁厚最大处为 $H=H_0-vt+\Delta H$。实

际上，当时间为 t 值时，只有径向辗扩孔型内的环件壁厚，为 $H=H_0-vt$，因此环件直径的长大速度会小于式（4-10）所计算的长大速度。

环件直径的长大速度与芯辊的直线进给速度成正比，但是当芯辊进给完成的精整阶段，芯辊进给速度为零。为了保证环件的圆度，在芯辊停止进给后，辗扩过程还应继续对环件进行整圆，这时虽然芯辊进给速度为零，但是对环件来说，依然有进给量，所以在这个过程中环件依然会有长大。

如果芯辊进给速度为定值，有

$$H=H_0-vt \tag{4-11}$$

这时有

$$v_{\mathrm{D}} = \left(\frac{D_0+d_0}{2} \cdot \frac{H_0}{(H_0-vt)^2} - 1 \right) v \tag{4-12}$$

环件直径长大，壁厚减薄，使得在同样进给量的情况下，环件的变形更容易穿透整个环件，环件中层的应变随之增大，更容易达到材料发生再结晶所需的应变量，所以铸坯环件辗扩组织的演变（特别是环件中层的组织）应该发生在辗扩的后期，即随着环件直径的长大，环件壁厚减薄，而每转进给量增加，环件中层的应变量会不断增加，使得组织发生再结晶，使晶粒细化。

3. 环件转动咬入条件分析

无论是锻坯辗扩还是铸坯辗扩，环件能够连续咬入驱动辊和芯辊形成的孔型是环件在辗扩过程中转动并实现稳定直径增大的必要条件。忽略导向辊和端面辊对环坯的作用力，咬入孔型的力学模型如图 4-1 所示[4]。

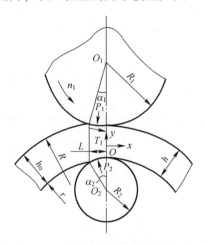

图 4-1　环件咬入孔型的力学模型

由文献中推导，接触弧长为

$$L=\sqrt{\dfrac{2\Delta h}{\dfrac{1}{R_1}+\dfrac{1}{R_2}+\dfrac{1}{R}-\dfrac{1}{r}}} \qquad (4-13)$$

从式（4-13）可以看出，对确定的 ΔH 值，接触弧长 L 是 R_1、R_2 的增函数，即 L 随着 R_1、R_2 的增大而增大。

环件咬入孔型与每转进给量的关系为

$$\Delta h\leqslant\Delta h_{max}=\dfrac{2\beta^2 R_1^2}{(1+R_1/R_2)^2}\left(\dfrac{1}{R_1}+\dfrac{1}{R_2}+\dfrac{1}{R}-\dfrac{1}{r}\right) \qquad (4-14)$$

式（4-14）是环件较入孔型所要满足的条件，即每转进给量小于等于最大每转进给量 Δh_{max}。

在环件热辗扩过程中，成形辊的尺寸和摩擦角取为定值，但是环件壁厚不断减小，而分母 Rr 同时增加，因此 $\dfrac{R_1}{R}-\dfrac{R_1}{r}=\dfrac{R_1(r-R)}{Rr}$ 值随辗扩进行越来越大，因此 Δh_{max} 在初始时刻值是最小的，而后随着环件的长大而增大，因此如果芯辊是恒定进给量进给，那么咬入条件会越来越好。

而实际上，在铸坯热辗扩中为了使环件中层晶粒得到细化，环件辗扩时芯辊可采用定速进给甚至加速进给，使得每转进给量随着环件直径的长大而越来越大，因此在计算时不能只考虑开始辗扩时的咬入条件，而应考虑最大进给速度辗扩过程中不一定能满足 $\Delta h\leqslant\Delta h_{max}$，还需要对每转进给量为最大值时的咬入条件进行计算。

4. 环件辗透条件分析

要使环件实现直径增大，壁厚减薄，环件辗扩中必须满足辗透条件，使环件中层的材料发生塑性变形，随内外层材料同时长大。一般地，将环件辗透当成有限高度块料拔长求解了环件辗扩过程中的辗透条件，如图4-2所示。

在有限高度块料拔长中，根据滑移线理论可求得环件辗透条件为

$$\dfrac{L}{h_a}\geqslant\dfrac{1}{8.74} \qquad (4-15)$$

式中：L 为环件接触弧长；h_a 为环件辗扩变形区的平均壁厚。

$$h_a=\dfrac{h_0+h}{2}=h+\dfrac{\Delta h}{2}\approx h=R-r \qquad (4-16)$$

整理得环件辗透条件与进给量的关系为

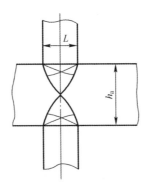

图 4-2　环件辗扩辗透示意图

$$\Delta h \geq \Delta h_{\min} = 6.55 \times 10^{-3} R_1 \left(\frac{R}{R_1} - \frac{r}{R_1} \right)^2 \left(1 + \frac{R_1}{R_2} + \frac{R_1}{R} - \frac{R_1}{r} \right) \qquad (4\text{-}17)$$

式中：$\Delta h_{\min}$ 为环件辗透所要求的最小每转进给量，表明要使环件辗透产生壁厚减小、直径扩大的辗扩变形，则环件辗扩成形过程中的每转进给量不得小于辗透所要求的最小每转进给量。随着辗扩过程的进行，环件壁厚减小，塑性区穿透壁厚所要求的每转进给量减小，即只要环件在初始阶段能够辗透，则塑性区在整个辗扩过程中都可以穿透壁厚。在锻坯辗扩时，在上述两个公式的范围内取进给量，就可以稳定完成环件的辗扩过程，即

$$\Delta h_{\min锻} \leq \Delta h \leq \Delta h_{\min锻} \qquad (4\text{-}18)$$

式中：Δh 为每转进给量；$\Delta h_{\max锻}$ 为符合咬入条件的最大每转进给量；$\Delta h_{\min锻}$ 为符合锻透条件的最小每转进给量。

　　而在对铸坯进行辗扩时，由于铸坯没有经过锻造，虽然先进的冶炼和凝固工艺可以提高铸坯质量，但内部组织和力学性能都远劣于锻造坯料。进给量的选取还应考虑是否能将环件中间的组织充分细化和均匀化，使其力学性能满足使用要求来确定。因此，环件能够辗透只是必要条件，环件辗透并不能保证铸坯材料能从铸态转化为锻态，铸坯辗扩需要有更良好的辗透条件。

　　在环件热辗扩中，材料并不是均匀变形。在圆柱试样热压缩实验中，由于压头与试样之间的摩擦的存在，圆柱试样体内变形并不均匀，形成了难变形区、大变形区和小变形区，如图 4-3 所示。与热压缩试验一样，环件辗扩时变形也是不均匀的，存在大变形区、小变形区甚至难变形区。而分布情况不同于热压缩，环件辗扩时变形区域的大变形区集中在与驱动辊和芯辊接触的内外层区域，若进给量较小，当每转进给量小于 Δh_D 时，则塑性变形不能充分扩展，在离成形辊较远的中层就成了难变形区。这时，环件的中层不能

进行周向伸长，辗扩的时候就会出现环件不长大的现象。当每转进给量大于 Δh_D 时，环件中层也会发生径向减薄，轴向伸长的变化，但其变形会小于内外层的变形量，即在中层形成了小变形区。在径-轴向辗扩中，环件的内、外层受芯辊和成形辊的直接辗压，成为大变形区。而环件轴向端面会受到锥辊的辗压，所以在环件的端面上，四周均属于大变形区，只有在环件的中层属于小变形区，如图4-4所示。由材料组织演变机理，组织的再结晶都与变形过程中的应变有着明显的关系，变形量较小时，材料很难发生再结晶。所以，如何使环件的变形条件满足再结晶条件，使得环件中层的组织得到改善，成为铸坯环件能真正辗透的标准。

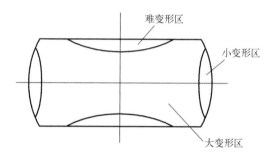

图4-3　圆柱试样压缩时的变形区

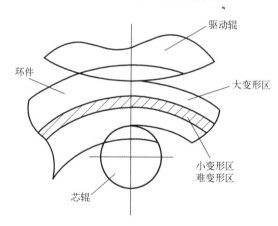

图4-4　环件辗扩时的变形区

在环件辗扩中，芯辊每转的进给量较小，因此每转的应变也很小，不足以使材料发生完全的动态再结晶。在环件辗扩中，以外径为1m的环件来说，到环件成形的时候，环件每转一圈也只有两三秒的时间，根据作者对铸态42CrMo钢静态再结晶行为的研究，材料在这么短的时间内不可能发生完全的静态再结晶。使得在承受压力时的位错得不到释放，变形过程中累积的应变

（或位错密度）不能被完全软化，形成了残余应变，可用下式来表示。

第 i 次辗扩后的残留应变（Retained Strain）为

$$\varepsilon_r^i = \varepsilon^i(1-x) \tag{4-19}$$

式中：x 为再结晶体积分数；ε 为第 i 次辗扩时的累积应变。

$$\varepsilon_t^i = \varepsilon_r^{i-1} + \varepsilon^i \tag{4-20}$$

当累积应变达到材料的临界应变后，动态再结晶开始发生。因此，环件中层的累积应变是否能达到临界应变甚至是使组织发生 100% 再结晶的应变 ε_{100} 应该是铸坯辗扩的条件。

离心铸造环坯辗扩需要满足：

$$\varepsilon_t \geqslant (\varepsilon_c, \varepsilon_{100\%}) \tag{4-21}$$

式中：ε_t 为环件的瞬时累积应变；ε_c 为材料发生再结晶的临界应变；$\varepsilon_{100\%}$ 为材料发生完全再结晶时的应变。

由于环件辗扩呈现多重非线性，很难从理论上求得其精确解，因此在式（4-21）中的 ε_t 可以由塑性成形模拟软件来求解；而 $\varepsilon_{100\%}$ 可以由动态再结晶、静态再结晶百分数公式求出。

在铸造环坯进行辗扩时，最小每转进给量要大于锻造环坯辗扩时的最小每转进给量，而且还得控制其变形温度，并且满足式（4-21）。

所以要完成铸坯的辗扩，对每转进给量的控制比锻坯辗扩更为严格，环件辗扩每转进给量要符合上述两式的要求，即辗扩每转进给量应满足下式。

$$\Delta h_{\min锻} \leqslant \Delta h_{\min铸} \leqslant \Delta h \leqslant \Delta h_{\max铸} \leqslant \Delta h_{\min锻} \tag{4-22}$$

因此，每转进给量是铸坯辗扩是否能完成的关键参数之一，即在特定的设备条件下，成形辊的尺寸一定，只能通过调整环件的尺寸来改变最小每转进给量和最大每转进给量。

径-轴向轧制中的热辗扩参数，包括辗扩比、驱动辊转速、芯辊进给速度、可以改变驱动辊和芯辊的外径尺寸，以及摩擦系数等来控制材料的外形尺寸和微观组织变化。

5. 辗扩直线进给运动

在环件径-轴向辗扩成形过程中，直线进给运动包括径向芯辊直线进给运动和轴向端面锥辊直线运动，它们由辗环机的液压或气动进给机构提供，使环件在成形辊的压力和摩擦力共同作用下产生塑性变形，芯辊进给速度用 v 表示，端面辊进给速度用 v_a 表示。Δh、Δh_a、Δt 分别为辗扩过程中每转壁厚减小量、轴向高度减小量和该转辗扩时间，则芯辊进给速度 v 为

$$v = \frac{\Delta h}{\Delta t} \tag{4-23}$$

假设环件外圆与驱动辊的接触面之间没有滑动，则环件旋转一周的外圆周长等于该段时间内驱动辊工作面通过的距离，即

$$2\pi R = 2\pi n_1 R_1 \Delta t \tag{4-24}$$

式中：R 为环件瞬时外圆半径；n_1 为驱动辊转速；R_1 为驱动辊半径。

将式（4-24）代入式（4-23）中，得芯辊进给速度为

$$v = \frac{n_1 R_1 \Delta h}{R} \tag{4-25}$$

同理，得轴向锥辊直线进给速度为

$$v_a = \frac{n_1 R_1 \Delta h_a}{R} \tag{4-26}$$

根据环件辗扩的咬入条件和辗透条件，将式（4-14）和式（4-17）分别代入式（4-25），得环件辗扩过程中芯辊直线进给速度的极限范围为

$$v \geqslant v_{min} = 6.55 \times 10^{-3} n_1 \frac{R_1^2}{R}\left(\frac{R}{R_1} - \frac{r}{R_1}\right)^2 \left(1 + \frac{R_1}{R_2} + \frac{R_1}{R} - \frac{R_1}{r}\right) \tag{4-27}$$

$$v \leqslant v_{max} = \frac{2\beta^2 n_1 R_1^2}{R\left(1 + \frac{R_1}{R_2}\right)^2}\left(1 + \frac{R_1}{R_2} + \frac{R_1}{R} - \frac{R_1}{r}\right) \tag{4-28}$$

4.2 热辗扩成形工艺参数

环形铸坯热辗扩工艺参数对辗扩过程和成形件质量有很大影响，在辗扩成形过程中，环件的形状尺寸和微观组织演变主要通过控制调节工艺参数来实现。假如工艺参数设置得不合理，即使有了高性能质量的环形铸坯和先进设备，也无法生产出合格的环件产品。辗扩工艺参数的主要有辗扩比、环件极限壁厚、辗扩温度、辗扩力、每转进给量和芯辊进给速度等，具体工艺参数设计时要综合考虑辗扩成形条件和设备条件等因素。

1. 辗扩比

辗扩比定义为环件辗扩前后截面积之比，即

$$\lambda = \frac{A_0}{A} = \frac{B_0 H_0}{BH} \tag{4-29}$$

辗扩比从宏观上反映了环件辗扩变形程度，是设计辗扩毛坯和孔型的主要依据，对于轴向尺寸不发生变化的矩形截面环件，辗扩比可简化为辗扩前

后环件壁厚之比。在环件辗扩工艺设计中，为了计算方便通常用辗扩件孔径 d 与环形毛坯孔径 d_0 的比值来表示辗扩比，这个辗扩比记作当量辗扩比 K。

$$K = \frac{d}{d_0} \tag{4-30}$$

对于轴向变化较小可忽略的矩形截面环件，已知辗扩件的形状尺寸，可以根据下面的公式设计辗扩毛坯。

$$\begin{cases} B_0 = B \\ d_0 = \dfrac{d}{K} \\ D_0 = \sqrt{D^2 - d^2 + d_0^2} \end{cases} \tag{4-31}$$

从式（4-31）中可以看出，增大当量辗扩比可减小环形毛坯孔径，从而使毛坯壁厚增加，环件辗扩成形过程中径向变形量增大，有利于提高辗扩件内部质量，但是会增加辗扩时间，降低生产率。矩形截面环件的当量辗扩比 $K = 1.5 \sim 3$，当辗扩件外径大时，K 取大值；当辗扩件外径小时，K 取小值。对于铸造毛坯，由于晶粒组织比较粗大或存在一些铸造缺陷，选用大的辗扩比能够增加辗扩变形量，因此尽可能地细化晶粒和消除铸造缺陷，提高辗扩件质量。

2. 环件极限壁厚

在环件热辗扩成形过程中，若毛坯壁厚过大，则有可能出现辗透和咬入条件不能同时满足的情况；若环件壁厚过小，有可能在辗扩过程中被导向辊压扁，因此在环件毛坯和工艺参数设计过程中需要考虑极限壁厚。为了实现环件辗扩变形，必须要求 $\Delta h_{\min} \leqslant \Delta h_{\max}$，将式（4-14）和式（4-17）代入，考虑 $H = R - r$，整理得

$$H \leqslant H_{\max} = \frac{17.5 \beta R_1}{1 + \dfrac{R_1}{R_2}} \tag{4-32}$$

式中：$H_{\max}$ 为环件毛坯的最大壁厚。

同时，环件在辗扩过程中不产生塑性失稳的刚度条件为

$$H \geqslant H_{\min} = 0.183 \left(1 + \frac{R_1}{R_2}\right) \frac{r_{a0} H_0}{R_1} \tag{4-33}$$

式中：$H_{\min}$ 为环件的最小壁厚；r_{a0} 为环件毛坯平均半径。

3. 辗扩温度

铸坯环件的辗扩温度在很大程度上决定了环件的塑性变形能力和辗扩抗力，同时对环形铸坯热变形过程中的微观组织演变有很大影响。辗扩温度按

环件材料的锻造温度范围确定，一般钢材的锻造温度范围较宽，当辗扩时间较长以致辗扩温度降低，影响辗扩变形的顺利进行时，应将环件毛坯返炉加热。铸造环坯在热辗扩成形过程中表现出较高的流变应力，发生动态再结晶的临界条件较高，可适当提高初始辗扩温度，一般为 $1100 \sim 1200℃$。

4. 辗扩力

辗扩力计算是辗扩工艺设计的重要内容，它不仅是孔型设计和辗扩工艺进给设计的重要依据，而且是辗环机结构设计和机电液部件选择的依据，环件的辗扩力应在辗扩设备额定力能参数范围之内。目前关于辗扩力能参数计算的方法比较多，本节采用的环件辗扩力计算公式为

$$P = n\sigma_s BL = n\sigma_s B \sqrt{\dfrac{2\Delta h}{\dfrac{1}{R_1} + \dfrac{1}{R_2} + \dfrac{1}{R} - \dfrac{1}{r}}} \qquad (4-34)$$

式中：σ_s 为辗扩温度下环形铸坯材料的屈服强度；R、r、B 分别为辗扩环件的外半径、内半径和轴向尺寸；n 为系数，其值为 $n = 3 \sim 6$，环件材料为低碳钢时取小值，环件材料为高合金钢时取大值。在辗扩过程中，若辗扩力超出了辗扩设备的额定值，则可以通过减小每转进给量、提高辗扩温度来调整。

5. 每转进给量

根据环件辗扩成形条件，环件辗扩的每转进给量不能小于辗透所要求的最小每转进给量，同时又不得大于咬入孔型所允许的最大每转进给量。另外，在辗扩过程中，辗扩设备所能提供的每转进给量也是有限度的，根据式（4-24）得辗扩设备所能提供的每转进给量为

$$\Delta h_p = \dfrac{1}{2}\left(\dfrac{P}{n\sigma_s b}\right)^2 \left(\dfrac{1}{R_1} + \dfrac{1}{R_2} + \dfrac{1}{R} - \dfrac{1}{r}\right) \qquad (4-35)$$

由式（4-14）、式（4-17）和式（4-35）可得，每转进给量的取值范围为

$$\begin{cases} 6.55 \times 10^{-3} R_1 \left(\dfrac{R}{R_1} - \dfrac{r}{R_1}\right)^2 \left(1 + \dfrac{R_1}{R_2} + \dfrac{R_1}{R} - \dfrac{R_1}{r}\right) \leqslant \Delta h \leqslant \dfrac{2\beta^2 R_1}{(1 + R_1/R_2)^2}\left(1 + \dfrac{R_1}{R_2} + \dfrac{R_1}{R} - \dfrac{R_1}{r}\right) \\ \Delta h \leqslant \dfrac{1}{2}\left(\dfrac{P}{n\sigma_s b}\right)^2 \left(\dfrac{1}{R_1} + \dfrac{1}{R_2} + \dfrac{1}{R} - \dfrac{1}{r}\right) \end{cases}$$

$$(4-36)$$

在辗扩工艺设计时，可先按照辗扩机额定力能来设计，然后按照辗扩条件进行校核，如果每转进给量不能满足辗扩条件，那么可通过提高辗扩温度增大每转进给量，或者降低辗扩力减小每转进给量。

6. 芯辊进给速度

在铸坯环件辗扩成形过程中,驱动辊的旋转速度是固定的,芯辊进给速度根据辗扩工艺确定。从式（4-25）中可以看出,芯辊进给速度与每转进给量成正比,与环件外半径成反比。在满足环件辗扩条件的前提下,芯辊进给速度还受到设备力能条件的限制,根据辗扩设备所能提供的每转进给量和环件毛坯与辗扩件的外半径平均值确定辗扩设备所允许的额定进给速度为

$$v_p = \frac{n_1 R_1 \Delta h}{R_m} \tag{4-37}$$

式中: R_m 为环件毛坯和辗扩件外半径的平均值。

由式（4-27）、式（4-28）和式（4-37）可得,芯辊进给速度的取值范围为

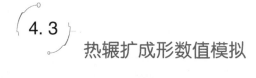

$$\tag{4-38}$$

4.3 热辗扩成形数值模拟

环形铸坯热辗扩成形是多因素交互影响的宏观变形和微观组织演变相耦合的复杂非线性变形过程,辗扩工艺参数对环件成形质量的影响举足轻重。特别是对于大型环件产品来说,若在生产前反复进行铸坯热辗扩试验,势必造成能源和材料的大量浪费。因此,结合塑性成形的理论基础、刚塑性有限元理论和热塑性成形过程中的微观组织演变机理,基于 DEFORM-3D 软件平台对环形铸坯热辗扩成形过程和微观组织演变进行有限元耦合模拟,分析不同芯辊进给速度和初始辗扩温度对环件辗扩成形和微观组织演变的影响规律,为试验方案的确定提供理论依据,可减少反复的辗扩生产试验,降低成本。

4.3.1 42CrMo 钢铸坯环件热辗扩成形模拟

1. 几何模型的建立
以某型号轴承套圈径-轴向热辗扩成形为研究对象,该辗扩件的形状尺寸

如图 4-5 所示。为了简化模拟计算条件，假设在热辗扩成形过程中环坯轴向高度不发生变化，端面锥辊只沿锥辊轴线做旋转运动，环件轴向进给速度为零，保证环件的端面质量，使环件只产生壁厚减小、直径扩大的塑性变形。此时，可以根据当量辗扩比来设计铸造环形毛坯的尺寸，由于环件外径比较大，取当量辗扩比 $K=2.1$，根据塑性成形体积不变原理和矩形截面环件毛坯设计方法，由式（4-31）确定环形铸坯尺寸如图 4-6 所示。

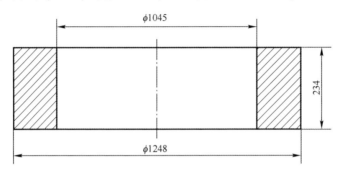

图 4-5　热辗扩件的形状尺寸

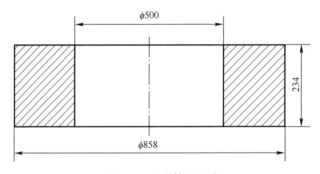

图 4-6　环形铸坯尺寸

数值模拟采用的设备原型为 D53K-4000 数控径-轴向辗环机，主要由驱动辊、芯辊、导向辊和端面锥辊等构成，其中驱动辊直径为 850mm，芯辊直径为 280mm，导向辊直径为 140mm。通过 PRO/E 软件建立环形铸坯热辗扩的三维几何装配模型，分别生成 STL 文件，导入到 DEFORM 模拟软件中，建立的数字仿真有限元模型如图 4-7 所示。

2. 材料模型的建立

在环形铸坯热辗扩成形过程中，成形辊的变形量比较小，为了减少计算时间，均设置为刚性体，材料为热作模具钢 4Cr5MoWSiV，按照 DEFORM 材料库中提供的材料属性定义。在热辗扩成形过程中，环形铸坯发生较大的塑性变形，弹性变形相对较小，可以忽略不计，因此可采用刚塑性有限元法对环件成形过程进行数值分析，不仅简化了有限元列式和求解过程，而且由于采用了比弹性有限元法大的增量步长，显著地提高了计算效率。同时，在热成形过程中，环坯与成形辊和环境之间存在着热量传递和交换，对成形和微观组织演变都有影响，表现出一定的黏性，可将材料定义为刚/黏塑性材料模型，并且需要做以下基本假设：①忽略辗扩过程中材料的弹性变形；②辗扩前后材料的体积不变，且不计体积力的影响；③材质均匀，且各向同性；④材料的变形流动服从 Levy-Mises 流动理论。

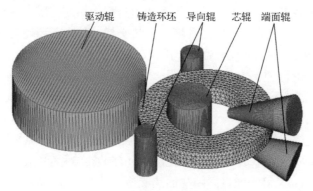

驱动辊　铸造环坯　导向辊　芯辊　端面辊

图 4-7　数字仿真有限元模型

本节采用的环件热辗扩材料为铸态 42CrMo 钢，在 Gleeble-1500 热模拟试验机上对铸态 42CrMo 钢进行热压缩模拟实验，材料的物理性能参数根据表 3-2 确定。不同温度和应变速率时材料的真应力—真应变曲线如图 3-5 所示。从图 3-5 中可以看出，在较高的变形温度和较低的应变速率条件下出现了应力峰值，说明有动态再结晶的发生，并且随着温度的降低和应变速率的增加，发生动态再结晶的临界应变也增加。当温度足够低、应变速率足够大时，材料只发生加工硬化和动态回复过程，而没有动态再结晶的发生。同时，与文献中 42CrMo 钢材料的真应力—真应变曲线相比，在相同的温度和应变速率时，铸态 42CrMo 钢发生动态再结晶所要求的临界应变和流变应力要大得多，这是由于铸造组织的晶粒比较粗大，在热变形过程中表现出更高的变形抗力，不易发生动态再结晶。

环形铸坯在热辗扩成形过程中的变形量很大，利用有限元法模拟时，网格很容易发生畸变，而 DEFORM 软件具有强大的网格重划分功能，当变形量超过设定值时，能够自动进行网格重划分。在 DEFORM 模拟软件中，四面体单元比六面体单元容易实现网格重划分，为了使模拟能够顺利进行，环坯和成形辊都采用四面体单元网格,环坯的网格数划为60000个。对于刚性体成形辊,由于在辗扩成形过程中只与环坯发生热量传导,网格可划分稀疏一些,驱动辊的网格数取20000个,芯辊的网格数取10000个,导向辊的网格数取5000个,端面锥形辊的网格数取7000个。

3. 边界条件的设置

1)传热边界条件

在环形铸坯径-轴向热辗扩成形过程中,由于环坯与成形辊和环境之间存在着温度差,同时塑性变形功的绝大部分及环坯和成形辊接触面上的摩擦功不断地转化为热能,使得环坯在热辗扩成形过程中始终伴随着热量的产生和传导,以各种形式与成形辊和周围环境进行热交换。其中,环坯与周围环境之间接触的自由表面边界上既没有外力作用,又没有变形速度约束,热量通过对流、辐射等形式自由传递,取环境温度为20℃,热辐射系数为0.8N/s·mm·℃。环坯与成形辊之间温差较大,通过表面接触的热损失较快,从微观上观察,仅在环坯和成形辊的接触点上有真正意义的接触,其余部位全是间隙。因此,环坯与成形辊界面上的热交换主要通过接触点的传导、间隙物的传导、气体物质的对流来实现,取成形辊的初始温度为250℃,环坯和成形辊的热传导系数为11N/s·mm·℃,通过间隙物的热交换系数为0.02 N/s·mm·℃。在热辗扩成形过程中,环坯塑性变形功转化为热能的效率取0.9。

环形铸坯的初始热辗扩温度在很大程度上决定了材料的塑性变形能力和动态再结晶程度,并且对晶粒的长大过程有很大影响,按环件材料的锻造温度范围确定。42CrMo钢的锻造温度范围为850~1200℃,同时结合图4-4中铸态42CrMo钢发生动态再结晶的条件,研究初始辗扩温度分别为1100℃、1150℃、1200℃时,对铸造环坯热辗扩成形和微观组织演变的影响规律。

2)接触和摩擦边界条件

在环形铸坯的径-轴向热辗扩成形过程中,存在着4组接触对,分别为环坯外表面和驱动辊的接触、环坯内表面和芯辊的接触、环坯外边面和导向辊的接触、环坯轴向端面和锥形辊的接触。其中,驱动辊为主动辊,环坯通过和其接触面上载荷的摩擦力作用从动旋转,进而又通过环坯和成形辊接触面的摩擦作用带动芯辊和导向辊转动。另外,在环坯和成形辊接触面上的摩擦功要转化为热能,分别被环坯和成形辊吸收。因此,辗扩成形过程中的摩擦对环件成形质量和金属流动都将产生影响,摩擦模型的选择和边界条件的建立至关重要。

目前,DEFORM软件中提供了库仑摩擦和剪切摩擦两种模型。在用有限元法分析热塑性体积成形过程时,常选用剪切摩擦模型,摩擦力为

$$f = mk \tag{4-39}$$

式中：k 为剪切屈服应力；m 为摩擦系数，取值范围为 $0 < m \leqslant 1$，在数值模拟时环坯和成形辊的摩擦系数取 0.7。

3）载荷边界条件

在环形铸坯径–轴向热辗扩成形过程中，施加的载荷主要有驱动辊的旋转速度、芯辊的直线进给速度、端面锥辊的旋转速度和沿环坯轴向的直线进给速度。其中，驱动辊的旋转速度由辗扩设备条件决定，本节选用 D53K–4000 数控径–轴向辗环机的驱动辊旋转速度 $n = 29.2 \text{r/min}$，且为定值，端面锥辊沿环坯轴向的进给速度为零，芯辊直线进给速度根据辗扩工艺需要确定。本节主要研究其他辗扩工艺参数不变时，恒定芯辊进给速度分别为 0.6mm/s、0.9mm/s、1.2mm/s，与芯辊变速进给运动对环形铸坯辗扩成形和微观组织演变的影响规律。其中，芯辊变速进给运动的速度曲线如图 4-8 所示。在辗扩初期，进给速度缓慢增大，使环坯顺利咬入孔型，然后以恒定的速度 1mm/s 稳定辗扩，在后期辗扩成形过程中，进给速度逐渐减小，每转进给量减小，对环件进行整形辗扩，使环件壁厚均匀、形状圆整。

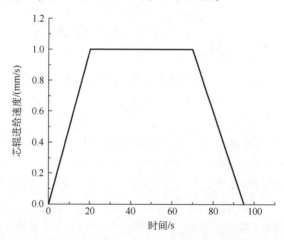

图 4-8　芯辊变速进给运动的速度曲线

4）芯辊进给速度校核

环形铸坯在热辗扩成形过程中的每转进给量不得小于环坯辗透所要求的最小每转进给量，同时又不得大于环坯咬入孔型所允许的最大每转进给量。由式（4-14）和式（4-17）可知，只要环坯在初始时刻能够顺利咬入孔型和辗透，则环件在整个热辗扩成形过程中都能够连续咬入孔型和辗透。由于成形辊的几何尺寸和驱动辊旋转速度为定值，芯辊的直线进给速度和辗扩每转

进给量成正比，根据式（4-27）计算初始时刻环件辗透所要求的最小芯辊进给速度为

$$v \geqslant v_{\min} = 6.55 \times 10^{-3} \times 0.487 \times \frac{425^2}{429} \times \left(\frac{429}{425} - \frac{250}{425}\right)^2 \left(1 + \frac{425}{140} + \frac{425}{429} - \frac{425}{250}\right)$$

$$= 0.54(\text{mm/s})$$

根据式（4-28）计算初始时刻环件咬入孔型所允许的最大芯辊进给速度为

$$v \leqslant v_{\max} = \frac{2 \times 0.34^2 \times 0.487 \times 425^2}{429 \times \left(1 + \frac{425}{140}\right)^2} \times \left(1 + \frac{425}{140} + \frac{425}{429} - \frac{425}{250}\right)$$

$$= 9.7(\text{mm/s})$$

辗扩设备的径向最大辗扩力为 2500kN，所能提供的最大每转进给量根据式（4-35）计算得

$$\Delta h_{\text{p}} = \frac{1}{2}\left(\frac{P}{n\sigma_{\text{s}}b}\right)^2 \left(\frac{1}{R_1} + \frac{1}{R_2} + \frac{1}{R} - \frac{1}{r}\right)$$

$$= \frac{1}{2} \times \left(\frac{2500 \times 10^3}{4.5 \times 60 \times 234}\right)^2 \left(\frac{1}{425} + \frac{1}{140} + \frac{1}{429} - \frac{1}{250}\right)$$

$$= 6.13(\text{mm})$$

由式（4-37）计算设备所允许的初始时刻最大芯辊进给速度为

$$v_{\text{p}} = \frac{n_1 R_1 \Delta h_{\text{p}}}{R_{\text{m}}} = \frac{0.487 \times 425 \times 6.13}{526.5} = 2.4(\text{mm/s})$$

综上所述，芯辊直线进给速度的取值范围为 0.54mm/s≤v≤2.4mm/s。

环形铸坯径-轴向热辗扩成形过程是一个受到多因素交互影响的复杂塑性成形过程，在变形过程中的芯辊进给速度和温度将对金属流动和辗扩力产生重要的影响。本节采用 DEFORM 有限元模拟方法，根据上一节建立的有限元模型、材料模型和边界设置条件，从下列 3 个方面对环形铸坯的热辗扩成形工艺进行分析。

（1）芯辊为变速直线进给运动，初始辗扩温度为 1150℃ 时，研究分析热辗扩成形过程中环件的几何形状变化、等效应变变化和径向辗扩力变化情况。

（2）其他工艺参数不变，初始辗扩温度为 1150℃，芯辊进给速度分别为恒定的 0.6mm/s、0.9mm/s、1.2mm/s 时，研究分析不同的芯辊进给速度对环件的几何形状、等效应变和径向辗扩力的影响规律。

（3）其他工艺参数不变，芯辊为变速直线进给运动，初始辗扩温度分别为 1100℃、1150℃、1200℃ 时，研究分析不同的初始辗扩温度对环件的几何

形状、等效应变和径向辗扩力的影响规律。

4. 热辗扩成形过程模拟分析

1）几何形状及椭圆度

环形铸坯在热辗扩成形过程中，连续不断地咬入孔型和辗透，使塑性变形区沿着环件的圆周方向不断地扩散传播，产生壁厚减小、直径扩大的塑性变形。同时，由于环件轴向端面有锥形辊的作用，使轴向高度不发生变化且端面质量良好。图4-9所示为环形铸坯热辗扩成形过程中环件的几何形状变化，用环件最大直径和最小直径之差来定义椭圆度，描述环件的尺寸精度。图4-10所示为热辗扩成形过程中外圆椭圆度变化。从图4-10中可以看出，芯辊变速进给运动过程中，环件外圆椭圆度在辗扩过程的咬入孔型阶段和稳定辗扩阶段，随着时间和环件直径的增加，椭圆度逐渐增大，这是由于在辗扩前期辗扩条件不稳定，容易出现过大振动，进入稳定辗扩阶段后，芯辊以匀速进给，随着环件直径的增大，每转进给量增加，导致椭圆度越来越大。而在辗扩后期阶段，进给速度逐渐减小，环件直径增长速度放慢，同时通过小的进给速度获得较小的每转进给量，可对环件进行辗扩整形，减小环件的椭圆度和壁厚差。

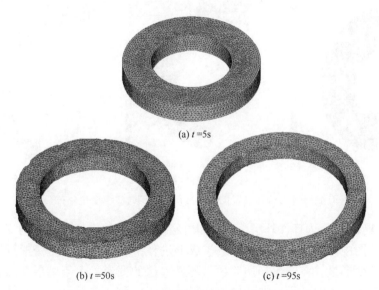

(a) t =5s

(b) t =50s   (c) t =95s

图4-9　环形铸坯热辗扩成形过程中的几何形状变化

2）等效应变变化分布

图4-11所示为环形铸坯热辗扩成形过程中的等效应变变化分布云图。从图4-11中可以看出，在辗扩初期，环件只在和驱动辊接触的外层局部区域发

生塑性变形，随着热辗扩过程的进行，变形区域逐渐扩大且呈现环带状分布，与成形辊接触的内外层变形比较充分，而远离成形辊的环件中层等效应变较小，为小变形区。在辗扩成形的最后阶段，环件等效应变继续增大，变形区域扩展到整个环件，分布比较均匀，塑性变形区穿透整个环件的壁厚。

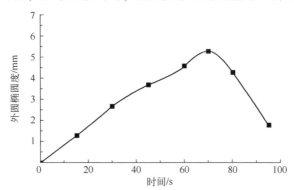

图 4-10　环形铸坯热辗扩成形过程中外圆椭圆度变化

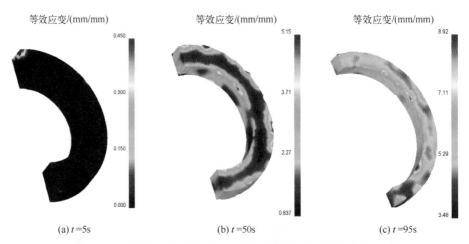

(a) $t=5s$ 　　　　　(b) $t=50s$ 　　　　　(c) $t=95s$

图 4-11　环形铸坯热辗扩成形过程中的等效应变变化分布云图

图 4-12 所示为环件外层、中层和内层跟踪点等效应变随时间的变化分布规律。从图中可以看出，在整个热扩成形过程中环件内外层的变形量始终大于中层的变形量。在辗扩初始阶段，环件外层的变形量大于内层变形量，随着辗扩变形过程的进行，内外层的变形量趋于一致。这是由于和环件外表面接触的驱动辊为主动辊，带动环件做旋转运动，进而通过环件内表面和芯辊的摩擦力作用带动芯辊旋转，使外层压下量大于内层压下量，当进入稳定辗扩阶段以后，内外表层的变形量差别不大。同时，从图 4-12 中还可以看出，跟踪点的等效应变变化曲线呈现出阶梯状，这是由于环件辗扩成形是一个连

续局部塑性成形过程，当环件跟踪点旋转经过孔型时，产生塑性变形，等效应变增大，离开孔型空转一周，应变不发生变化，经过反复的连续成形，使截面跟踪点的应变随时间呈现阶梯状变化。

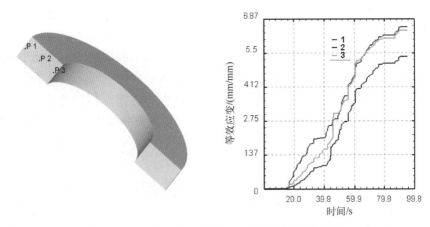

图 4-12　不同部位跟踪点等效应变随时间的变化

3）辗扩力

环件辗扩力不仅是孔型设计和辗扩工艺参数设计的重要依据，也是辗扩设备选择的重要依据。图 4-13 所示为环形铸坯在热辗扩成形过程中的径向辗扩力随行程的变化曲线，从图中可以看出，辗扩力的变化趋势和芯辊进给速度的趋势相似，在辗扩初期环件咬入孔型阶段，辗扩力迅速增大到 1500kN 左右，进入稳定辗扩阶段后，芯辊以恒定速度进给，每转进给量变化不大，辗扩力在这一定值附近上下波动，在整形结束阶段，随着芯辊进给速度的减小，辗扩力开始缓慢下降，在整个辗扩过程中，最大径向辗扩力都在设备的额定范围之内。

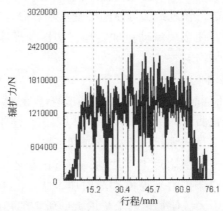

图 4-13　环形铸坯在热辗扩成形过程中的径向辗扩力随行程的变化曲线

5. 芯辊进给速度对辗扩成形的影响

1) 对环件椭圆度的影响

芯辊进给速度和环件的椭圆度有很大关系，表4-1所列为芯辊进给速度分别为恒定的0.6mm/s、0.9mm/s、1.2mm/s和变速进给运动时对环件外圆椭圆度的影响。从表4-1中可以看出，在保持其他辗扩条件不变时，随着芯辊进给速度的增大，每转的变形量增大，环件外圆的椭圆度变大，减小芯辊的进给速度有利于提高环件的尺寸精度，但增加了辗扩时间，降低了生产效率。因此，在满足辗扩条件和设备能力的前提下，芯辊采用变速进给运动，适当增大稳定辗扩阶段进给速度，而在辗扩后期逐渐降低进给速度，对环件进行整圆，减小椭圆度，不仅提高了生产效率，而且保证了环件的尺寸精度。

表4-1　不同芯辊进给速度时环件的外圆椭圆度

芯辊进给速度/（mm/s）	0.6	0.9	1.2	变速进给
外圆椭圆度 e	2.6	5.1	7.3	1.8

2) 对等效应变的影响

图4-14所示为不同芯辊进给速度时，环形铸坯热辗扩成形件等效应变的分布云图。从图4-14中可以看出，等效应变都呈现环带状分布，环件的内外层变形量较大，而远离成形辊的环件中层变形量较小。随着芯辊进给速度的增大，大变形区域逐渐扩大，等效应变的最大值和最小值减小，且分布更加均匀。这是由于芯辊进给速度的增大，对应的每转进给量增大，使塑性区较好地穿透整个环件的壁厚，环件中层也能够发生较大的塑性变形。另外，在壁厚总变形量不变的情况下，增大芯辊的进给速度，能够减少辗扩时间，降低热量损耗，同时大的每转进给量可使塑性变形功和摩擦功产生更多的热量，降低材料的变形抗力，使金属流动更加容易，塑性变形区可由环件的内外层延伸到中层，变形更加均匀。

3) 对辗扩力的影响

图4-15所示为不同芯辊进给速度时，环形铸坯在热辗扩成形过程中的径向辗扩力随行程的变化曲线。从图4-15中可以看出，芯辊进给速度为恒定值时，在辗扩初始阶段，径向辗扩力迅速增加到平稳值，然后随着辗扩过程的稳定进行，辗扩力在平稳值附近上下振动，通过比较还可以看出，随着芯辊进给速度的增大，径向辗扩力平稳值逐渐增加。这是由于其他辗扩条件不变时，芯辊进给速度的增大，使每转进给量增大，所需的径向辗扩力明显增加，最大径向辗扩力都在设备的额定范围之内。

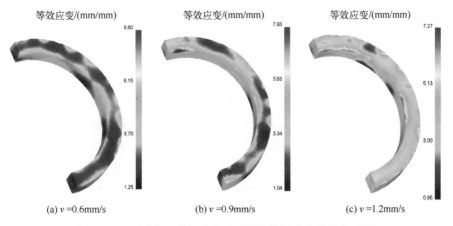

(a) v =0.6mm/s   (b) v =0.9mm/s   (c) v =1.2mm/s

图 4-14 不同芯辊进给速度时环件的等效应变的分布云图

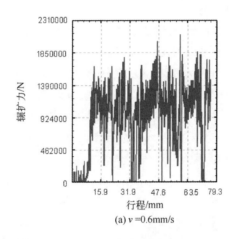

(a) v =0.6mm/s

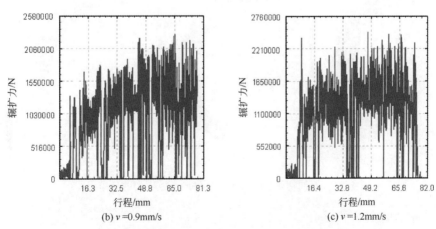

(b) v =0.9mm/s   (c) v =1.2mm/s

图 4-15 不同芯辊进给速度时环件的径向辗扩力随行程的变化曲线

6. 初始辗扩温度对辗扩成形的影响

1) 对环件椭圆度的影响

表4-2所示为初始辗扩温度分别为1100℃、1150℃、1200℃时，环形铸坯热辗扩成形件的外圆椭圆度。从表4-2中可以看出，随着初始辗扩温度的增加，环件外圆椭圆度变化不大，表明在保持其他辗扩条件不变时，温度对环件椭圆度的影响较小，环件的椭圆度主要取决于辗扩过程中每转进给量。

表4-2　不同初始辗扩温度时的环件外圆椭圆度

初始辗扩温度/℃	1100	1150	1200
外圆椭圆度 e	2.1	1.8	1.7

2) 对等效应变的影响

图4-16所示为不同初始辗扩温度时，环形铸坯热辗扩成形件等效应变的分布云图。从图4-16中可以看出，当初始辗扩温度为1100℃时，环坯的塑性变形区呈环带状分布，中层小变形区的范围较大，随着初始辗扩温度的增高，环坯的大变形区域从内外层扩展到中层，带状逐渐消失，同时等效应变的最大值降低、最小值增加，整个环件的塑性变形区域分布更加均匀。这是由于初始辗扩温度的升高，使金属原子间的结合力降低，变形抗力减小，金属流动性增强，环件中层也能够充分地发生塑性变形。

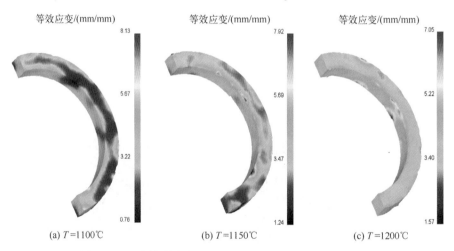

(a) T=1100℃　　(b) T=1150℃　　(c) T=1200℃

图4-16　不同初始辗扩温度时环件的等效应变的分布云图

3) 对辗扩力的影响

图4-17所示为不同初始辗扩温度时，环形铸坯在热辗扩成形过程中的径

向辗扩力随行程的变化曲线。从图 4-17 中可以看出，随着环坯初始温度的升高，在稳定辗扩阶段的径向辗扩力减小。这是由于在其他热辗扩工艺条件不变的情况下，提高环坯的初始辗扩温度，使金属原子动能增加，原子间的结合力减弱，临界剪应力降低，所需的径向辗扩力较小。

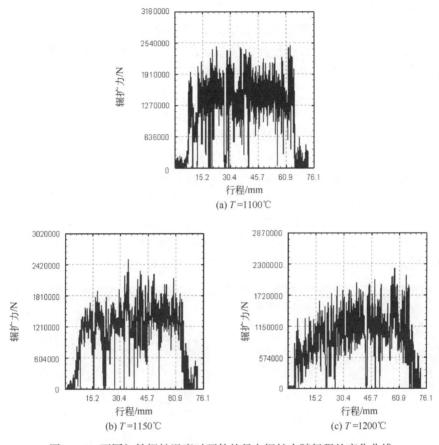

图 4-17　不同初始辗扩温度时环件的径向辗扩力随行程的变化曲线

4.3.2　Q235B 钢铸坯环件热辗扩成形模拟

1. 芯辊进给速度对辗扩成形的影响

芯辊进给速度的大小和变化都会影响每转进给量及辗扩条件，为获得较合理的芯辊进给速度，设定 Q235B 铸坯环件的初始辗扩温度为 1150℃，芯辊进给速度设定 $v=0.6$mm/s、$v=1$mm/s、$v=1.6$mm/s，v 取变速（芯辊进给速度先以加速度 $a=0.1$mm/s^2 加速运动，达到速度 $v=1.6$mm/s，再匀速进给 34s，最后再以加速度为 $a=-0.1$mm/s^2 运动，进入正圆阶段）。

1) 对等效应变的影响

图 4-18 所示为离心铸造 Q235B 法兰件热辗扩在不同芯辊进给速度时等效应变的分布情况。从图 4-18（a）~（c）中可以看出，环件内外两边区域的等效塑性应变大于中间的区域，且环件铸坯内侧区域的等效塑性应变大于外侧的，变形区域由外表面向中间区域逐渐扩大，逐渐向环带状分布趋势扩展，等效塑性应变也逐渐出现在环件的中间区域。随着模拟改变芯辊进给速度，其值越大，辗扩过程中变形较大的区域逐渐变大，逐渐向中间区域扩散，导致中间区域的未变形区变小，使整个环件的等效应变绝对差值变小，等效应变更加均匀。这是因为芯辊进给速度越大，每转进给量越大，辗扩时间就越小。每转进给量变大，芯辊施给环件的压力变大，能够使中间区域得到较好的塑性变形。而且，辗扩时间越少，环件热传递、热辐射等热量损耗也越少，每转进给量也就越大，则使塑性变形功和摩擦功产生的热量越多，使 Q235B 钢的变形抗力下降，变形更加容易，金属流动更加流畅，从而环件不仅成形更加容易，还能达到成形要求。而从图 4-18（d）中可以看出，虽然变速使得应变减小，但等效应变大小分布更加均匀，外表面区域的应变比图 4-18（c）中大，内表面比图 4-18（c）中小，这是因为芯辊的进给速度一开始是慢慢增大的，而变形速度开始也就较小，环件辗扩直径扩大速度也较小，等到环件快速扩

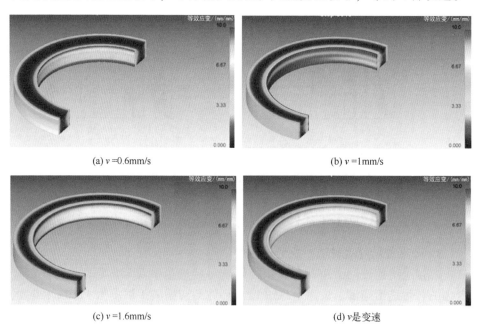

(a) v=0.6mm/s   (b) v=1mm/s

(c) v=1.6mm/s   (d) v是变速

图 4-18　离心铸造 Q235B 法兰件热辗扩在不同芯辊进给速度时等效应变的分布情况

大时，芯辊进给速度也扩大，芯辊的进给速度变化较符合环件辗扩直径扩大
速度，变形更加容易，金属流动更加流畅，从而环件不仅成形更加容易，还
能达到成形要求。

图 4-19 所示为砂型铸造 Q235B 法兰件热辗扩在不同芯辊进给速度时等效
应变的分布情况。从图 4-19（a）~（c）中可以看出，随着进给速度的增大，
环件铸坯的等效塑性应变最大值越小，但环件铸坯的等效塑性分布越来越均
匀；而从图 4-19（d）中可以看出，中间的应变比图 4-19（c）略大，比
图 4-19（b）小，等效应变的最大值比图 4-19（c）小，而等效应变的最小
值则比图 4-19（c）的大，变形更加均匀。

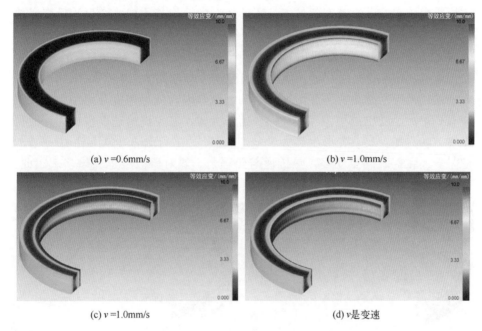

(a) v=0.6mm/s   (b) v=1.0mm/s

(c) v=1.0mm/s   (d) v是变速

图 4-19　砂型铸造 Q235B 法兰件热辗扩在不同芯辊进给速度时等效应变的分布情况

从图 4-18 和图 4-19 中可以看出，它们的规律是一样的，芯辊的进给速
度越大，辗扩时间越少，热量损耗越少，每转进给量也就越大，则使塑性变
形功和摩擦功产生的热量越多，变形更加容易，金属流动更加流畅，塑性变
形区扩散到变形较小的中间区域，从而环件不仅成形更加容易，还能达到成
形要求。速度是变速的情况下，虽然环件最大应变在减小，但整体的等效应
变大小分布更加均匀。图 4-18（b）与图 4-19（b）进行比较，它们的芯辊
进给速度都为 v=1mm/s，其他条件也相同，得到离心铸坯的环件应变更大；
但是在图 4-18（c）与图 4-19（c）中，芯辊进给速度都为 v=1.6mm/s，得

到的却是砂型的应变比离心的大。对比可知，随着辗扩工艺参数的改变，砂型和离心铸坯的辗扩变化程度也不一样，整体而言，砂型铸坯热辗扩成形中等效应变场受到芯辊进给速度变化而改变的程度更大。

2）对温度场的影响

图 4-20 所示为离心铸坯 Q235B 环件热辗扩在芯辊不同的进给速度下的温度场分布情况。环件铸坯温度场分布情况基本一致，环件铸坯中间区域的温度下降较小，环件内外两侧区域的温降幅度较大，且外侧温降大于内侧。从图 4-20（a）~（c）可以看出，芯辊进给速度增大，环件整体的温度越高，一方面是因为在相同压下量的情况下，进给速度越大内侧辗扩时间越短；另一方面是由于大的进给速度条件下，环件铸坯的变形越剧烈，产生的形变潜热越多。进给速度越大，环件铸坯的温度分布越均匀，即环件变形越均匀。

而从图 4-20（d）中可以看出，由于辗扩时间大于图 4-20（c），所以整个温度都比图 4-20（c）低，但内外温度相差却比图 4-20（c）更加均匀虽然变速使得应变减小，但变形更加均匀，这是因为变形速度开始小，环件辗扩直径扩大速度也减小，等到环件快速扩大时，芯辊进给速度也扩大，使得金属流动更加容易，变形生热大量增加。但是，由于辗扩时间变长了。总的热量多，辗扩时间也变多，热传递与热辐射、热对流散失也会增多。因此，环件的外表面和内表面相差减小，温度场变形更加均匀。

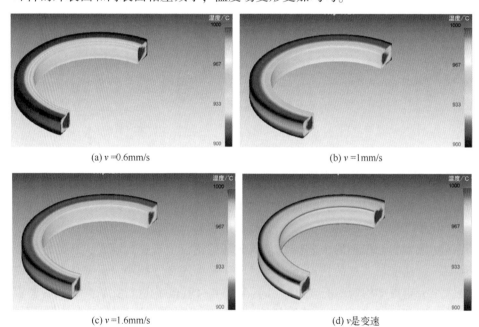

(a) v =0.6mm/s   (b) v =1mm/s

(c) v =1.6mm/s   (d) v 是变速

图 4-20   在不同的进给速度下离心铸坯的温度场分布情况

图 4-21 所示为砂型铸坯 Q235B 环件热辊扩在芯辊不同的进给速度下的温度场分布情况，从图 4-21 中可以看出，环件铸坯的温度场的分布区域基本一致，高温区域位于靠近环件铸坯内表面的大变形区，低温区域在变形量较小且散热条件较好的环件铸坯外表面的棱边处。从图 4-21 中还可以看出，随着芯辊进给速度的增大，低温区域向着环件铸坯的内表面区域扩大，高温区域向着变形量较大的外层移动。

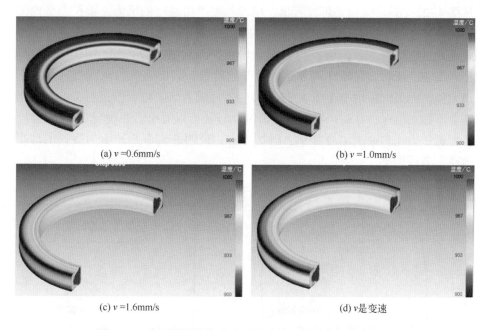

(a) v =0.6mm/s   (b) v =1.0mm/s

(c) v =1.6mm/s   (d) v 是变速

图 4-21   在不同的进给速度下砂型铸坯的温度场分布情况

从图 4-20 和图 4-21 中可以看出，它们的规律是一样的，芯辊的进给速度越大，低温区域向着环件铸坯的内表面区域扩大，高温区域向着变形量较大的外层移动，从而环件变形更加均匀。在速度是变速的情况下，虽然环件最大应变在减小，但整体的温度场分布更加均匀。图 4-20（b）与图 4-21（b）比较，它们的芯辊进给速度都为 v=1mm/s，其他条件也相同，得到离心铸坯的整体温度高，温度场分布较均匀；但是在图 4-20（c）与图 4-21（c）的比较中，芯辊进给速度都为 v=1.6mm/s，得到的却是砂型的应变比离心的温度高，温度场分布较均匀。对比可知，随着辊扩工艺参数的改变，砂型铸坯和离心铸坯的辊扩变化程度也不一样。整体而言，砂型铸坯热辊扩成形中温度场受到芯辊进给速度变化而改变的程度更大。

3）对辗扩力的影响

图4-22所示为离心铸坯在热辗扩成形过程中不同芯辊进给速度时辗扩力随行程的变化情况。从图4-22中可以看出，当芯辊进给速度为恒定匀速时，环件铸坯热辗扩开始阶段，辗扩力迅速上升，并很快到达最大值，并且不停地上下振动但保持在一个稳定值，随着辗扩的进行，环件铸坯壁厚逐渐减小，材料发生再结晶软化，导致不需要太多的辗扩力，然后辗扩力再缓慢地下降。从图4-22（a）~（c）还可以看出，随着芯辊进给速度的增大，辗扩力平稳值越大。这是因为在其他辗扩条件不变时，芯辊进给速度越大，每转进给量也就越大，则所需的径向辗扩力就明显增大。而从图4-22（d）中可以看出，当速度为变速时，在环件铸坯热辗扩开始阶段，径向辗扩力较缓慢地增加到最大值，而最大值也小于图4-22（c），然后随着辗扩过程的进行，并且不停地上下振动但保持在一个稳定值，通过比较还可以看出，芯辊变速进给速度，径向辗扩力比匀速进给更加小，辗扩力小，说明芯辊进给速度为变速的动率也小，节约能源。

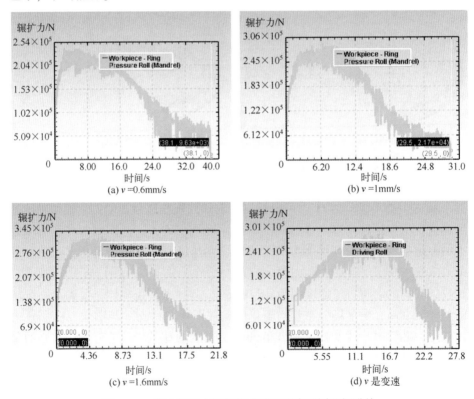

图4-22　离心铸坯在热辗扩成形过程中不同芯辊进给
速度时辗扩力随行程的变化情况

图 4-23 所示为砂型铸坯在热辗扩成形过程中不同芯辊进给速度时辗扩力随行程的变化情况。由图 4-23（a）~（c）可知，模拟芯辊的进给速度越大，辗扩力越大。而从图 4-23（d）中可以看出，当速度为变速时，在环件铸坯热辗扩开始阶段，径向辗扩力较缓慢地增加到最大值，而最大值也小于图 4-23（d），然后随着辗扩过程的进行，并且不停地上下振动但保持在一个稳定值。通过比较还可以看出，芯辊变速进给速度，径向辗扩力比匀速进给更加小，辗扩力小。

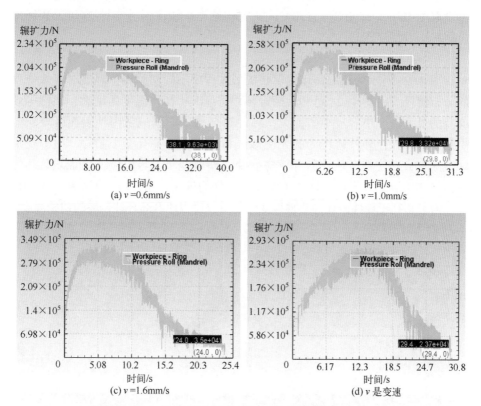

图 4-23 砂型铸坯在热辗扩成形过程中不同芯辊进给
速度时辗扩力随行程的变化情况

由图 4-22 和图 4-23 可知，它们的规律是一样的，模拟进给速度越大，辗扩力越大。而当速度为变速时，辗扩力上升较为平缓，而且辗扩力还有所下降。图 4-22（b）与图 4-23（b）比较，它们的芯辊进给速度都为 $v = 1\text{mm/s}$，其他条件也相同，得到离心铸坯的环件辗扩力更大；但是图 4-22（d）与图 4-23（c）比较，芯辊进给速度都为 $v = 1.6\text{mm/s}$，得到的却是砂型的辗扩力比离心的大。对比可知，随着辗扩工艺参数的改变，砂型铸坯和离心铸坯的辗扩变化程度也不一样，整体而言，砂型铸坯热辗扩成形中辗扩力受到芯辊进给速度变化而改变的程度更大。

2. 初始辗扩温度对辗扩成形的影响

铸态 Q235B 环件的初始温度的高低会影响等效应变、温度场和辗扩力。为取得较好的初始温度参数，参考表 5-1 中的工艺参数；设定芯辊的进给速度取 1.6mm/s 的情况下，分别取 1050℃、1100℃、1150℃、1200℃作为环件铸坯的初始辗扩温度进行数值模拟。为了节约辗扩时间，砂型铸坯辗扩初始温度取 1050℃、1100℃、1150℃，研究初始辗扩温度对分析铸态 Q235B 环件热辗扩影响情况[9]。

1）对等效塑性应变的影响

图 4-24 所示为离心铸坯热辗扩成形过程中不同初始辗扩温度时等效应变的分布情况。由图 4-24 可知，随着环件铸坯辗扩初始温度的增大，塑性等效应变的最大值变小、最小值变大，环件铸坯的变形区域从内外表面区域层向中间区域扩张，环件铸坯内的大变形区和小变形区都有变小趋势，中等变形区逐渐变大，使整个环件的等效应变绝对差值变小，等效应变更加均匀。环件铸坯初始温度的提高，增大了温度对环件的软化作用，增加了材料的流动性能。为了有利于环件铸坯的热辗扩变形，可以适当地升高环件铸坯的初始温度。

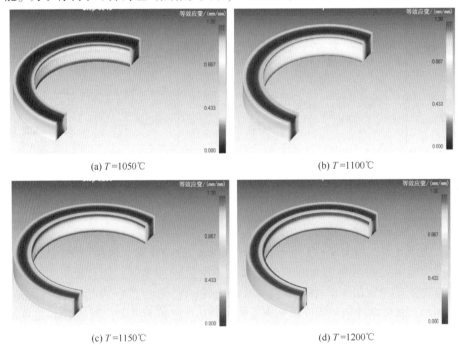

(a) $T=1050℃$　　　　　　　　　　(b) $T=1100℃$

(c) $T=1150℃$　　　　　　　　　　(d) $T=1200℃$

图 4-24　离心铸坯热辗扩过程中不同初始辗扩温度时等效应变的分布情况

图 4-25 所示为砂型铸坯热辗扩成形过程中不同初始辗扩温度时等效应变的分布情况。由图 4-25 可知，当初始辗扩温度为 1050℃时，变形区较小，中间区域的未变形区很大，不能达到铸辗复合成形的要求。随着初始辗扩温度的提高，环件内外两边区域的等效塑性应变大于中间的区域，且环件铸坯内侧区域的等效塑性应变大于外侧的，变形区域由外表面向中间区域逐渐扩大，逐渐向环带状分布趋势扩展，等效塑性应变也逐渐出现在环件的中间区域。同时，等效应变的最大值减小，等效应变的最小值增大，整个环件铸坯的塑性变形区域分布变得更加均匀。

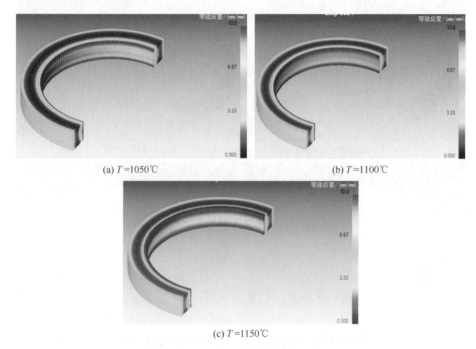

(a) T=1050℃   (b) T=1100℃

(c) T=1150℃

图 4-25　砂型铸坯热辗扩过程中不同初始辗扩温度时等效应变的分布情况

从图 4-24 和图 4-25 中可以看出，它们的规律是一样的，辗扩初始温度越高，环件中间的小变形区域越小，环件铸坯辗扩也使得塑性变形区域分布变得更加均匀。图 4-24（a）与图 4-25（a）比较，它们的初始辗扩温度都为 1050℃，其他条件也相同，得到砂型铸坯的环件等效应变更加均匀；但是图 4-24（c）与图 4-25（c）比较，它们的初始辗扩温度都为 1150℃，得到的却是离心的等效应变更加均匀。

2）对温度场的影响

图 4-26 所示为离心铸坯 Q235B 环件热辗扩在不同初始辗扩温度下的温度

场分布情况，它们的规律基本相同的，环件外表面区域的温度最低，中间区域的最高。从图4-26中可以看出，随着环件铸坯的初始辗扩温度的升高，环件整体的温度也在升高，高温区域在增大，低温区域在减小。这是因为随着初始辗扩温度的升高，环件铸坯的塑提性、辗透性也得到提高，环件铸坯中间区域属于易变形，使得环件铸坯的变形热效应增大，又因为中间区域的导热性能力差，导致中间区域温度上升快，环件高温区逐渐增大。环件铸坯温度较低的区域变小，大部分是由于变形热效应加强的原因。

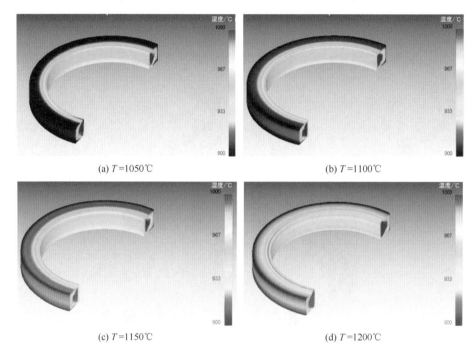

(a) $T=1050℃$ (b) $T=1100℃$

(c) $T=1150℃$ (d) $T=1200℃$

图4-26 离心铸坯 Q235B 环件热辗扩在不同初始辗扩温度下的温度场分布情况

图4-27 所示为砂型铸坯 Q235B 环件热辗扩在芯辊不同的进给速度下的温度场分布情况，它们的基本规律是一致的，环件中间区域的温度最高、边缘最低。随着环件铸坯的初始辗扩温度的提升，环件整体温度也提升。对于在不同的初始辗扩温度下，环件铸坯的中间区域升温较高，外表面区域降温较快，内表面区域则有稍微的提升。

从图4-26 和图4-27 中可以看出，它们的规律是一样的，辗扩初始温度越高，环件整体温度也提升，高温区域增大，低温区域在减小。图4-26（a）与图4-27（a）比较，它们的初始辗扩温度都为 1050℃，其他条件也相同，得到砂型铸坯的环件高温区域比较大；但是图 4-26（c）与图 4-27（c）比较，它们的初始辗扩温度都为 1150℃，得到的却是离心铸坯的温度场分布更加均匀。

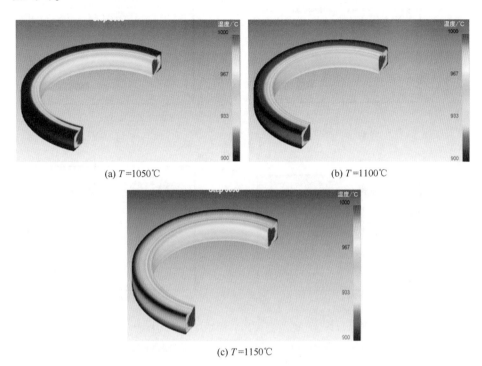

(a) T =1050℃   (b) T =1100℃

(c) T =1150℃

图 4-27　砂型铸坯 Q235B 环件热辗扩在不同初始辗扩温度下的温度场分布情况

3）对辗扩力的影响

图 4-28 所示为离心铸坯在热辗扩成形过程中不同初始辗扩温度时对辗扩力的影响情况。由图 4-28（a）~（c）可知，模拟的铸坯初始辗扩温度越大，所需的在辗扩中辗扩力的最大值越小。在其他工艺参数一定的条件下，环件铸坯的初始辗扩温度增大，使其增大金属原子动能，减小原子间的结合力，减小临界剪应力，使环件铸坯更加容易塑性变形，则辗扩力就变小。但从图 4-28（d）中可以看到，初始辗扩温度达到了 1200℃，辗扩力非但没有减小，反而略微地提高一点，说明环件铸坯不能一味地提高，不仅不能减小辗扩力，还会造成能源的浪费。

图 4-29 所示为砂型铸坯在热辗扩成形过程中不同初始辗扩温度时初始温度对辗扩力的影响情况。由图 4-29 可知，环件铸坯初始温度升高，辗扩过程中所需辗扩力越小。这是因为在其他辗扩条件不变时，随着温度的升高，环件材料变形抗力变小的原因。

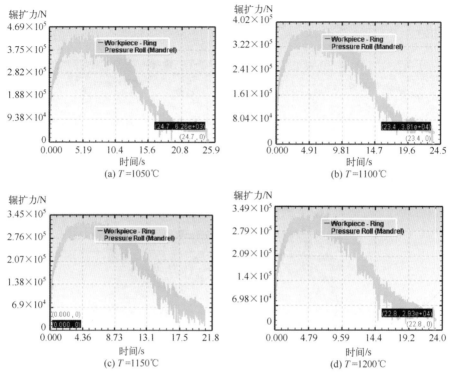

图4-28 离心铸坯在热辗扩成形过程中不同初始辗扩温度时辗扩力的影响情况

从图4-28和图4-29中可以看出，它们的规律是一样的，辗扩初始温度越高，辗扩过程中所需辗扩力越小。图4-28（a）与图4-29（a）比较，它们的初始辗扩温度都为1050℃，其他条件也相同，得到环件所需的辗扩力差不多；但图4-28（b）与图4-29（b）比较，它们的初始辗扩温度都为1100℃，得到是砂型的所需的辗扩力较大；但图4-28（c）与图4-29（c）比较，它们的初始辗扩温度都为1150℃，得到的却是离心的辗扩力较大。

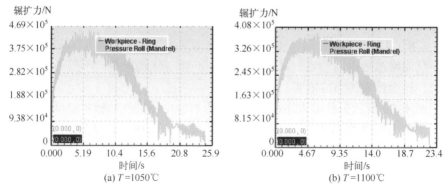

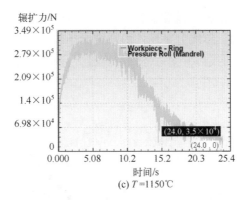

图 4-29　砂型铸坯在热辗扩成形过程中不同初始辗扩温度
时初始温度对辗扩力的影响情况

4.3.3　25Mn 钢铸坯环件热辗扩成形模拟

1. 模拟速度控制方法

采用以下两种不同的速度控制方案[10]。

（1）通过调整进给量来控制辗扩过程：辗扩阶段径向以恒定值进给，同时轴向以另一恒定值进给，当径轴向进给量接近吻合时，径轴向同时以较小的进给量整圆。速度控制方案如图 4-30（a）所示。

（2）通过调整环件直径增长速度来控制进给量：初辗阶段环件直径增长速度不断变大，稳定阶段环件直径以恒定的速度增长，整圆阶段环件直径以较小的速度增长。速度控制如图 4-30（b）所示。

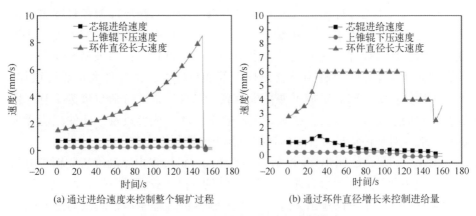

(a) 通过进给速度来控制整个辗扩过程　　　(b) 通过环件直径增长来控制进给量

图 4-30　环件径轴向辗扩速度控制

为了使环件稳定辗扩，需要保证驱动辊表面线速度与锥辊表面和环件外径接触处线速度相同。不同方案环件的直径大小和时间的关系图如图 4-31 所示。图 4-31 中，A 曲线为方案一环件的直径大小时间图，B 曲线为方案二环件辗扩的直径大小时间图。

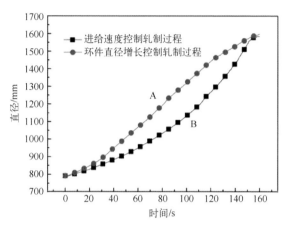

图 4-31　环件外径大小和时间的关系

在铸坯径-轴向热辗扩成形过程中，铸造环坯与周围环境之间存在显著的热交换，同时挤压塑性变形功和辗扩摩擦功都转化为热能，且铸坯环件内的温度场分布与塑性应变场分布相互影响，并影响到环件成行后的微观组织和综合力学性能。因此，获得准确的温度场和塑性应变场的变化与分布，是研究环坯内部微观组织变化规律，以及准确预测成形环件内部质量的关键。

2. 不同速度控制方案下辗扩力变化

辗扩力大小是环件辗扩过程的重要参数，反映了在环件辗扩过程中辗扩机所承受的负载的大小，同时体现了环件辗扩过程中的变形均匀程度。如果变形均匀，那么环件所受的辗扩力也均匀，同时也较小；如果辗扩变形不均匀，那么环件在辗扩过程中就会出现局部变形畸变，使环件变形难度增加，不利于环件辗扩，同时增加了辗扩机负载，对辗扩机的寿命也极为不利。所以，不同的速度控制方案，在满足生产效率、环件成形质量、环件性能要求的情况下，对环件辗扩过程中的辗扩力大小的控制也应该研究。

图 4-32 所示为不同速度控制方案下环件辗扩过程中驱动辊所受辗扩力的大小。图 4-32（a）所示为进给速度控制辗扩过程驱动辊辗扩力大小示意图。从图 4-32（a）中可以看出，进给速度控制辗扩过程驱动辊轧制力随着辗扩的进行在不断地增大，由辗扩初期的 100000N 到辗扩中期的 150000N，到了辗扩后期辗扩力大于 200000N。图 4-32（b）所示为环件直径增长控制辗扩

过程驱动辊辗扩力大小示意图。从图 4-32（b）中可以看出，环件直径增长控制辗扩过程驱动辊辗扩力随着辗扩的进行只是略微地增大，从辗扩初期的 100000N 到辗扩完成的 150000N，说明随着辗扩的进行，环件直径增长控制辗扩过程驱动辊所受辗扩力的大小小于进给速度控制辗扩过程驱动辊辗扩力大小。综上所述，环件直径增长控制辗扩过程在驱动辊辗扩力大小控制具有明显的优势，该方案更可取。

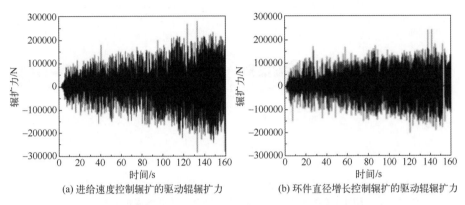

(a) 进给速度控制辗扩的驱动辊辗扩力   (b) 环件直径增长控制辗扩的驱动辊辗扩力

图 4-32   不同速度控制方案下环件辗扩过程中驱动辊所受辗扩力的大小

图 4-33 所示为不同速度控制方案下的辗扩过程中芯辊辗扩力大小示意图，从图 4-33 中可以看出，环件直径增长控制辗扩过程方案在辗扩前期和进给速度控制辗扩过程的芯辊辗扩力大小基本一样，但是随着辗扩过程进行到辗扩的中后期，进给速度控制辗扩过程的芯辊辗扩力明显大于环件直径增长控制辗扩过程的芯辊所受辗扩力。

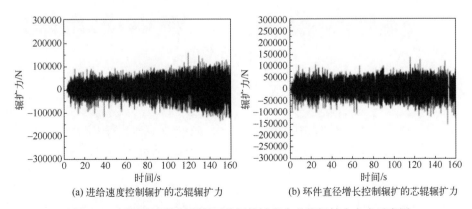

(a) 进给速度控制辗扩的芯辊辗扩力   (b) 环件直径增长控制辗扩的芯辊辗扩力

图 4-33   不同速度控制方案下的辗扩过程中芯辊辗扩力大小示意图

图 4-34 所示为不同速度控制方案下的辗扩过程中上下锥辊辗扩力大小示意图。从图 4-32 中可以看出，环件直径增长控制辗扩过程方案在辗扩前期和进给速度控制辗扩过程的上下锥辊辗扩力大小基本一样，但是随着辗扩过程进行到辗扩的中后期，进给速度控制辗扩过程的芯辊辗扩力略大于环件直径增长控制辗扩过程的上下锥辊所受辗扩力。但是，环件直径增长控制辗扩过程方案在辗扩中期，出现了少量的不稳定现象。

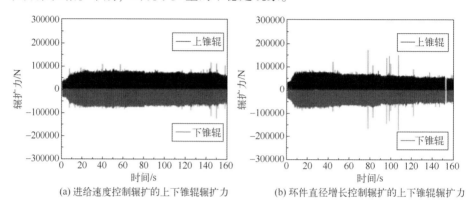

(a) 进给速度控制辗扩的上下锥辊辗扩力　　　(b) 环件直径增长控制辗扩的上下锥辊辗扩力

图 4-34　不同速度控制方案下的辗扩过程中上下锥辊辗扩力大小示意图

如图 4-35 所示为不同速度控制方案下的辗扩过程中左导向辊辗扩力大小示意图。从图 4-35 中可以看出，环件直径增长控制辗扩过程方案在辗扩的整个过程中比进给速度控制辗扩过程的左导向辊辗扩力小。

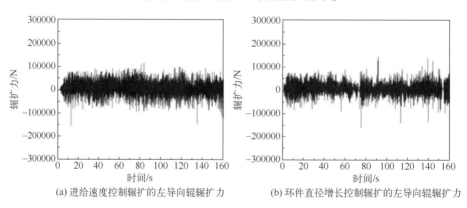

(a) 进给速度控制辗扩的左导向辊辗扩力　　　(b) 环件直径增长控制辗扩的左导向辊辗扩力

图 4-35　不同速度控制方案下的辗扩过程中左导向辊辗扩力大小示意图

图 4-36 所示为不同速度控制方案下的辗扩过程中右导向辊辗扩力大小示意图，从图中可以看出，环件直径增长控制辗扩过程方案在辗扩的整个过程中和进给速度控制辗扩过程的右导向辊辗扩力基本一样。

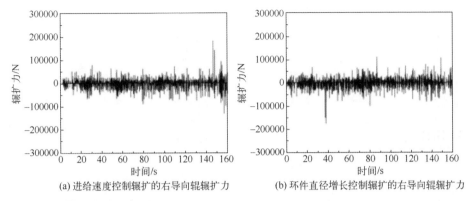

(a) 进给速度控制辗扩的右导向辊辗扩力　　　(b) 环件直径增长控制辗扩的右导向辊辗扩力

图 4-36　不同速度控制方案下的辗扩过程中右导向辊辗扩力大小示意图

3. 不同速度控制方案下温度变化

图 4-37 和图 4-38 表示辗扩进行到整个模拟的 10%、40%、70%、100% 时环件的温度场分布云图。从图 4-37 和图 4-38 中可以看出，随着辗扩的进行环件整体温度逐渐下降，其中表面棱角处温度下降最明显，其次是表面其他区域，芯部温度变化最小，环件内部温度从芯部到表面呈递减趋势[10]。

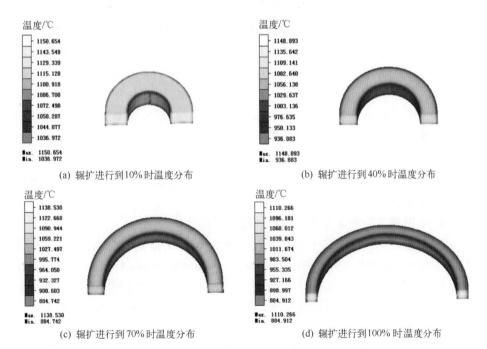

(a) 辗扩进行到10%时温度分布　　　　　(b) 辗扩进行到40%时温度分布

(c) 辗扩进行到70%时温度分布　　　　　(d) 辗扩进行到100%时温度分布

图 4-37　进给速度控制轧制过程的温度场分布云图

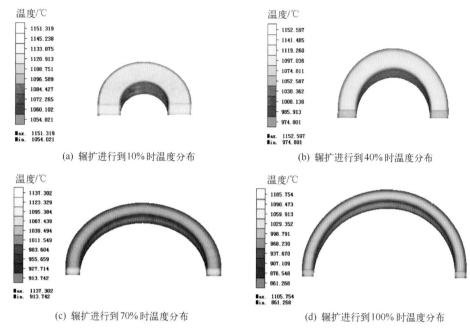

(a) 辊扩进行到10%时温度分布　　　　　(b) 辊扩进行到40%时温度分布

(c) 辊扩进行到70%时温度分布　　　　　(d) 辊扩进行到100%时温度分布

图4-38　环件直径增长控制轧制过程的温度场分布云图

从图4-39（a）、（b）呈现的温度变化趋势可以看出，两种速度控制方法的铸坯环件在辊扩初期芯部温度都呈上升趋势，表面温度都为下降趋势。这是因为环件芯部与外部基本没有热交换，且环件辊扩的塑性变形功明显大于热交换减少的热能；而环件表面与外部环境具有较大的热交换，且热交换热量大于塑性变形功与摩擦功产生的热量。环件直径增长控制轧制过程方案的环件芯部温度上升更加明显，持续时间也更长，且表面温度下降也小于进给速度控制轧制过程方案，这是因为前者环件在辊扩初期中期进给量大，挤压运动剧烈，辊扩产生了大量塑性变形功。所以，芯部温度上升明显，且表面温度下降更少。

4. 不同速度控制方案下等效塑性应变变化

图4-40和图4-41表示辊扩进行到整个模拟的10%、40%、70%、100%时环件的等效塑性应变场分布云图。从图4-40和图4-41中可以看出，随着辊扩的进行环件的等效塑性应变增大，其中环件外侧和内侧增大最明显，上端面和下端面增大次之，芯部增大幅度最小，内部区域等效塑性应变为从环件表面到芯部呈递减趋势。

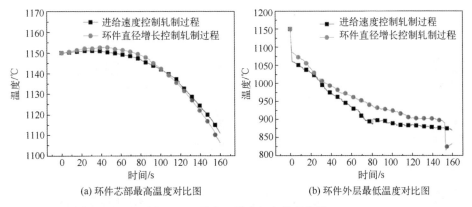

(a) 环件芯部最高温度对比图   (b) 环件外层最低温度对比图

图 4-39 最大、最小温度值变化图

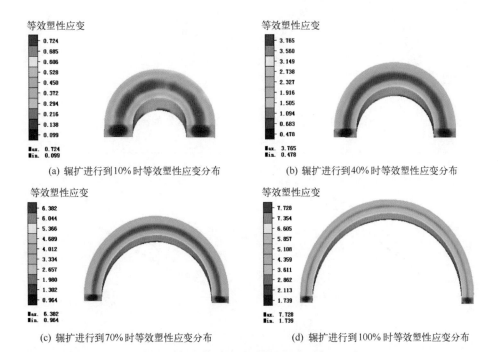

(a) 辗扩进行到10%时等效塑性应变分布   (b) 辗扩进行到40%时等效塑性应变分布

(c) 辗扩进行到70%时等效塑性应变分布   (d) 辗扩进行到100%时等效塑性应变分布

图 4-40 芯辊匀速进给等效塑性应变分布云图

从图 4-42（a）中可以看出，通过直径增长控制轧制过程方案，在辗扩过程中最大等效塑性应变值总是大于按照进给速度控制轧制过程方案的最大等效塑性应变值。从图 4-42（b）中可以看出，环件直径增长控制轧制过程方案的最小等效塑性应变，在辗扩的前期和中后期都大于进给速度控制轧制过程的方案，在辗扩末期小于后者。

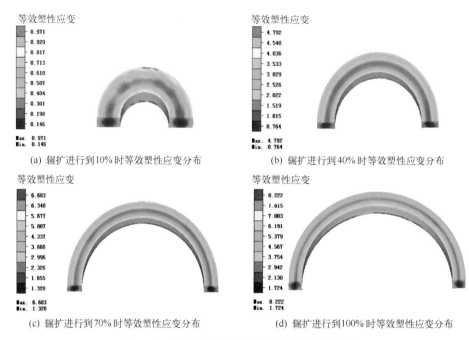

(a) 辗扩进行到10%时等效塑性应变分布

(b) 辗扩进行到40%时等效塑性应变分布

(c) 辗扩进行到70%时等效塑性应变分布

(d) 辗扩进行到100%时等效塑性应变分布

图4-41 环件匀速长大等效塑性应变分布云图

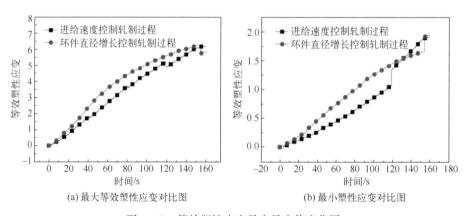

(a)最大等效塑性应变对比图

(b)最小塑性应变对比图

图4-42 等效塑性应变最大最小值变化图

环件辗扩过程中，应变场的分布和大小直接影响环件内部质量，以等效塑性应变来衡量环件塑性变形质量，等效塑性应变值越大，环件塑性变形程度越大，晶粒越细化，越利于环件性能的提高。由此，可以推断出环件直径增长控制轧制过程有利于细化晶粒，提高环件的性能。

4.4 热辗扩过程微观组织演变数值模拟

4.4.1 42CrMo 钢铸坯环件热辗扩微观组织演变模拟

　　环件热辗扩成形后的微观组织结构对产品的性能和寿命有很大影响，而铸造环坯的晶粒尺寸比较粗大，分布不均匀，且存在着铸态组织缺陷，需要通过热辗扩工艺使粗大的铸态组织变成细晶粒组织，消除铸态组织中的缺陷，提高环件的综合力学性能。环形铸坯在热辗扩成形过程中，塑性变形区内可能发生动态再结晶，在局部变形的间歇期间利用高温作用将会发生静态再结晶和亚动态再结晶，由于辗扩变形过程是局部、连续、反复的，非变形区在高温停留的时间比较短，辗扩成形件最终的晶粒尺寸主要取决于动态再结晶发生的程度。而在设备条件和铸造环坯尺寸不变的情况下，影响动态再结晶程度的工艺参数主要为芯辊进给速度和初始辗扩温度。本节根据 4.3.1 节中的热辗扩工艺参数，模拟分析 42CrMo 钢铸坯环件热辗扩微观组织演变规律。

1. 热辗扩成形过程中的微观组织演变分析

　　图 4-43 所示为环形铸坯热辗扩结束时，环件动态再结晶体积分数、动态再结晶晶粒尺寸和平均晶粒尺寸演变分布云图。从图 4-43 中可以看出，微观组织的演变呈现环带状分布，在变形量比较大的环件外层和内层，容易达到

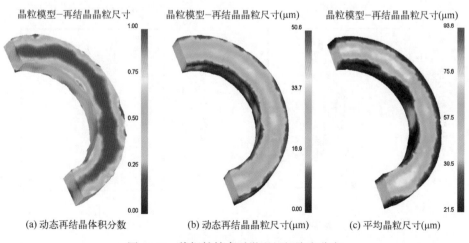

图 4-43　热辗扩结束时微观组织演变分布

动态再结晶的临界应变，再结晶体积分数比较大，动态再结晶晶粒尺寸细小，环件平均晶粒尺寸细化明显。而环件中层由于变形程度较小，发生动态再结晶程度比较低，且再结晶晶粒在高温作用下急剧长大，使得动态再结晶晶粒尺寸和平均晶粒尺寸较大。

图4-44（b）所示为环件外层、中层和内层跟踪点动态再结晶体积分数随时间的变化曲线。在环形铸坯热辗扩初期，和主动辊接触的环件外层最先达到动态再结晶临界应变，发生动态再结晶，随着环件连续反复的辗扩变形，应变量较大的内外层动态再结晶程度迅速增加，而环件中层由于变形程度较小，且在高温作用下受到静态再结晶的影响，动态再结晶体积分数增长缓慢，再结晶程度也比内外层低得多。同时，由于铸态组织中的晶粒比较粗大，在热变形时表现出更高的流变应力，使得热辗扩结束时，环件整体动态再结晶程度比较低。图4-44（c）所示为环件外层、中层和内层跟踪点动态再结晶

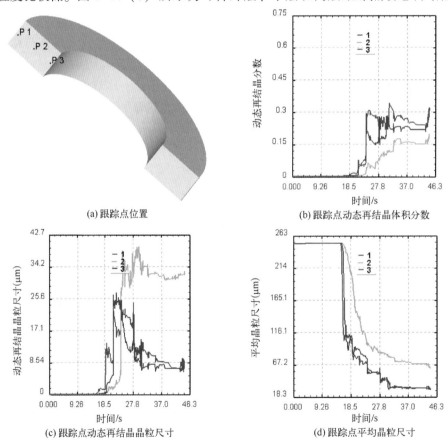

(a) 跟踪点位置

(b) 跟踪点动态再结晶体积分数

(c) 跟踪点动态再结晶晶粒尺寸

(d) 跟踪点平均晶粒尺寸

图4-44　跟踪点微观组织演变曲线

晶粒尺寸随时间的变化曲线。从图 4-44（c）中可以看出，在辗扩初期发生动态再结晶的环件内外层区域有少量动态再结晶晶粒的产生，且在高温作用下急剧长大，环件中层基本上没有动态再结晶的发生，当环件进入稳定辗扩阶段后，环件内外层在连续反复的成形过程中，长大的再结晶晶粒在新一轮动态再结晶作用下被细化，不断有新生动态再结晶晶粒生成，使再结晶晶粒尺寸呈波浪线变化，而环件中层部位新生的少量动态再结晶晶粒在高温作用下迅速长大。图 4-44（d）所示为环件外层、中层和内层跟踪点平均晶粒尺寸随时间的变化曲线。在辗扩初期，由于环件变形量较小，平均晶粒尺寸基本没有变化。然后随着动态再结晶的产生和程度的增加，铸态组织晶粒迅速细化，其中环件的内层和外层变形量比较大，位错密度大，再结晶的驱动力较大，有利于再结晶形核，容易发生动态再结晶，晶粒细化明显，同时大的变形程度对晶粒也具有明显的破碎作用；而在变形量比较小的中层，动态再结晶程度较低，发生了少量的静态再结晶，且在高温作用下晶粒发生长大，使平均晶粒尺寸相对比较粗大。虽然在整个辗扩过程中动态再结晶程度较低，但与初始铸态组织晶粒相比，还是具有明显的改善。

2. 芯辊进给速度对微观组织演变的影响

1）对动态再结晶体积分数的影响

图 4-45 所示为芯辊进给速度分别为恒定的 0.6mm/s、0.9mm/s、1.2mm/s 时，环形铸坯热辗扩件动态再结晶体积分数的分布云图。从图 4-45 中可以看出，当芯辊进给速度为 0.6mm/s 时，只在环件内层和外层发生了少量的动态再结晶，而变形量比较小的中层区域动态再结晶体积分数几乎为 0，这些区域仍然保留着初始的铸态组织，一些铸造残余缺陷得不到消除。随着芯辊进给速度的增大，环件发生动态再结晶的区域由内外表层逐渐向中层扩展，且分

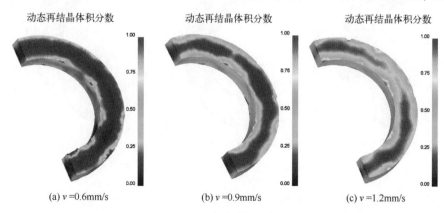

(a) v =0.6mm/s　　　　(b) v =0.9mm/s　　　　(c) v =1.2mm/s

图 4-45　不同芯辊进给速度时动态再结晶体积分数分布

布趋于均匀，这是由于环件热辗扩过程是一个连续反复的局部加载和局部卸载过程，在相同的辗扩比和坯料尺寸的条件下，增大芯辊的进给速度，并没有改变环件总的变形程度，但可使每转的变形程度增大，容易达到动态再结晶所需的临界应变，扩大了动态再结晶的分布区域，分布更加均匀。同时，每转进给量增大，由塑性变形功和摩擦功产生的热效应增强，减少辗扩时间，降低了与环境的对流散热，从而使环件的整体温度升高，有利于改善动态再结晶发生的热激活条件，促进动态再结晶的发生。

2）对动态再结晶晶粒尺寸的影响

图4-46 所示为不同芯辊进给速度时，环形铸坯热辗扩件动态再结晶晶粒尺寸的分布云图。从图4-46中可以看出，当芯辊进给速度为 0.6mm/s 时，环件内层和外层在反复的辗扩成形过程中，不断地有动态再结晶的发生，再结晶晶粒尺寸细小，而动态再结晶程度较小的中层，新生的少量动态再结晶晶粒在高温作用下急剧长大。随着芯辊进给速度的增大，最大动态再结晶晶粒尺寸逐渐减小，分布越来越均匀，这是由于大的芯辊进给速度能够扩大动态再结晶区域，提高环件中层的动态再结晶程度，新生大量细小的动态再结晶晶粒。同时，发生动态再结晶的临界条件不仅受到变形程度和温度的影响，而且与应变速率也有关系，在壁厚总变形量不变的条件下，增大芯辊进给速度，使得变形的应变速率增大，变形过程中位错急剧堆积，应力集中得不到释放，抑制了动态再结晶的形核和长大，再结晶尺寸减小。

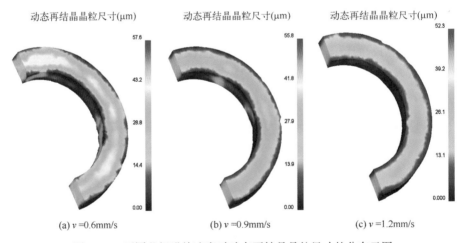

(a) v =0.6mm/s   (b) v =0.9mm/s   (c) v =1.2mm/s

图4-46 不同芯辊进给速度时动态再结晶晶粒尺寸的分布云图

3）对平均晶粒尺寸的影响

图4-47 所示为不同芯辊进给速度时，环形铸坯热辗扩件平均晶粒尺寸的

分布云图,可知随着芯辊进给速度的增加,环形铸坯的铸态组织晶粒细化效果越来越好,晶粒分布更加均匀。这是由于增大芯辊的进给速度,使环坯的等效应变、动态再结晶区域分布趋于均匀,同时转大的变形量对粗大的铸态组织晶粒也具有明显的破碎作用。因此,在满足辗扩条件和设备能力的前提下,适当提高芯辊的进给速度,有利于铸态组织晶粒细化,提高环件的力学性能。

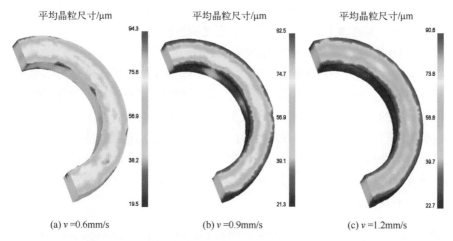

(a) v=0.6mm/s   (b) v=0.9mm/s   (c) v=1.2mm/s

图4-47　不同芯辊进给速度时平均晶粒尺寸的分布云图

3. 初始辗扩温度对微观组织演变的影响

1)对动态再结晶体积分数的影响

图4-48所示为初始辗扩温度分别为1100℃、1150℃、1200℃时,环形铸坯热辗扩件动态再结晶体积分数分布云图。从图4-48中可以看出,当初始辗

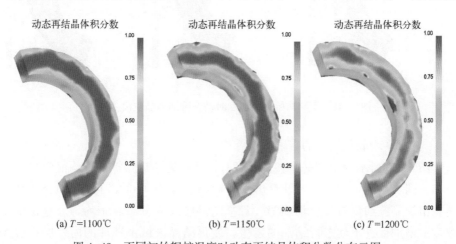

(a) T=1100℃   (b) T=1150℃   (c) T=1200℃

图4-48　不同初始辗扩温度时动态再结晶体积分数分布云图

扩温度为1100℃时，动态再结晶区域主要在环件的内层和外层，而变形量小的中层部位动态再结晶程度较小，这些区域仍然保留着初始的铸态组织，一些铸造残余缺陷得不到根本消除。随着初始温度的升高，动态再结晶的分布区域由环件的内外层向中层扩展，不均匀程度降低。这是由于铸态组织的晶粒尺寸粗大，在热辗扩成形过程中表现出更高的流变应力，随着温度的升高，动态再结晶的临界应变值降低，使得中层部位容易发生动态再结晶，扩大了再结晶区域，但整体上环件动态再结晶程度仍然较低。

2）对动态再结晶晶粒尺寸的影响

图4-49所示为不同初始辗扩温度时，环形铸坯热辗扩件动态再结晶晶粒尺寸分布云图。从图4-49中可以看出，随着初始温度的升高，动态再结晶晶粒尺寸分布的不均匀性增加，且中层部位的晶粒尺寸越来越大。这是由于初始辗扩温度较高时，变形程度较小的中层部位热激活能力增强，原子扩散、位错交滑移和晶界迁移能力增加，促进了动态再结晶的形核和晶粒长大；而在反复变形的环件内层和外层，不断地有新一轮动态再结晶的发生，使再结晶晶粒来不及长大。

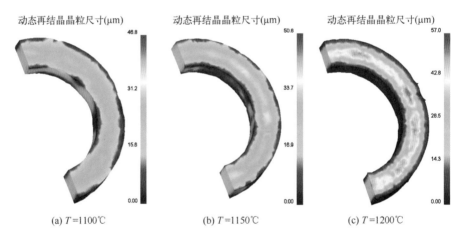

(a) T=1100℃　　　　(b) T=1150℃　　　　(c) T=1200℃

图4-49　不同初始辗扩温度时动态再结晶晶粒尺寸分布

3）对平均晶粒尺寸的影响

图4-50所示为不同初始辗扩温度时，环形铸坯热辗扩件平均晶粒尺寸的分布云图。从图4-50中可以看出，当初始温度由1100℃上升到1150℃时，铸态组织晶粒细化效果更加明显，且平均晶粒尺寸分布趋于均匀。这是由于温度的增加促进了动态再结晶的发生，使再结晶区域由环件的内外层扩展到中层部位，有利于铸造组织晶粒细化。但随着初始温度的继续上升，平均晶

粒尺寸分布的不均匀性增加，中层部位的平均晶粒尺寸增大，这是由于当初始辗扩温度增大到一定程度时，晶粒开始急剧增大。

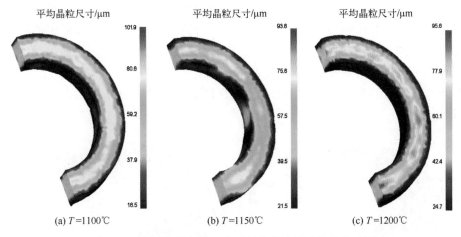

图 4-50　不同初始辗扩温度时平均晶粒尺寸的分布云图

4.4.2　Q235B 钢铸坯环件热辗扩微观组织演变模拟

在环形铸坯热辗扩过程中，随着芯辊不断进给，驱动辊和芯辊的径向孔型内、上下端面锥辊的轴向孔型内（塑性变形区）通常会发生动态再结晶，新生细小再结晶晶粒；而当已发生动态再结晶的材料随着环件在高温下旋转，远离塑性变形区时，则往往会发生晶粒长大、亚动态再结晶（已发生动态再结晶形核，但未来得及长大的晶粒）或静态再结晶（未发生动态再结晶晶粒）。如此反复，再进入下一道次辗扩变形。可见，环件热辗扩过程是一个具有局部加载与卸载、连续多道次特征的塑性成形过程，各种再结晶机制的混合作用导致铸坯材料经历了复杂微观组织演变状态。然而，由于环坯高温快速旋转时处于非塑性变形区的时间一般非常短，亚动态再结晶和静态再结晶程度较低，对环件热辗扩过程微观组织演变的影响较小。因此，环件微观组织演变及其分布主要取决于动态再结晶程度。

1. 进给速度对微观组织演变的影响

图 4-51 所示为不同芯辊进给速度下热辗扩时离心铸造 Q235B 钢法兰环坯的动态再结晶体积分数分布情况[9]。当芯辊进给速度为 0.6mm/s 时，动态再结晶只发生在环坯外表面（包括环坯近外层和内层）的较窄区域内，其中近外层动态再结晶要高于近内层，而塑性应变量较小的近中层区域几乎观察不到动态再结晶，动态再结晶体积分数接近于 0。从图 4-51（a）～（c）可以发

现，随着进给速度增大，动态再结晶逐渐由近外层和内层区域向近中层扩展，动态再结晶体积分数略有增加，分布逐渐均匀。这主要是因为芯辊进给速度增大时，平均每转进给量增加，导致铸态环坯的塑性应变量增大，塑性变形从与成形辊直接接触的环坯表层区域沿着径向壁厚方向向远离成形辊的近中层区域扩展，当达到发生动态再结晶的临界应变量时，动态再结晶启动。当芯辊做变速进给时，发生动态再结晶的区域变宽，近内外层动态再结晶体积分数增大，达到了55%~62%，且在全厚度区域上分布更加均匀，如图4-51（d）所示。

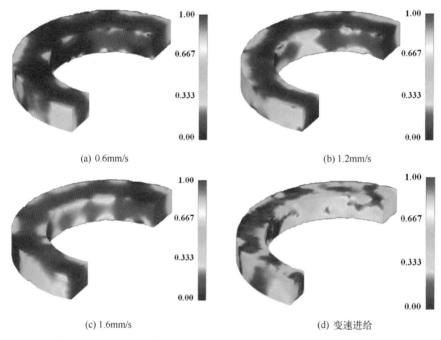

(a) 0.6mm/s   (b) 1.2mm/s

(c) 1.6mm/s   (d) 变速进给

图4-51　不同芯辊进给速度下热辗扩时离心铸造Q235B钢法兰环坯
的动态再结晶体积分数分布情况（T=1150℃）

不同进给速度下热辗扩时离心铸造Q235B钢法兰环坯的动态再结晶晶粒尺寸分布如图4-52所示。与图4-51所示动态再结晶体积分数相似，当进给速度为0.6mm/s时，环坯近外层和内层区域发生连续多道次的塑性变形，不断产生尺寸细小的动态再结晶晶粒，而环坯近中层区域几乎观察不到动态再结晶晶粒。由图4-52（a）~（c）可知，进给速度增大，新生大量动态再结晶晶粒，其分布区域不断扩大，且趋于均匀，如在1.6mm/s时动态再结晶晶粒尺寸为25~32μm。这是因为进给速度增大时，单位面积变形时间减小，已发生动态再结晶的晶粒在高温变形过程中没有充足的时间发生长大，分布逐渐变得均匀，其结果与动态再结晶体积分数一致。因此，适当地增大芯辊进给速度，可以使法兰环件的动态再结晶晶粒更加细小、分布均匀。而当芯辊做变速进给时 [图 4-52 (d)]，动态再结晶晶粒尺寸较 1.6mm/s 时的要小一些，约为 18μm，但均匀性相对降低。

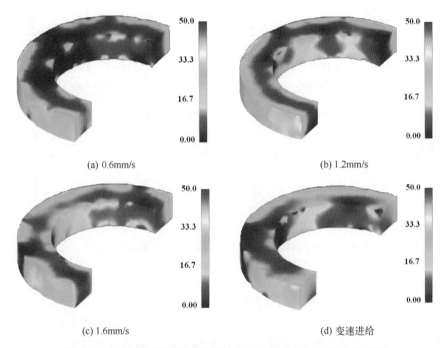

(a) 0.6mm/s   (b) 1.2mm/s

(c) 1.6mm/s   (d) 变速进给

图 4-52　不同进给速度下热辗扩时离心铸造 Q235B 钢法兰环坯
的动态再结晶晶粒尺寸（T=1150℃）

　　图 4-53 所示为不同进给速度下离心铸造 Q235B 钢法兰环坯的平均晶粒尺寸分布。随着进给速度增大，沿法兰环件全厚度区域的平均晶粒尺寸均逐渐减小，呈均匀分布特征，如图 4-53 (b) 中晶粒尺寸为 53~65μm，而图 4-53 (c) 中晶粒尺寸细化至 36μm 左右。这是因为增大进给速度时，塑性等效应变区由环坯近外层和内层区域向近中层扩展，分布更加均匀，原始粗大铸态组织晶粒细化的程度增加，动态再结晶体积分数和动态再结晶晶粒尺寸分布也更加均匀，最终使得法兰环件的平均晶粒尺寸细小、分布均匀。从图 4-53 (d) 中可以发现，当芯辊做变速进给时，环件全厚度区域的平均晶粒尺寸稍有增大，尤其是近中层区域，晶粒尺寸为 39~47μm，但与 1.6mm/s 时相比，平均晶粒尺寸分布的均匀性得到提高。

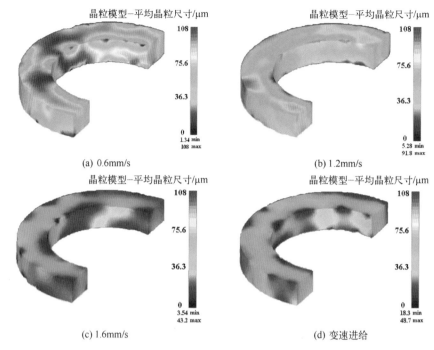

(a) 0.6mm/s (b) 1.2mm/s (c) 1.6mm/s (d) 变速进给

图4-53 不同进给速度下离心铸造Q235B钢法兰环坯的
平均晶粒尺寸分布（$T=1150℃$）

2. 初始辗扩温度对微观组织的影响

图4-54所示为离心铸造Q235B钢法兰环坯在不同初始辗扩温度下的动态再结晶体积分数分布情况。从图4-54中可以看出，初始温度升高，动态再结晶体积分数呈增大趋势。当初始温度为1050℃时，仅在法兰环坯近外层和内层的极少数区域发生了动态再结晶，动态再结晶体积分数非常低。随着初始温度升高，动态再结晶在环坯近外层和内层区域扩展，动态再结晶体积分数明显增加；同时，随着辗扩的进行，动态再结晶沿着环坯壁厚方向逐渐向近中层区域扩展，但环坯全厚度区域的动态再结晶呈不均匀分布特征，如图4-54（b）所示。当初始温度继续升高至1150℃时，动态再结晶体积分数的不均匀程度略有降低，其主要原因是法兰环件在热辗扩过程中原始铸态组织中存在粗大晶粒，导致局部区域的流变抗力较高；而当初始温度升高时，往往会减小发生动态再结晶的临界应变值，动态再结晶更加容易在近中层区域启动，使得在环件全厚度区域动态再结晶呈增大趋势。总体而言，Q235B钢法兰铸坯热辗扩过程的动态再结晶程度仍较低。

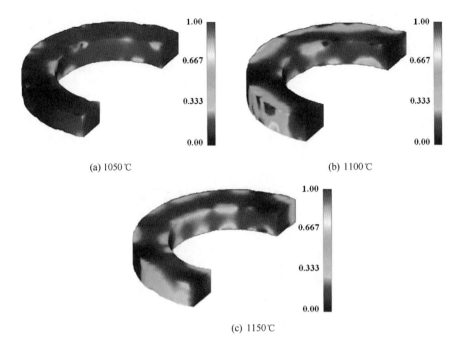

(a) 1050℃

(b) 1100℃

(c) 1150℃

图 4-54　离心铸造 Q235B 钢法兰环坯在不同初始温度下的动态
再结晶体积分数分布情况（$v = 1.6$mm/s）

　　不同初始辗扩温度下离心铸造 Q235B 钢法兰环坯的动态再结晶晶粒尺寸
分布如图 4-55 所示。当初始辗扩温度升高时，由于再结晶的发生，首先在环
件近外层和内层区域新生了大量细小的动态再结晶晶粒，晶粒尺寸约为
13μm，并随着再结晶向近中层扩展，中层区域动态再结晶晶粒增加，原始铸
坯粗大组织得到细化，晶粒分布逐渐趋于均匀。然而，初始温度升高，环件
在高温下动态再结晶晶粒尺寸逐渐增大，尤其是近中层区域的动态再结晶晶
粒尺寸增大明显，如图 4-55（c）所示的近中层动态再结晶晶粒尺寸达到了
25~30μm。这是因为当初始温度升高时，原子活性及动能增加，原子间吸附
力减弱，晶界活性和晶界迁移能力增加，促进了动态再结晶晶粒形核和长大，
使得环件全厚度区域动态再结晶晶粒尺寸增大。此外，在热辗扩过程中，近
中层坯料远离成形辊，并在近内层和外层坯料的挤压作用下始终处于较高温
度条件下，形变热扩散受阻，温度效应增加，导致该区域再结晶晶粒的异常
长大、伸长或出现晶界扭曲现象。

　　图 4-56 所示为离心铸造 Q235B 钢法兰环坯在不同初始辗扩温度下的平均
晶粒尺寸分布情况。当初始辗扩温度从 1050℃升高至 1150℃时，原始铸态组
织的粗大晶粒得到显著细化，特别是环件近外层和内层区域，平均晶粒直径

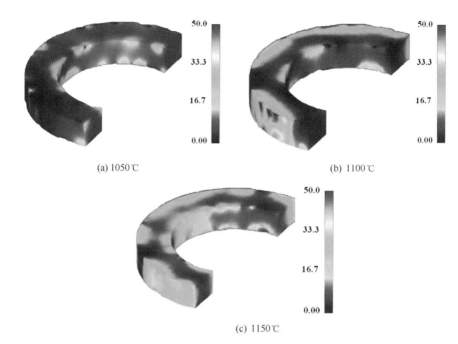

(a) 1050℃   (b) 1100℃

(c) 1150℃

图 4-55　不同初始辗扩温度下离心铸造 Q235B 钢法兰环坯的动态
再结晶晶粒尺寸分布（v = 1.6mm/s）

为 35~44μm，而近中层区域的晶粒细化程度相对较低，平均晶粒直径约为
63μm。由于在热辗扩的塑性变形区或变形区之外的回转过程中，法兰环坯的
近中层材料始终处于相对较高的温度条件下，塑性变形诱发的晶粒细化（亚
动态再结晶晶粒或静态再结晶晶粒）与高温下的再结晶晶粒长大处于相互竞
争的状态，直至达到一个动态平衡，最终使得法兰环件全厚度区域上晶粒尺
寸分布相对均匀如图 4-56（c）所示。

3. 砂型铸坯与离心铸坯的微观组织对比分析

在其他工艺参数不变，初始辗扩温度为 1150℃，芯辊进给速度为变速时，
分别以离心材料和砂型材料 Q235B 钢微观组织模型导入 DEFORM 软件平台
中，离心铸坯的初始晶粒尺寸取 250μm，砂型铸坯的初始晶粒尺寸取 300μm，
研究分析不同铸坯对环件铸坯辗扩成形过程中动态再结晶晶粒尺寸、动态再
结晶体积分数和平均晶粒尺寸分布的影响情况。

图 4-57 所示为离心和砂型铸坯热辗扩成形在相同辗扩参数下动态再结晶
体积分数分布情况。从图 4-57 中可以看出，砂型铸坯中动态再结晶区域几乎
没有，只有少量集中在环件的外表面的一些区域；而离心铸坯在热辗扩过程
中外表面和内表面区域发生了动态再结晶，动态再结晶的分布区域由环件的

外表面和内表面向中间扩散，动态再结晶的分布还是比较均匀的。从图 4-57 中还可以看出，离心铸坯整体的动态再结晶体积分数要大于砂型铸坯。

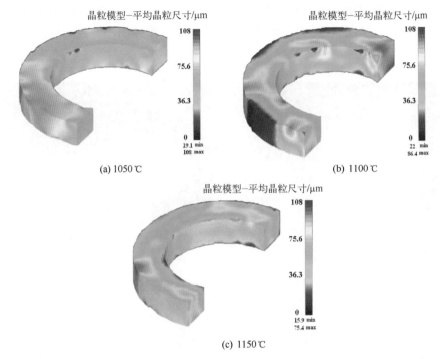

(a) 1050℃　　　　　　　　　　　(b) 1100℃

(c) 1150℃

图 4-56　离心铸造 Q235B 钢法兰环坯在不同初始辗扩温度下的
平均晶粒尺寸分布情况 （v=1.6mm/s）

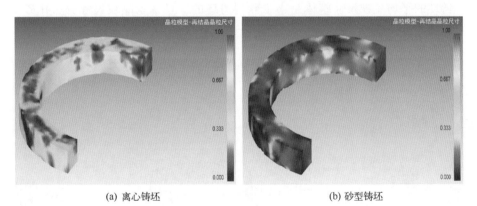

(a) 离心铸坯　　　　　　　　　　(b) 砂型铸坯

图 4-57　离心和砂型铸坯热辗扩成形在相同辗扩参数下动态再结晶体积分数分布情况

图 4-58 所示为离心和砂型铸坯热辗扩成形在相同辗扩参数下动态再结晶晶粒尺寸分布情况。由图 4-58 可知，与动态再结晶体积分布情况相似，砂型

铸坯中动态再结晶区域几乎没有，只有少量集中在环件的外表面的一些区域；而离心铸坯在热辗扩过程中外表面和内表面区域发生了动态再结晶，动态再结晶的分布区域由环件的外表面和内表面向中间扩散，动态再结晶的分布还是比较均匀。从图4-58中还可以看出，离心铸坯整体的动态再结晶晶粒尺寸要大于砂型铸坯。

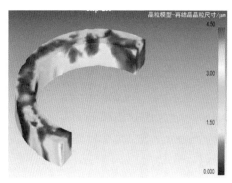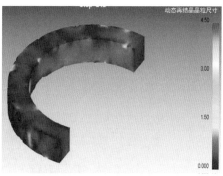

(a) 离心铸坯   (b) 砂型铸坯

图4-58 离心和砂型铸坯热辗扩成形在相同辗扩参数下动态
再结晶晶粒尺寸分布情况

图4-59所示为相同辗扩参数下离心和砂型铸坯热辗扩成形件平均晶粒尺寸的分布情况。从图4-59中可以看出，离心铸坯的平均晶粒尺寸最大值要小于砂型铸坯，但最小值却是要大于砂型铸坯的。从图4-59中还可以看出，离心铸坯的平均晶粒尺寸整体是小于砂型铸坯的，且平均晶粒尺寸分布比砂型更加均匀。

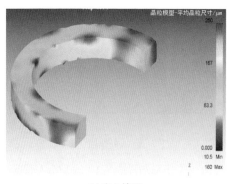

(a) 离心铸坯   (b) 砂型铸坯

图4-59 相同辗扩参数下离心和砂型铸坯热辗扩成形平均晶粒尺寸的分布情况

4.4.3　25Mn 钢铸坯环件热辗扩微观组织演变模拟

1. 不同速度控制方案下晶粒尺寸变化

根据 4.3.3 节中的进给速度和环件直径长大控制辗扩过程方案,对环件晶粒尺寸进行了模拟分析[10]。图 4-60 所示为芯辊匀速进给同时上锥辊匀速下压情况下,环形铸坯热辗扩不同时期的动态再结晶晶粒尺寸大小的分布情况。图 4-61 所示为环件匀速长大情况下,环形铸坯热辗扩不同时期的动态再结晶晶粒尺寸大小的分布情况。从图 4-60 和图 4-61 中都可以看出,环件的平均晶粒尺寸呈现环带状分布,外层内层平均晶粒尺寸细化最明显,上层与下层平均晶粒尺寸也得到了较大细化,芯部的最大晶粒尺寸有先变大后变小的趋势,晶粒尺寸相对粗大,但与初始晶粒尺寸 200μm 相比还是具有明显的改善。

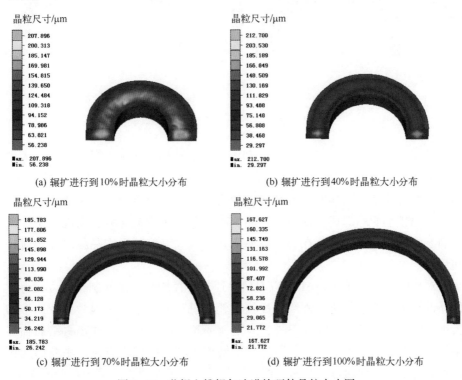

(a) 辗扩进行到10%时晶粒大小分布　　(b) 辗扩进行到40%时晶粒大小分布

(c) 辗扩进行到70%时晶粒大小分布　　(d) 辗扩进行到100%时晶粒大小分布

图 4-60　芯辊上锥辊匀速进给环件晶粒大小图

这是因为环件径轴向热辗扩成形是一个连续局部塑性挤压成形过程,和驱动辊与芯辊接触的环件外层和内层变形量最大,同时和上下锥辊接触的环件上层与下层变形量也比较大,同时位错密度大,再结晶的驱动力大,对动

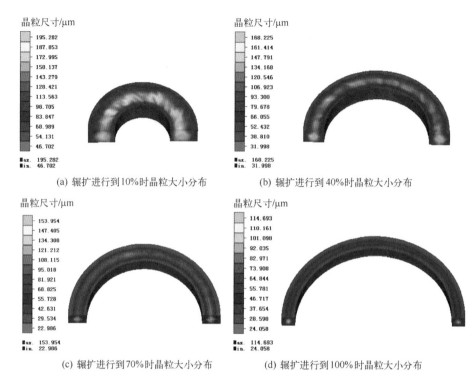

(a) 辗扩进行到10%时晶粒大小分布　　　　(b) 辗扩进行到40%时晶粒大小分布

(c) 辗扩进行到70%时晶粒大小分布　　　　(d) 辗扩进行到100%时晶粒大小分布

图4-61　环件匀速长大晶粒大小分布图

态再结晶的发生和细化晶粒十分有利，所以晶粒细化明显。另外，环件内外层和上下层动态再结晶生成速度快，使晶粒来不及长大就有新的晶粒产生，因此晶粒尺寸细小。同时，晶粒在大的变形程度情况下也很容易破碎。而在变形量比较小的芯部层，动态再结晶的临界条件不容易达到，只能发生少量的静态再结晶，并且晶粒在芯部高温下容易长大，使其平均晶粒尺寸相对比较粗大。

对比图4-51和图4-61可以看出，通过直径增长控制轧制过程方案得到的环件晶粒尺寸小于通过进给速度控制轧制过程方案。这是因为应变速率的大小影响动态再结晶的临界条件，应变速率越大越容易达到动态再结晶临界条件。在辗扩前、中、后期，通过直径增长控制轧制过程方案，晶粒都能得到很好的细化；而通过进给速度控制轧制过程方案在碾扩的前中期变形量小，芯部晶粒先变大后变小，晶粒细化不明显，辗扩后期具有较大的变形速率，但由于变形时间短，晶粒细化不明显。

综合以上分析，可得出以下结论。

（1）模拟了25Mn钢铸坯环件的径轴向热辗扩过程中的动态再结晶行为，

发现辗扩环件动态再结晶百分数具有从环件表面区域到芯部区域递减的趋势，平均晶粒尺寸具有从环件表面区域到芯部区域递增的趋势。

（2）在其他辗扩工艺条件不变的情况下，通过环件直径增长控制进给量的环件辗扩控制方法，能够使环件辗扩平稳且匀速长大，使晶粒大小在辗扩初期就得到细化，随着辗扩的进行，细化晶粒百分比逐渐增加，环件性能得到提升。

（3）在其他辗扩工艺条件不变的情况下，通过径轴向进给量来控制辗扩过程的速度控制方法，环件直径加速变大，在辗扩初期环件晶粒大小细化不明显，芯部晶粒尺度反而增大，在辗扩中期晶粒尺寸得到细化，但是到了后期晶粒尺寸细化不明显。

（4）对比两种环件辗扩速度控制方案，环件直径增长控制进给量的速度控制方案优于通过径轴向进给量来控制辗扩过程的速度控制方案，辗扩过程更加平稳，辗扩最终得到的环件晶粒更细小，环件性能更好。

2. 不同铸环坯尺寸下的微观组织演变

图 4-62 中，D_0、d_0、h_0、δ_0 分别代表铸环坯的初始外径值、内径值、高度值和壁厚大小，D_f、d_f、h_f、δ_f 分别代表铸环坯在辗扩过程中的外径值、内径值、高度值和壁厚大小。由体积不变原则，有

$$\frac{\pi}{4}(D_0^2-d_0^2)h_0=\frac{\pi}{4}(D_f^2-d_f^2)h_f \tag{4-40}$$

环件辗扩过程中的高厚变化比用 $\tan\alpha$ 表示：

$$\tan\alpha=(h_0-h_f)/(\delta_0-\delta_f) \tag{4-41}$$

环件辗扩过程中的轧比用 k 表示：

$$k=\delta_0 h_0/(\delta_f h_f) \tag{4-42}$$

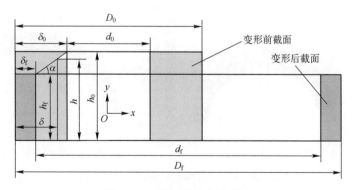

图 4-62　铸环坯尺寸设计图

以外径 1556mm、内径 1325.5mm、高度 106mm 的 25Mn 法兰环件（表4-3）为研究对象，研究其在不同的坯料下辗扩成形的辗扩过程和辗扩结果进行优化，如图 4-63~图 4-66 所示。

表 4-3　铸环坯尺寸大小

环件	外径/mm	内径/mm	厚度/mm	高度/mm	轧比 k	高厚变化比 tanα
成品	1556	1325.5	115.25	106	—	—
铸环坯 1	750	350	200	160	2.619	0.637
铸环坯 2	769.3	350	209.65	150	2.574	0.466
铸环坯 3	790.8	350	220.4	140	2.526	0.323
铸环坯 4	814.9	350	232.45	130	2.474	0.205

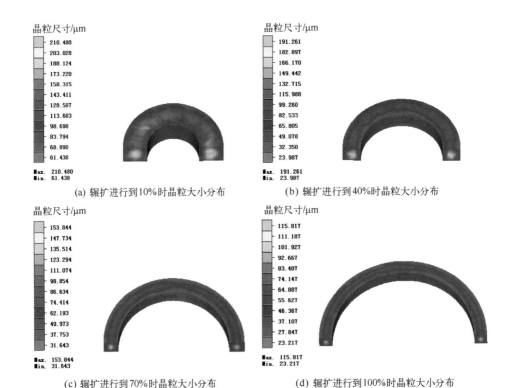

(a) 辗扩进行到10%时晶粒大小分布　　(b) 辗扩进行到40%时晶粒大小分布

(c) 辗扩进行到70%时晶粒大小分布　　(d) 辗扩进行到100%时晶粒大小分布

图 4-63　铸环坯 1 辗扩过程晶粒大小变化图

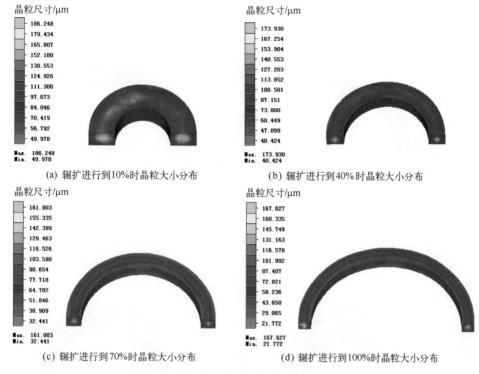

(a) 辗扩进行到10%时晶粒大小分布　　(b) 辗扩进行到40%时晶粒大小分布

(c) 辗扩进行到70%时晶粒大小分布　　(d) 辗扩进行到100%时晶粒大小分布

图 4-64　铸环坯 2 辗扩过程晶粒大小变化图

由于环件的轧制比为 2.474~2.619 范围内的中等轧制比，环件辗扩没有到达极限的辗扩比，在这个辗扩过程中，环件的高厚变化比值越小，环件的晶粒细化越明显，同时环件在径向方向的晶粒细化最明显，使环件的平均晶粒尺寸变小。

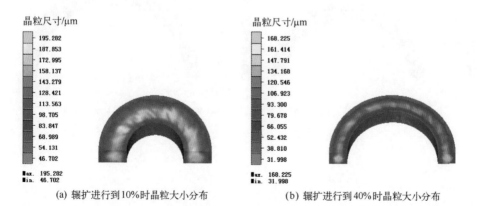

(a) 辗扩进行到10%时晶粒大小分布　　(b) 辗扩进行到40%时晶粒大小分布

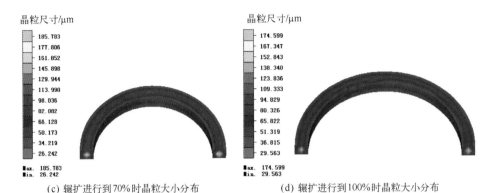

(c) 辗扩进行到70%时晶粒大小分布　　　　　(d) 辗扩进行到100%时晶粒大小分布

图 4-65　铸环坯 3 辗扩过程晶粒大小变化图

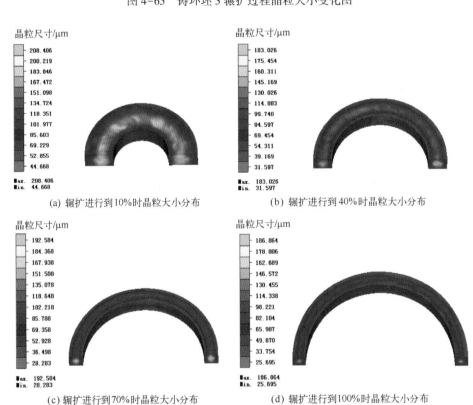

(a) 辗扩进行到10%时晶粒大小分布　　　　　(b) 辗扩进行到40%时晶粒大小分布

(c) 辗扩进行到70%时晶粒大小分布　　　　　(d) 辗扩进行到100%时晶粒大小分布

图 4-66　铸环坯 4 辗扩过程晶粒大小变化图

第5章

工业性试验及试件的组织与性能

5.1 环件短流程制造工业性试验

5.1.1 热辗扩成形工业性试验

1. 42CrMo 钢环件热辗扩成形工业性试验

根据锻坯环件辗扩的生产经验，参考有限元数值模拟的工艺参数，在洛阳 LYC 轴承有限公司的 D53K-4000 数控径-轴向辗环机（图5-1）上进行前期铸造环坯的热辗扩工艺工业性试验，并与模拟结果进行比较，完善修正适用于铸坯的热辗扩工艺方案。

图 5-1　D53K-4000 数控径-轴向辗环机

　　辗扩毛坯采用砂型铸造环坯，材料为 42CrMo 钢，初始辗扩温度为 1150℃ 左右，环坯尺寸：外径为 871mm、内径为 516mm、高度为 241mm。辗扩成形件尺寸要求：外径为 1248mm、内径为 1045mm、高度为 234mm，根据铸造环坯辗扩前后的壁厚和高度变化确定径-轴向热辗扩曲线如图 5-2 所示。图 5-2 中，大的矩形为辗扩前铸造环坯的截面，小的阴影矩形为辗扩结束时辗扩件截面，在辗扩的初始阶段，由于径向变形量比较大，为了保证环件顺利咬入径向孔型，只有芯辊的直线进给运动，轴向高度不变；当环件辗扩稳定后，进入径-轴向辗扩阶段，环件的径向变形和轴向变形同时进行，由于轴向变形量比较小，使端面锥辊的直线进给速度较慢，而径向变化速度相对较快；在环件辗扩整圆阶段，轴向高度达到辗扩件尺寸要求后不再变化，径向进给速度逐渐减小，对环件进行整形，减小环件的椭圆度和壁厚差，提高环件的形状尺寸精度。

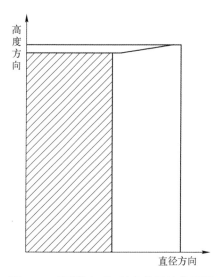

图 5-2　环形铸坯径-轴向热辗扩曲线图

　　D53K-4000 数控径-轴向辗环机的驱动辊直径为 700mm、芯辊直径为 280mm、径向辗扩力为 2500kN、轴向辗扩力为 2000kN、辗扩线速度为 1300mm/s，根据理论计算和数值模拟结果分析，初始辗扩温度取 1150℃，芯辊进给采用变速直线进给运动。在辗扩实验前，将毛坯和辗扩件的尺寸输入到辗环机控制系统，自动生成辗扩曲线，辗扩时根据辗扩曲线和实际生产经验相结合，不断地调整径向和轴向辗扩工艺参数，使辗扩过程平稳进行。图 5-3 所示为 42CrMo 钢环形铸坯热辗扩现场实验过程。

(a) 环形铸坯   (b) 稳定辗扩阶段

(c) 整形辗扩阶段

图 5-3   42CrMo 钢环形铸坯热辗扩试验过程

    图 5-4 所示为环形铸坯热辗扩数值模拟的径向辗扩力曲线和试验测量得到的径向辗扩力曲线。从图 5-4 中可以看出，试验测量和模拟的径向辗扩力曲线发展趋势相同，在辗扩初期环坯咬入径向孔型阶段，随着芯辊进给速度的增大，径向辗扩力急剧增大；进入稳定辗扩阶段后，芯辊匀速进给，环件每转进给量变化不大，径向辗扩力在一稳定值附近上下波动；整圆阶段，每转进给量减小，辗扩力随之下降。通过比较两条辗扩力曲线，可以看出在稳定辗扩阶段时试验测量值比模拟值稍大，这是因为辗扩试验过程中，环件轴向高度发生变化，端面锥辊在稳定辗扩阶段沿环件轴向进给，使壁厚发生变化，对径向辗扩力产生影响，而模拟时设轴向进给速度为零。由于试验过程中环件轴向变化很小，实际辗扩力与模拟计算的径向辗扩力差别不大，可以用来估算实际生产中的径向辗扩力，为辗扩设备的选择提供依据。

2. 25Mn 钢环件热辗扩成形工业性试验

    25Mn 钢法兰铸环坯采用离心铸造工艺，浇注温度为 1520 ~ 1540℃，铸型

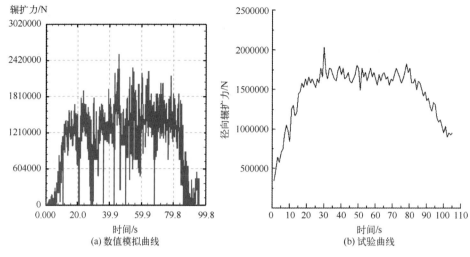

辗扩力/N

（a）数值模拟曲线

径向辗扩力/N

（b）试验曲线

图 5-4　环形铸坯热辗扩径向辗扩力曲线

温度为 100℃，转速为 240r/min。热辗扩实验在 D53K-4000 数控径-轴向辗环机上进行，主要辗扩工艺参数如表 5-1 所列。芯辊进给速度在不同辗扩阶段采用不同的规范（咬入阶段为 1.04mm/s，稳定辗扩阶段为 0.712mm/s，精辗整圆阶段为 0.107mm/s），获得尺寸为 $\phi1470mm×\phi1306mm×100mm$ 的法兰环件。铸坯热辗扩实验结束后，采用空冷方式自然放置冷却至室温。图 5-5 所示为 25Mn 钢离心铸环坯热辗扩成形法兰环件。

表 5-1　25Mn 钢法兰铸坯热辗扩工艺参数

参　　数	数　　值
驱动辊直径 D_1/mm	850
芯辊直径 D_2/mm	280
导向辊直径 D_3/mm	140
径向辗扩力 F_r/kN	0~2500
轴向辗扩力 F_a/kN	0~2000
驱动辊转速 n_1/(r·min^{-1})	28.7
芯辊进给速度 v_r/(mm·s^{-1})	1.04/0.712/0.107
上端面辊进给速度 v_a/(mm·s^{-1})	0.217
辗扩初始温度 T/℃	1150
辗扩比 λ	2.7
轴向与径向进给速度夹角（°）	60

图 5-5　25Mn 钢离心铸环坯热辗扩成形法兰环件

　　图 5-6 所示为热辗扩过程中成形辊（芯辊、端面辊和导向辊）压力、径向进给量和轴向进给量随时间变化曲线。从图 5-6 中可以看出，辗扩从 0s 开

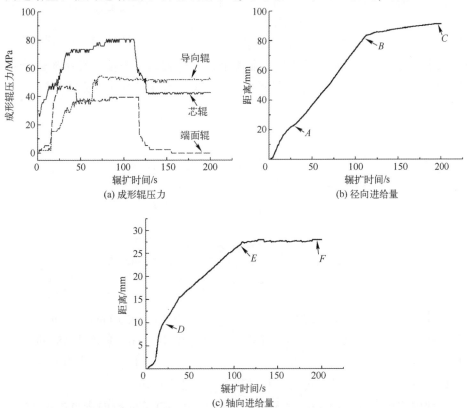

图 5-6　热辗扩过程中成形辊压力、径向进给量和轴向进给量随时间变化曲线

始至 107s，芯辊压力逐渐增加，并在 24~107s 辊扩过程中，径向进给量增加速率保持恒定 [图 5-6 (b) 中 *AB* 段]；在 102s 处达到最大芯辊压力 80.75MPa，对应的进给量为 83.6mm。热辊扩 115s 之后，芯辊压力逐渐减小，进入精辊整圆阶段，径向进给量增加速率也随之逐渐减小 (*BC* 段)。同时，从图 5-6 (a) 中可以发现，端面辊压力的减小要迟于芯辊，因为它需要消除轴向宽展；轴向高度在 115s 处基本达到所要求尺寸，此后数值变化不大 [图 5-6 (c) 中 *EF* 段]，有利于对环件进行整圆，获得所需孔径及截面尺寸的环件。

5.1.2 力学性能测试

力学性能测试试样沿环件周向取样 (图 5-7)，可以更加准确地测量工件的抗拉强度、冲击吸收功等力学性能。在 DK7763 型号线切割设备上加工成 $\phi12\times100$mm 的圆柱状，然后在车床上加工成直径为 8mm、标距为 40mm 的式样，具体加工尺寸如图 5-8 所示。拉伸试验在日本岛津拉伸试验机上进行，根

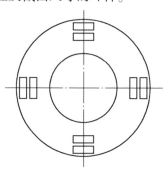

图 5-7　环件截面力学性能试样

据采集的数据分析得到抗拉强度、屈服强度、伸长率及断面收缩率等性能指标，然后通过 SEM 对断口组织及形貌进行观察，确定其断裂的方式和机理。

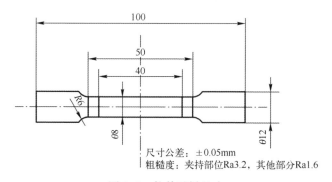

尺寸公差：±0.05mm
粗糙度：夹持部位 Ra3.2，其他部分 Ra1.6

图 5-8　拉伸试样尺寸

冲击试验按照 GB/T 229—2007 标准将工件先加工成 10mm×10mm×55mm 的柱状，然后利用线切割在试样中间开一个深度为 2mm、角度为 45° 的 V 形缺口，具体加工尺寸如图 5-9 所示。冲击实验设备为 JB-300B 半自动冲击试验机，试验完成后记录冲击功，并对断口形貌进行观察。

硬度测试实验采用 GB/T 231.1—2018 标准，将试样表面进行抛磨处理，使其粗糙度小于 0.8μm，便于准确测量硬度值。实验设备采用 HB-3000B 型

布氏硬度计，压头直径取 10mm，试验力设为 29421N。对试样表面均匀的取点进行测量，最后求得平均值。

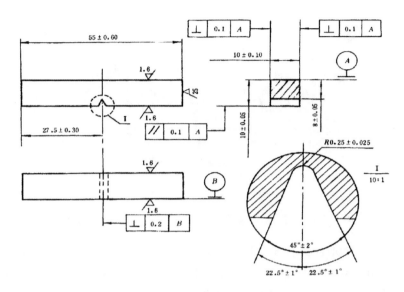

图 5-9　冲击试样尺寸

5.1.3　微观组织观察

分别在铸态环坯和辗扩成形后环件径向厚度方向距内、外表面 0.5mm 处及近中层区域切取尺寸为 10mm×10mm×10mm 的试样，采用常规的方法制备金相观察试样，如研磨、机械抛光、过饱和苦味酸溶液腐蚀，在 VHX-600E 光学显微镜（Optical Microscopy，OM）观察显微组织，根据美国 ASTM E209 标准测量晶粒尺寸；利用 JSM-6510 扫描电镜（Scanning Electron Microscopy，SEM）观察辗扩成形后环件拉伸与冲击试样的断口形貌。

5.1.4　织构测试

根据宏观织构的定量表征方法，在辗扩成形后环件外层、内层和中层区域，沿着轧向切取尺寸为 10mm×15mm×5mm（轧向×轧面法向×横向）的宏观织构测试试样，然后研磨、机械抛光，并利用 4% 硝酸酒精溶液深度腐蚀待测试面，以消除应变层的影响。采用 Schulz 背反射法在帕纳科 Xpert-MRD 高分辨率 X 射线衍射仪（Co 靶）上进行宏观织构测试（图 5-10），采集 {110}、{200} 和 {211} 三张不完整极图，测量范围：α 为 0°~70°、β 为 0°~360°、步长为 5°。取向分布函数（Orientation Distribution Function，ODF）采用"两步法"进行计算，结果以 Roe 恒 $\phi=45°$ 截面表示，并且从 ODF 图上可以得出不同纤维织构取向密度等信息。

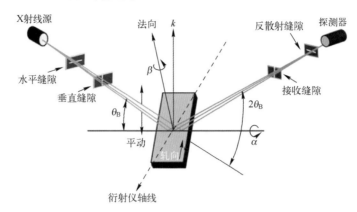

图 5-10　采用 X 射线衍射技术测定宏观织构的 Schulz 背反射法原理图

由于晶粒的取向具有 3 个自由度，这就需要利用三维空间来表达多晶体的取向分布。Roe 和 Bunge 分别提出了利用晶粒的三维取向分布函数（Orientation Diffraction Function，ODF）图定量描述多晶体材料织构的方法，突破了传统上采用一维或二维空间描述三维取向分布的方法，能够准确地给出所测定材料的织构组分及计算宏观各向异性性能。Roe 和 Bunge 都是采用级数展开法计算 ODF 图，将取向分布函数 $f(g)$ 展开为广义球函数，根据实测的极图数据进行求解。但各自处理方法在细节上存在一定差异，如欧拉角的定义、广义球函数的相位、归一化的规定及对称处理的方式等。

由于微观织构不仅指微区内晶体结构和晶粒取向分布或择优的规律，还包括各类晶界的取向分布及晶粒间的取向差分布，后两种信息是 X 射线衍射法测出的宏观织构信息中所没有的，而这两种信息也影响材料的各种性能。宏观织构的形成必然是由微区内取向变化决定和完成的，只有了解和揭示微观织构的演变过程、特征及规律，才能更好地认识材料的宏观织构。环坯的初始微观织构和辗扩成形环件的微观织构通过安装在场发射扫描电镜上的 EBSD 系统测定，EBSD 样品采用 5%高氯酸酒精溶液电解抛光，电压为 30V，电流为 0.8A，时间为 60s，在 ZEISS ULTRA-55 型场发射扫描电镜（Field Emission-Scanning Electron Microscopic，FE-SEM）及其安装的 EDAX-TSL EBSD 系统进行微观取向的测定，扫描区域大小为 $250\mu m \times 250\mu m$，步长为 $1.5\mu m$，以得到所观察区域的晶粒取向、晶界取向差和取向分布图等信息，EBSD 数据在 TSL-OIM 后处理软件上进行分析。

5.2 环件全厚度区域的微观组织与织构

⌂ 5.2.1 42CrMo 钢环件全厚度区域的微观组织与织构

图 5-11 所示为 42CrMo 钢铸坯热辗扩成形的轴承环件，根据图 5-11（a）的方法在 42CrMo 钢辗扩成形轴承环件厚向区域的不同位置切取金相观察试样，经过金相研磨、机械抛光、过饱和苦味酸溶液腐蚀，VHX-600E 显微镜观察得到的晶粒尺寸及其分布情况如图 5-12 所示。在环件近中层区域的试样5 内部可以观察到少量粗大的晶粒，而在近外层区域试样 4 的晶粒最细小，分布比较均匀，其他区域的试样的晶粒尺寸及其均匀分布程度类似。

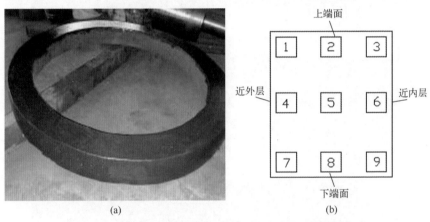

图 5-11　42CrMo 钢辗扩成形轴承环件及显微组织取样位置

在环件近内、外层区域及轴向端面附近的晶粒由于受到成形辊（主要是驱动辊、芯辊和锥辊）的多道次辗压，应变量较大，当达到了临界应变量，动态再结晶便启动，原始铸造缺陷和粗大的铸坯组织被压合、细化，导致晶粒尺寸细小。而且在连续多道次的热辗扩中，不断有新的再结晶晶粒萌生和长大，晶粒尺寸分布均匀性逐渐提高。例如，图 5-12 中试样 1、2、3、6、7、8、9 的平均晶粒尺寸约为 40μm，而晶粒尺寸最细小的是环件外径与驱动辊接触的中间部位（试样 4，平均晶粒为 34μm）。然而，由于环件是连续多道次的局部加载，每道次（回转半周）辗压时的应变量非常小，虽然能够满足辗透条件，但是环件近内层区域的应变量往往会比环件近外层区域（与驱动辊直接接触的区域）的应变量小一些，使得该区域的坯料可能只发生部分再结晶，或者在低应变量下发生了静态再结晶，而静态再结晶的应变量与晶粒尺寸均较小。因此，环件近内层区域的晶粒尺寸要比环件近外层区域相对粗大一些，且存在不均匀分布现象。此外，环件近中层区域远离成形辊，在内外层坯料的辗压作用下始终处于较高温度，温度效应显著，并且辗扩完成后，环件近中层的热量不容易向环件内外层传播、耗散，组织在高温停留的时间较环件表层的时间长，往往亚动态再结晶或静态再结晶仍占主导，使得晶粒长大甚至异常长大，如环件近中层区域试样 5 的粗大晶粒接近 $100\mu m$。然而，通过提高芯辊进给速度和略降低初辗温度可以进一步改善环件近中层区域的组织，使之更加细化和均匀化。

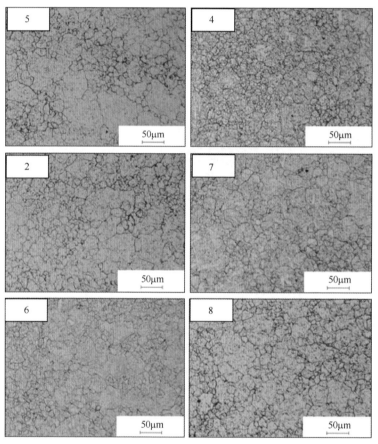

图 5-12　42CrMo 钢辗扩成形轴承环件不同区域的显微组织

图 5-13 所示为采用 Roe 符号标识的 42CrMo 钢铸坯辗扩成形轴承环件宏观织构的 ODF 图，所测定织构截面为恒 ϕ 的截面（$\Delta\phi=5°$）。沿着环件厚度方向的不同区域，宏观织构组态也呈现不同的特征，纤维织构明显，包括 <111>//ND 取向线的 γ 纤维织构、<223>//ND 取向线的 γ' 纤维织构、<110>//ND 取向线的 ξ 织构，但织构强度均较弱。同时，与 25Mn 钢法兰环件相比，

42CrMo 钢铸坯辗扩环件所具有的明显纤维织构使得组织演变过程更为复杂，全厚度区域晶粒偏转或转动剧烈，择优取向更加明显。

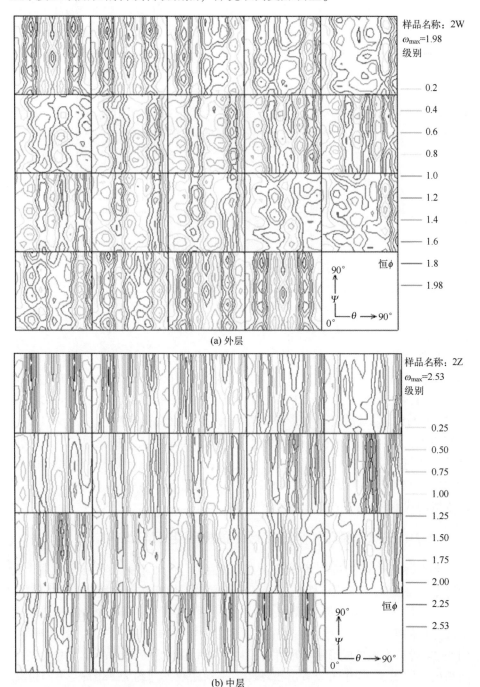

(a) 外层

(b) 中层

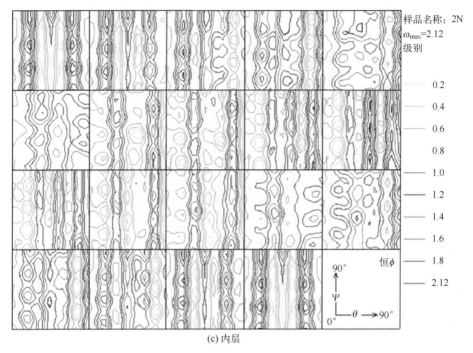

(c) 内层

图 5-13   42CrMo 钢铸坯辗扩轴承环件的宏观织构

环件近外层区域存在的织构类型主要有沿着<111>//ND 取向线分布的再结晶织构 {111}<110>和 {111}<112>、沿着<110>//RD 取向线分布的形变织构 {112}<110>、沿着<223>//ND 取向线的 γ′纤维织构 {112}<624>和 {112}<111>，以及沿着<110>//TD 取向线分布的 Copper 织构 {112}<111>与高斯织构 {110}<001>，织构类型比较集中，具有明显的择优取向。近中层区域主要包括 {112}<110>织构、{110}<110>织构和高斯织构 {110}<001>。近内层区域的织构类型与中层类似，存在 {112}<110>织构，此外，沿着 γ′纤维取向线上还存在 {112}<624>织构。

5.2.2   25Mn 钢环件全厚度区域的微观组织与织构

环形铸坯热辗扩成形不仅仅要使环件的外形尺寸满足标准要求（"成形"），更重要的是细化环件全厚度区域的晶粒，使其在整个壁厚方向均匀分布，达到环锻件的晶粒尺寸标准（"成性"）。因此，为了研究 25Mn 钢铸坯辗扩法兰环件组织演变规律，热辗扩完成后沿其厚度方向在不同区域取样观察，图 5-14 所示为辗扩成形法兰环件在不同区域的取样示意图和晶粒尺寸及其分布情况。从图 5-14 中可以看出，环件的平均晶粒尺寸约为 28μm，不同位置

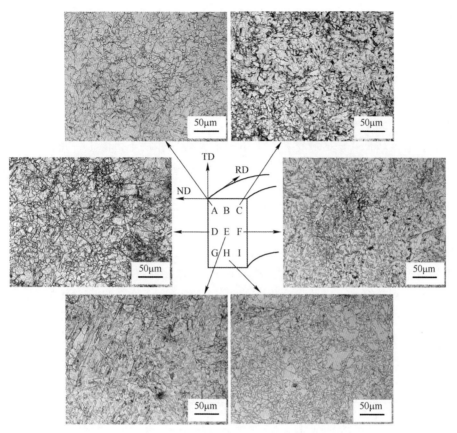

图 5-14　热辗扩后 25Mn 钢法兰环件不同区域的显微组织
（RD，轧向；TD，横向；ND，轧面法向）

晶粒尺寸存在一定差别。环件外层、内层的晶粒较远离成形辊（驱动辊和芯辊）的中层的要细小、均匀。中层试样 E 的晶粒粗大，大部分晶粒呈长条状、不规则分布特征，主要是因为热辗扩过程中驱动辊为主动辊，带动环件做回转运动，进而在摩擦力作用下带动其余成形辊（从动辊）也做旋转运动，使得与主动辊接触的环件外表面坯料应变量始终略大于其余区域。随着热辗扩过程的进行，塑性变形逐渐由环件表层区域向近中层扩展，但近中层区域材料不与成形辊直接接触，在外层和内层材料的作用下处于两向压缩、一向拉伸应力状态，变形过程中中层材料由于被挤压使变形热增加，温度升高，形变热量向表层耗散困难，往往仅发生动态回复或在小应变量下发生静态再结晶，造成晶粒尺寸相对较大，个别位置会出现不规则、各向异性的晶粒，甚至高温条件会促使某些畸变能高的晶粒发生异常长大，使得组织性能恶化。

环件内、外层与驱动辊和芯辊直接接触，在辗扩孔型内受到反复辗压，塑性变形充分，达到临界变形条件则促进动态再结晶的发生，否则发生静态再结晶。在变形区外回转时，环件仍处于高温状态则会发生亚动态再结晶，不断产生新的再结晶晶粒，晶粒细小、均匀，平均晶粒尺寸为 23μm。而且，与驱动辊接触的环件外表面区域弧长及变形量都要大于与芯辊作用的内表面，表现出试样 D 晶粒较试样 F 的要略微细小。环件上、下端面与环境对流热交换充分，温度较低，该区域材料在上下端面锥辊的作用下消除上一道次径向孔型的宽展，并产生塑性变形，发生一定程度的再结晶，也会使晶粒变得细小，约为 25.4μm（试样 A 和 C）。

图 5-15 所示为采用 Roe 符号标识的 25Mn 钢铸坯辗扩法兰环件宏观织构的 ODF 图，所测定织构截面为恒 ϕ 的截面（$\Delta\phi = 5°$）。沿环件厚度的不同区域，宏观织构组态具有明显不同的特征，织构强度均较弱。外层区域存在的织构类型有沿着 <111>//ND 取向线分布的再结晶织构和沿着 <110>//RD 取向线分布的形变织构，以及强度很弱的 Copper 织构 {112}<111>，织构类型高度分散，择优取向不明显；中层主要包括旋转立方织构 {001}<110>、{110}<110>织构和强度较弱的高斯织构 {110}<001>；内层区域的织构类型与外层类似，存在 Copper 织构 {112}<111>，此外，沿着 <110>//ND 取向线上分布强度稍高的高斯织构 {110}<001>和 {110}<110>织构。

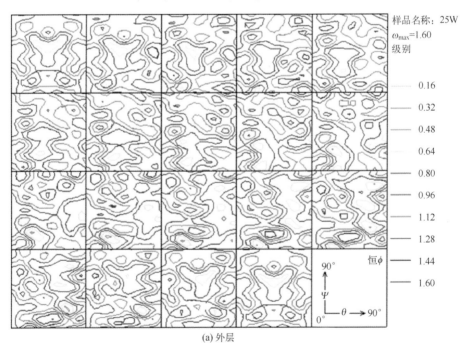

(a) 外层

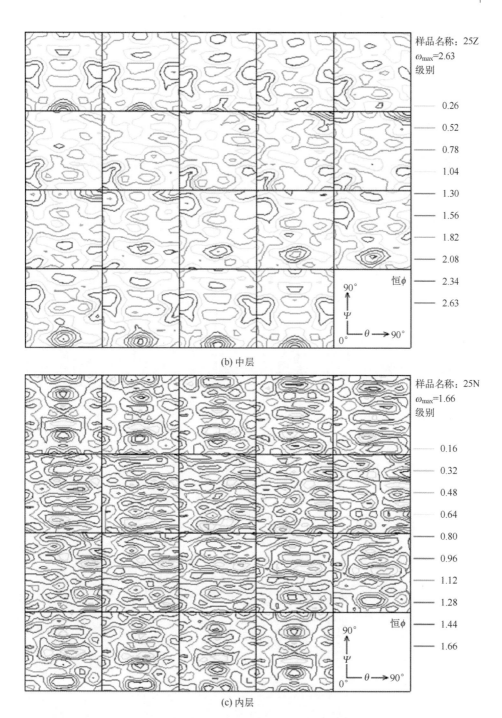

(b) 中层

(c) 内层

图 5-15　25Mn 钢铸坯辗扩法兰环件的宏观织构

结合铸坯辗扩成形工艺发现，环件内外层再成形辊的压力作用下，金属流动较大，变形程度大，晶粒细化效果好，组织均匀性好，不易产生具有明显取向的晶粒，各向异性小。此外，在铸坯辗扩过程中，由于环坯表面与成形辊之间存在摩擦，产生剪切应力，出现了剪切织构 {112}<111>和 {110}<001>。对于环件中层而言，在高温条件下主要受到环件内外层材料的压应力，晶粒转动趋势更明显，存在较大择优取向，织构类型相对单一；而且该区域未发现再结晶织构，再结晶的程度很弱，导致晶粒细化效果较差。

5.2.3　晶粒细化与织构演变规律及其形成机理

图 5-16 所示为 42CrMo 钢轴承环件全厚度区域宏观织构的取向密度变化

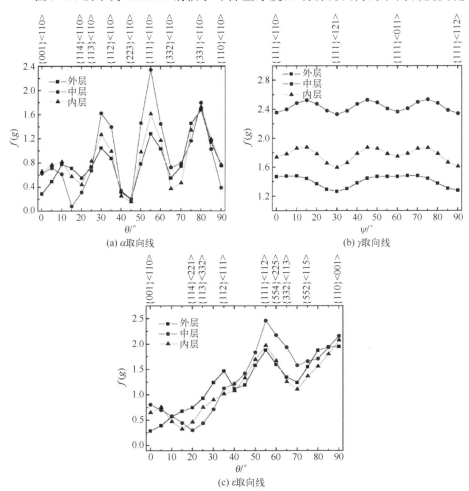

图 5-16　42CrMo 轴承环件全厚度区域宏观织构的取向密度变化情况

情况。在 α 取向线上，环件近外层、中层和内层区域织构取向密度的变化趋势类似，取向密度较高的织构组分集中在 {112}<110>和 {111}<110>，不同区域的织构强度则表现为近中层强度略高，内外层略低。在 γ 取向线上，也表现为近中层的织构强度均较高，内层次之，外层最低。在 ε 取向线上，环件近外层、中层和内层区域织构强度的变化趋势也很相似，强度较高的织构组分集中在 {111}<112>和 {110}<001>，并且对 {111}<112>织构而言，中层的强度相对要高一些。

图 5-17 所示为 25Mn 钢法兰环件全厚度区域宏观织构的取向密度变化情况。在 α 取向线上，环件近外层、中层和内层区域织构取向密度的变化趋势

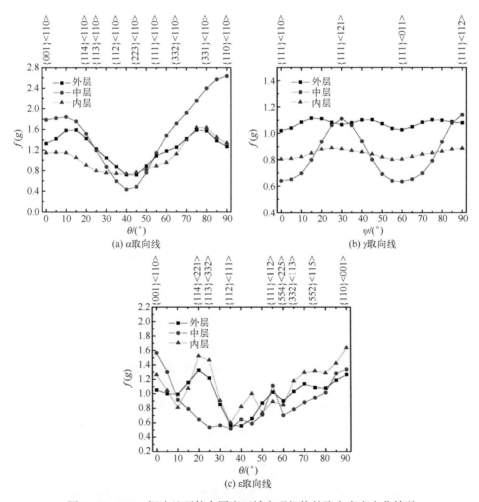

图 5-17　25Mn 钢法兰环件全厚度区域宏观织构的取向密度变化情况

类似，取向密度较高的织构组分集中在 {001}<110>、{331}<110>和 {110}<110>，不同区域的织构强度则表现为近中层的 {331}<110>和 {110}<110>织构强度略高，内外层略低。在 γ 取向线上，也表现为近外层和内层织构组分很相似，强度变化稳定，外层略高，均未出现取向较集中的织构组分，而中层存在择优取向的 {111}<112>织构。在 ε 取向线上，环件近外层、中层和内层区域织构强度的变化趋势也很相似，但是中层的稍低，强度较高的织构组分集中在旋转立方织构 {001}<110>、{114}<221>和 {110}<001>，并且对 {114}<221>织构而言，内外层的强度要高。总体而言，沿着 γ 取向线分布的再结晶织构强度普遍要弱一些。

在铸坯环件热辗扩过程中，驱动辊在与环坯外表面之间摩擦的作用下，带动环坯和其余成形辊做回转运动，并随着驱动辊与芯辊之间孔型间距的逐渐减小，应变由环件近外层向中层扩展，发生环件直径扩大、壁厚减薄、截面轮廓达到所需尺寸的塑性变形。环件近内、外层及轴向端面的晶粒与成形辊距离较近，反复辗压使得应变量较大，晶粒偏转程度要大，并能够反复发生动态再结晶，原始铸坯的粗大晶粒得到细化，最终由于晶粒的择优取向而形成形变织构和再结晶织构；当环件近中层区域的应变量达到临界应变时，也会发生动态再结晶，该区域晶粒发生一定程度的偏转，具有不同的取向。在变形区外回转时，环件仍处于高温状态会发生亚动态再结晶，不断产生新的再结晶晶粒，随后再进入下一道次的辗压，如此往复，晶粒变得细小、分布均匀。

由于成形辊与环坯表面之间摩擦的存在，反复辗压时会伴随附加剪切应变，环件近外层和内层区域的晶粒偏转要更加剧烈，优先形成剪切织构，主要组分为 Copper 织构 {112}<111>和高斯织构 {110}<001>。而辗扩时近中层区域残留的形变储能，在辗扩完成后的空冷过程中会发生进一步的再结晶（亚动态或静态），表现为沿着 γ 取向线分布的再结晶织构强度较高，并伴随明显的形变织构。

由上述 25Mn 钢铸坯辗扩成形法兰和 42CrMo 钢铸坯辗扩成形轴承套圈的晶粒细化与织构演变规律可知，织构组态及其强度沿环件全厚度区域呈现不同的特征，这是由环件热辗扩过程的多道次、非对称辗扩、累积应变、非等温及局部等温的特征决定的。环件辗扩连续多道次局部加载（或回转成形）的工艺特点使其单道次辗扩的辗压进给量极为有限，辗扩孔型内金属塑性变形复杂、沿厚度方向不均匀，并且在热力耦合作用下的环件热辗扩变形过程中组织演变机理更为复杂。对于每一道次的径向辗压变形，环形铸坯的粗大晶粒均沿着辗扩平面法向（芯辊进给方向）被压缩、破碎，并沿着辗扩方向

（环件圆周方向）被拉长或捏合，轴向碾压则相反，但只有这一变形行为累积到一定程度，环件全厚度区域的晶粒组织才会发生质的改变，分布更加均匀，即实现组织改性。

由于环件辗扩时在驱动辊和芯辊孔型内存在"搓轧区"，使金属环件具有非对称辗扩的剪切变形特征，晶粒发生偏转，形成剪切织构。在较小的进给速度下，剪切变形行为并不明显；随着进给速度增大，铸坯组织流动性变大，并改变环件金属的变形行为，剪切变形转变为主要的变形机制。在该条件下，增大了晶粒的塑性变形程度，晶粒的转动从环件近外层和内层逐渐向中层扩展，以及加剧晶内塑性变形，提高环件再结晶所需的形变储存能，提供更多可能的再结晶形核位置，在随后从辗扩的高温条件下空冷自然放置冷却过程中，仍会继续发生晶粒的择优取向现象，导致环件近中层的再结晶织构和形变织构强度较高。此外，与 25Mn 钢法兰环件相比，42CrMo 钢铸坯热辗扩环件所具有的明显纤维织构使得组织演变过程更为复杂，全厚度区域晶粒偏转或转动剧烈，择优取向更加明显，沿环件全厚度区域存在的再结晶织构对晶粒细化更为有利。后续有必要针对铸态 42CrMo 钢环坯的单道次等温及多道次等温与非等温热变形行为、组织及宏/微观织构演变规律开展更为深入的研究。

5.3　环件全厚度区域的力学性能

5.3.1　42CrMo 钢环件全厚度区域的力学性能

1. 拉伸性能

实测环形铸坯热辗扩件调质后的屈服强度、抗拉强度、伸长率和断面收缩率数据如表 5-2 所列，并与使用性能指标进行对比。从表 5-2 中可以看出，铸造环坯经过热辗扩后，产品的各项力学性能与铸坯相比均有显著提高，并达到了使用要求，同时环件外层的试样塑性明显高于中层部位。

试样断口评定有助于评价材料的质量及发现材料的特殊缺陷，图 5-18 所示为辗扩件拉伸试样断口宏观特征。从图 5-18 中可以看出，由于环坯辗扩成形过程中内外层的变形量比较大，环件外圈附近的拉伸试样断口颈缩比较明显且呈半杯锥状，塑性相对较好，而环件中层部位变形程度较小，拉伸断口呈斜角状或不规则形状，表示试样可能有缩松、夹杂或枝状组织，铸造缺陷没有从根本上消除，但伸长率和断面收缩率等塑性指标达到了使用要求。

表 5-2   42CrMo 钢铸坯热辗扩环件常温拉伸试验数据

试样序号	性能指标	屈服强度/MPa	抗拉强度/MPa	伸长率/%	断面收缩率/%
标准		≥650	≥900	≥12%	≥50%
1		1018.7	1146.3	14.1	56.6
2		1030.5	1152.4	14.8	58.8
3		820.8	972.9	14.1	55.6
4		817.7	965.1	12.8	50.2
5		851.3	994.7	13.3	51.7
6		891.7	1018.9	13.6	53.8
7	实测数据	827.6	962.7	14.3	57.1
8		840.3	968.8	14.5	57.6
9		853.1	980.7	13.9	56.9
10		812.6	953.3	11.5	49.4
11		853.9	994.1	13.1	50.8
12		865.2	1003.1	14.0	52.7
平均值		873.6	1009.4	13.7	54.3

(a) 环件外层

(b) 环件中层

图 5-18   拉伸试样断口宏观特征

2. 冲击性能

冲击试验用来研究材料对于动载荷的抗力，在冲击实验中，冲击锤加载速度快，使材料内部的应力骤然升高，变形速度会影响材料的性质，因此可以测出与静载（拉伸实验）时不同的性能，还可以发现材料中的应力集中及材料内部缺陷。轴承套圈的工作环境恶劣，经常会受到冲击载荷，因此对其进行冲击实验是必要的。

根据《金属材料夏比摆锤冲击试验方法》(GB/T229—2007) 中的规定，热辗扩环件冲击试样加工成标准试样，在实验室的 JB-300B 半自动冲击试验机上进行冲击试验，测得的试样的冲击功 AKV 值列入表 5-3 中。从表 5-3 中的数据可以看出，辗扩件各部位的冲击功都达到了标准要求。

表 5-3　42CrMo 钢铸坯热辗扩环件常温冲击试验结果

试样序号	1	2	3	4	5	6	平均值	性能要求
冲击功/J	49	51	40	38	46	41	44	≥35

3. 硬度测试

测得热辗扩环件不同部位的硬度值如表 5-4 所示。从表 5-4 中可以看出，试样的硬度值与铸坯相比明显提高，都在性能要求的范围内。

表 5-4　42CrMo 钢铸坯热辗扩环件布氏硬度试验数据

试 验 位 置	布 氏 硬 度	试 验 位 置	布 氏 硬 度
1	275	11	274
2	283	12	274
3	282	13	278
4	278	14	269
5	266	15	275
6	278	16	282
7	288	17	282
8	286	18	286
9	265	19	290
10	266	20	288
平均值	278	性能要求	260~290

4. 摩擦磨损性能

1）摩擦磨损试验方法

摩擦是摩擦副表面在相互滑动中发生能量转换，并产生能量损耗的过程；

而磨损则是由摩擦副之间力学、物理、化学作用造成的表面损伤和材料剥落。摩擦与磨损密切相关，摩擦磨损现象广泛地存在于各类机械装备中，是机器最常见、最大量的一种失效方式，因此研究摩擦磨损性能并减少摩擦副间的摩擦磨损对提高机械零件产品的机械效率和使用寿命具有重要意义。42CrMo钢环件作为轴承行业中轴承内外套圈的主要材料，其摩擦磨损性能是影响轴承工作可靠性的关键因素，设法提高42CrMo钢环件的耐磨性，研究其摩擦磨损机理，对改善轴承的工作条件及轴承行业的发展意义深远。

摩擦磨损试验在MMW-1A万能摩擦磨损试验机上进行，选用球-盘摩擦副。摩擦副由安装紧固在副盘座上的试环（上试样）和固定在球盘夹头上与主轴相连的钢球（下试样）组成，将上述42CrMo钢环件加工成如图5-19所示的试环，试环试验表面粗糙度为Ra0.4μm；钢球材料为45钢，尺寸为φ12.7mm，并随主轴做旋转运动；作用于试环的载荷有50N、100N、150N、200N，滑动速度有0.31m/s、0.52m/s、0.78m/s、1.57m/s；试验温度为20℃，无润滑；每次试验时间均为40min。

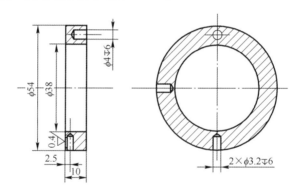

图5-19　试环尺寸

磨损量的测量采用传统的称量法，即通过测量磨损试验前后试环的质量来确定，采用精度为0.1mg的天平称出。为了提高准确率，试验前后试环均用丙酮清洗，并用吹风机吹干，共测量5次取平均值，作为磨损试验结果。然后，计算出体积磨损量为

$$V = \frac{质量磨损量}{密度} \tag{5-1}$$

试环的磨损率则以试环在一定载荷作用下滑动一定距离过程中的体积磨损量来表示：

$$\omega = \frac{V}{SF} \tag{5-2}$$

式中：V 为体积磨损量（mm^3）；S 为滑动距离（m）；F 为载荷（N）。

试环的摩擦磨损表面形貌采用 S-4800 扫描电子显微镜（SEM）进行观察分析。

MMW-1A 万能摩擦磨损试验机工作原理是利用微型计算机控制技术加载系统通过弹簧把试验力（载荷）传递到试验力传感器上，再由下导向主轴传递到下试样上，这样试验间的加载试验力（载荷）即可通过试验力传感器测出。上试样在一定压力下做旋转运动，并摩擦试环上表面，摩擦副间的摩擦力通过下导向主轴传递到摩擦力矩传感器上。数据经过 A/D 转换将摩擦力信号通过计算得到摩擦系数。测控系统本身内置了相关计算公式，通过计算可在软件中实时显示摩擦系数为

$$\mu = \frac{P}{F} \tag{5-3}$$

式中：μ 为摩擦系数；P 为摩擦力（N）；F 为正压力（载荷）（N）。

2）磨损量分析

通过对试验测得的数据进行分析，利用式（5-1）计算得出体积磨损量随滑动距离的变化情况如图 5-20 所示，载荷、滑动速度对试环磨损量的影响情况如图 5-21 所示。由图 5-20 可知，在所研究的载荷情况下，试环的体积磨损量随载荷的增大而稳定增加，并且载荷越大（150N 和 200N）时，体积磨损量增加的趋势要比小载荷（尤其是 50N）下增加的趋势更为显著。

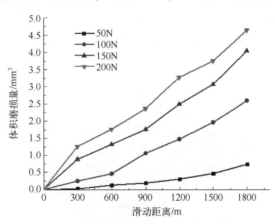

图 5-20 体积磨损量随滑动距离的变化情况

试环的磨损量随着载荷和滑动速度的增大而不断增加（图 5-21），当载荷从 50N 增大到 100N 时，在本次试验的滑动速度下，磨损量增加的趋势大致相同；然而，当载荷超过 100N 以后，随着滑动速度的增加，试环的磨损量急

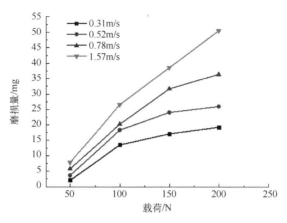

图 5-21　磨损量与载荷、滑动速度的关系曲线

剧上升。当载荷为 100N 时，滑动速度为 1.57m/s 下的磨损量为 26.6mg，大约是滑动速度为 0.31m/s 下磨损量的 2 倍；但当载荷达到 200N 时，这一趋势变为了 3 倍。这一现象说明了载荷为 100~200N 时，滑动速度对试环磨损量的影响显著。同时，上述现象也可以从磨损率的变化情况得到验证（图 5-22），即载荷达到 100N 以后，小滑动速度下的磨损率变化较大滑动速度下的要来得快而显著，较大的滑动速度使得应变率增加，硬度增加，磨损率会降低，说明了此时试环磨损量较小。

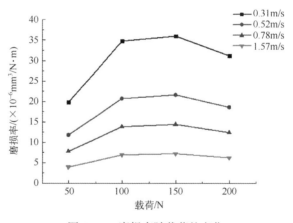

图 5-22　磨损率随载荷的变化

3）摩擦系数分析

图 5-23 所示为载荷、滑动速度对摩擦系数的影响曲线。可见，在不同的滑动速度下，摩擦系数开始都是随载荷的增大而减小的，而当载荷超过 100N

后，摩擦系数又随载荷的提高而不断增加。这主要是因为，开始阶段（载荷从 50N 提高到 100N）试环与钢球的接触面积较小，黏合力较弱，摩擦副表面静摩擦占主导，随着载荷的进一步增大，试环表面发生轻微的塑性变形，表面微凸体被磨削掉，使得摩擦副真实接触面积增大，摩擦系数得到提高。当滑动速度为 0.78m/s、载荷增大到 100N 时，摩擦系数的变化最为明显（图 5-24）。从图 5-24 中易见，摩擦系数降至 0.21 左右，而后不断增加至 0.25，此后会呈现上下波动幅度较大的现象。这是因为大载荷、高滑动速度下极短时间内由静摩擦变为滑动摩擦，试环表面硬质颗粒的作用，导致试验过程中摩擦系数大幅度波动。并且，在不同载荷情况下，摩擦系数都是随滑动速度的增加而减小的，这归因于滑动速度的提高，造成接触表面温度升高，试环表面形态发生变化，形成许多磨损凹槽，最终使得摩擦系数降低。

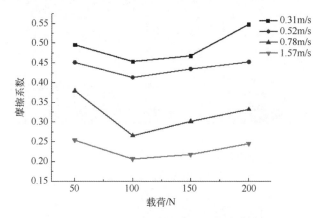

图 5-23　载荷、滑动系数对摩擦系数的影响曲线

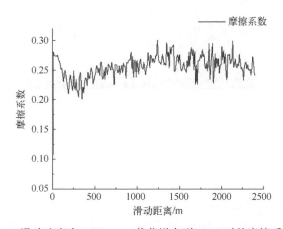

图 5-24　滑动速度为 0.78m/s、载荷增大到 100N 时的摩擦系数曲线

4）摩擦磨损形貌及其机理分析

采用扫描电子显微镜对 42CrMo 钢试环的摩擦磨损表面形貌进行分析，如图 5-25 所示。可见，基于铸辗复合成形的 42CrMo 钢环件的磨损形貌是随着载荷和滑动速度的增加，沿滑动方向上呈现出轮廓鲜明的平行状犁沟痕迹，在犁沟的凸缘和凹槽部位较为光滑，出现少量磨损颗粒；同时在大载荷和大滑动速度下，磨损凹槽宽度变大，深度加深，微观裂纹、凹凸不平和磨屑现象较为明显，使表层组织变得疏松，结构发生软化，且软化层的形成在很大程度上削弱了材料的耐磨性。

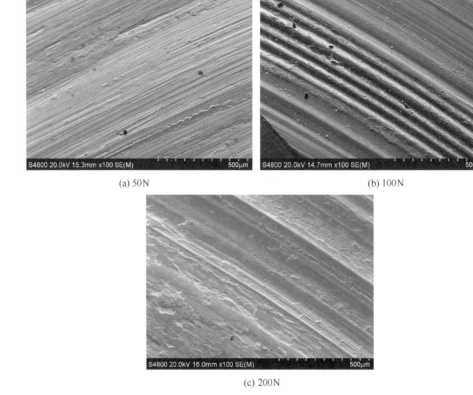

(a) 50N　　　　　　　　　(b) 100N

(c) 200N

图 5-25　滑动速度为 0.78m/s、不同载荷下 42CrMo 钢环件的摩擦磨损表面形貌

通过进一步的分析可知，当载荷较小、滑动速度较低时，磨损表面表现为磨粒磨损特征，这主要是由于接触表面微凸体受到剪应力和拉应力的作用，摩擦接触面造成划伤或剥落，形成硬度较高的磨粒甚至磨屑，试环表面的材料在磨粒的犁削作用下，撕脱滑落，这些磨粒或磨屑会进一步加剧磨粒磨损，使得少量基体表层组织堆积在犁削凹槽两侧如图 5-25（b）所示。在载荷较

大、滑动速度较高的条件下［图 5-25（c）和图 5-26（c）］，磨损表面形貌也都出现沿滑动方向的切削犁沟痕迹，但此时的切削犁沟深度较大。此外，还对磨损表面产生严重的划伤，与表层发生黏连，在往复的滑动过程中基体表面发生塑性变形，基体次表层物质从磨损表面撕脱滑落，形成大块状、片状磨屑，磨损量极为严重；同时，载荷的增加会使摩擦生热显著增加，基体有蠕变软化的趋势，微裂纹的扩展更加容易，磨损量增加也愈发明显。上述内容都说明了此时发生了明显的黏着磨损特征。

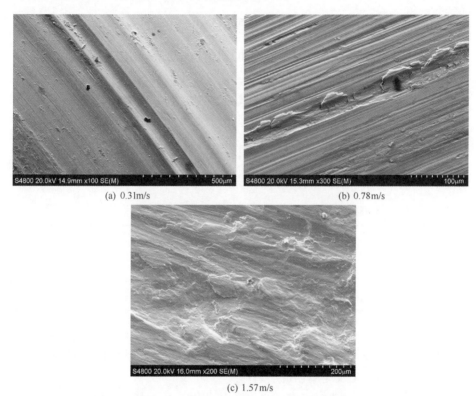

(a) 0.31m/s

(b) 0.78m/s

(c) 1.57m/s

图 5-26　载荷为 100N、不同滑动速度下 42CrMo 钢环件的摩擦磨损表面形貌

上述结果进一步说明了摩擦副之间由于硬质材料的表面微凸体对较软材料的微观切削作用总会存在，从而容易形成磨粒磨损特征；而黏着磨损特征是在作用于接触表面的载荷、滑动速度等工况条件达到一定程度时或由于摩擦副的内在属性使其在摩擦过程中发生塑性变形而易于发生黏连作用，并且在剪切力作用下发生脱落，才会发生的剧烈磨损状态；所以，可以把黏着磨损看作是材料的一种特殊磨损特征。总之，众多因素的共同作用影响着材料的耐磨性，但材料的强度、硬度及微观组织等固有属性还是起着决定性作用。

一般来说，在摩擦磨损过程中，42CrMo 钢环件首先发生的是较轻微的磨粒磨损，只有在载荷、滑动速度等条件的不断增大时，才会开始发生黏着磨损。

结合上述对 42CrMo 钢环件磨损量和摩擦磨损表面形貌的分析可知，基于铸辗复合成形工艺生产的 42CrMo 钢环件各种力学性能较好，硬度较高，在载荷为 100N、滑动速度为 0.78m/s 时进行摩擦磨损试验，由磨损量（约为 20.3mg）和摩擦系数（0.25 左右）所体现出的耐磨性能较好。所以，在此工况条件下，有利于 42CrMo 钢环件在使用过程中使用寿命的提高。

5.3.2　25Mn 钢法兰环件全厚度区域的力学性能

环件热辗扩过程中的塑性变形，使得环件内部微观组织发生变化，又直接影响着环件力学性能的变化。结果表明，25Mn 钢法兰环件中层的力学性能较外层和内层的要差，尤其是塑性最明显，如表 5-5 所列的中层断面收缩率为 42.7%，而内层和外层分别达到了 52.4% 和 55.4%。抗拉强度 σ_b 和屈服强度 $\sigma_{0.2}$ 的变化趋势也类似，中层的略微低于内层和外层，σ_b 均大于 540MPa，$\sigma_{0.2}$ 均大于 300MPa。这是因为当晶粒尺寸较小时，塑性变形过程中对位错运动的阻碍作用增强，抵抗塑性变形的能力显著提高。

表 5-5　25Mn 钢法兰铸环坯热辗扩后不同区域的力学性能

	抗拉强度/MPa	屈服强度/MPa	伸长率/%	断面收缩率/%	冲击功/J
内层	551	315	23.4	52.4	43
中层	543	303	23.2	42.7	39
外层	553	318	25.4	55.4	47

热辗扩完成后，25Mn 钢法兰环件内层、外层和中层的硬度分别为 149 HB、152 HB 和 143 HB，如图 5-27 所示。可见，不同区域的硬度值差别较小，为后续法兰环件的加工及应用创造了条件。

25Mn 钢法兰环件热辗扩成形的组织中残余应力较大，组织主要是粗大的铁素体，晶粒度为 2 级，韧性差，冲击功较低，断裂前无明显的塑性变形；当试验力达到相应的最大值时，易发生脆性断裂，断口呈脆性结晶状。利用扫描电镜观察可以发现，25Mn 钢环件的内层和外层拉伸断口河流状花样明显，花样起伏的程度较大、不规则，在花样周围伴有少量等轴韧窝，韧窝深度浅，少量韧窝区又存在细小的空洞，断裂机制主要是准解理断裂，伴随韧窝断裂形式，如图 5-28 所示。而环件的中层则观察不到韧窝和河流状花样，断面锋利、不平整，撕裂棱严重，微小孔洞较多，在环件受到外载荷辗压发生塑性延伸时而不断扩展。

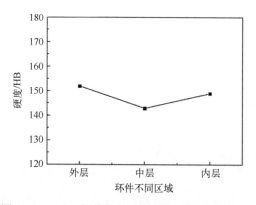

图 5-27　25Mn 钢热辗扩成形环件不同区域的硬度

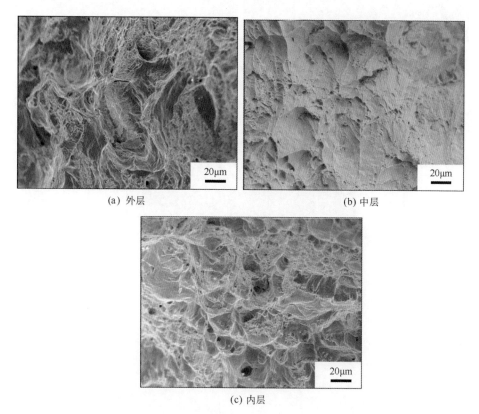

图 5-28　25Mn 钢辗扩成形环件拉伸断口形貌

　　环件的冲击断口主要由纤维区、发射区及剪切唇构成。放射区的形貌为准解理，由大量撕裂棱和解理平台构成（图 5-29），撕裂棱上有少量小韧窝，并夹杂着直径很小的球形颗粒。25Mn 钢环件辗扩成形的组织剪切唇面积较小，单元解理面尺寸增大，河流花样从裂纹萌生处向四周扩展，遇大角度晶界时形成断裂台阶，此现象在环件的中层区域更加明显，如图 5-29（b）所示。

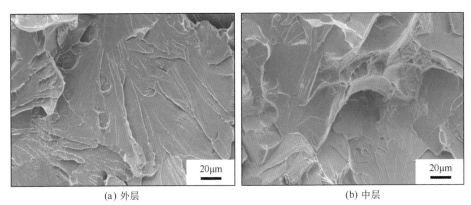

(a) 外层　　　　　　　　　　　　　(b) 中层

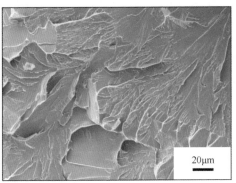

(c) 内层

图 5-29　25Mn 钢辗扩成形环件冲击断口形貌

第**6**章

环件短流程铸辗连续成形技术

环件短流程铸辗连续成形技术是在环件短流程铸辗复合成形工艺基础上进一步提出的，工艺流程为合金冶炼、离心铸造环坯、补热均热和热辗扩，其核心是铸造环坯高温出模补热后直接进行辗扩成形，相比铸辗复合成形工艺具有高效、节能等优势。然而，较高的出模温度导致粗大组织，加剧了环坯温度分布的不均，环坯出模后与环境温差较大，导致冷却速率增大产生了大的热应力，增大了裂纹发生概率，由此制约了后续辗扩工艺的顺利进行。为此，通过理论分析、物理模拟和数值模拟，研究铸态 42CrMo 钢材料自身的高温力学性能和铸造环坯高温出模前后的应力、应变状态，提出裂纹判别依据，分析裂纹形成机理、影响因素及避免裂纹的措施，实现环件短流程铸辗连续成形过程铸造裂纹的精确预报。

6.1 42CrMo 钢环坯铸辗连续成形过程裂纹萌生判据

6.1.1 高温拉伸性能

裂纹的形成与铸造工艺过程和材料的高温力学行为密切相关。无论是对现有工艺的优化还是对新工艺的开发都具有很大不确定因素，物理模拟提供了一种不需要进行大量现场试验就可获得加工工艺的有效途径，对优化工艺和研究材料性能非常有效。热物理模拟是指在实验室中借助试验设备对缩小比例的试样进行与实际生产相接近的热力学条件（受力或受热过程）的精确复制，用以得出与实际生产相接近的材料性能变化规律。

1. 试验方案

高温拉伸试验可用来确定材料脆性温度范围，评价材料动态软化机制，分析材料成分、凝固组织、铸造条件等对材料裂纹敏感性的影响，揭示裂纹随温度变化趋势，因此，这里采用 Gleeble-3500 热力模拟试验机通过拉伸试验对铸造 42CrMo 钢高温力学性能进行研究。采用带有 OXFORD 能谱仪（EDS）的 JSM-6510 型扫描电镜观察拉伸断口形貌，并进行能谱分析，试验设备如图 6-1 所示。

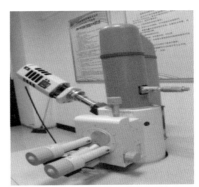

(a) Gleeble-3500热力模拟机　　　　　(b) JSM-6510扫描电镜

图 6-1　试验设备

试验材料取自 42CrMo 立式离心铸造环坯，环坯尺寸为 240mm×120mm×40mm。材料化学成分如表 6-1 所列。采用中频感应炉冶炼，冶炼温度为 1650~1680℃，冶炼时间为 3.5~4.0h，浇注温度为 1520~1560℃，浇注速度为 16.8~18.5kg/s，铸型预热温度为 150℃，离心转速为 15r/s，当环坯表面温度降至 1050℃时出模，按照 GB/T 2975—2018 力学性能试样制备，沿离心铸造旋转方向靠近外圆处取样。42CrMo 钢离心铸造环坯尺寸及取样位置如图 6-2 所示，试样尺寸如图 6-3 所示。试验时，首先采用线切割机沿环坯圆周方向切取试样，试样经打磨、抛光在 Gleeble-3500 热力模拟试验机上以设定拉伸速率拉伸试样直至断裂，断裂后迅速气冷以保护拉伸试样微观断口形貌不被氧化。

表 6-1　42CrMo 钢离心铸造环坯的化学成分（质量分数/%）

元　素	C	Mn	Mo	Cr	Si	S	P
试验	0.44	0.72	0.22	1.13	0.28	≤0.035	≤0.035

(a) 离心铸造环坯尺寸

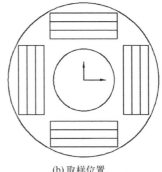
(b) 取样位置

图 6-2　42CrMo 钢离心铸造环坯尺寸及取样位置

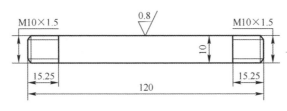

图 6-3　试样尺寸

高温拉伸试验中，试样的加热可采用凝固法和加热法两种方法。凝固法是指将试样以一定的加热速率加热至接近熔点温度，保温一定时间，然后以一定的冷却速率将试样降温至拉伸温度并保温均热的加热方法，也称熔融性试验；加热法则是直接将试样以一定的加热速度加热至拉伸温度并保温均热的加热方法，也称非熔融性试验。一些研究人员的报告表明，非熔融性试验优于研究各种类型的铸造。因此本拉伸试验的加热方法选用加热法。具体为将试样首先以 10℃/s 的加热速率加热至拉伸温度，拉伸温度为 800 ~ 1200℃，温度间隔 100℃。保温 20min 后，以 $0.001s^{-1}$、$0.01s^{-1}$、$0.1s^{-1}$ 的应变速率拉伸试样直至断裂。此外，考虑到高温出模铸坯温度分布不均匀，局部可能存在更低或更高的温度，加做了温度为 700℃、应变速率为 $0.1s^{-1}$，以及温度为 1300℃、应变速率为 $0.01s^{-1}$ 的拉伸实验。拉伸加热规范如图 6-4 所示。

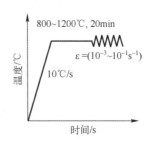

图 6-4　拉伸加热规范

2. 高温力学性能

裂纹的产生与铸造材料的高温力学行为密切相关，掌握其高温力学性能是分析裂纹行为的基础。强度和塑性是金属材料的重要力学性能，是评价和衡量铸造质量的常用性能指标，强度是指材料在外力作用下抵抗塑性变形或断裂的能力，衡量强度的常用重要指标为屈服强度和抗拉强度。塑性是指材料在外力作用下产生塑性变形而不破坏的能力，衡量塑性的常用重要指标为延伸率或断面收缩率。延伸率是指试样拉断后的伸长量与试样拉伸前标距长度的百分比，是拉伸至颈缩时的均匀延伸和颈缩区的局部延伸之和。断面收缩率是指试样拉断后断口处横截面的缩减量与试样拉伸前原始横截面面积的百分比。由于延伸率与试样的标距长度有关，而断面收缩率数值不受试样尺寸的影响，此外，断面收缩率相比于延伸率对材料成分、夹杂物及缩松、缩孔等冶金因素的变化比较敏感，能更好地反映铸件在实际铸造过程中的塑性变形情况，因此在该试验中采用断面收缩率来表征材料热塑性。

图6-5所示为铸态42CrMo钢试样经高温拉伸试验获得的真应力—真应变曲线。

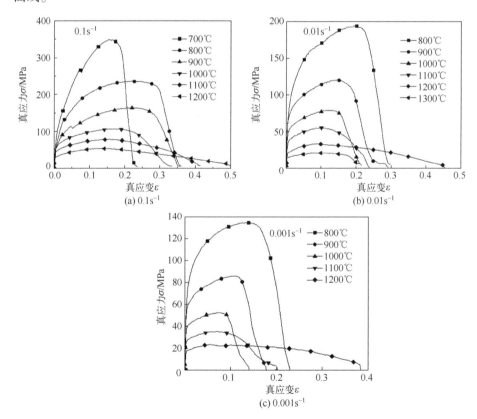

图6-5　不同应变速率下热拉伸真应力—真应变曲线

图 6-6 所示为试样在试验条件下抗拉强度、断面收缩率及断裂时应变随温度变化关系曲线。图 6-7 所示为不同应变速率下断面收缩率相对误差直方图。

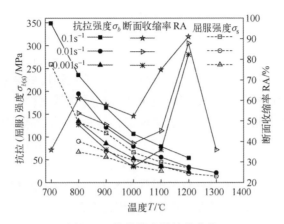

图 6-6 热拉伸力学性能曲线

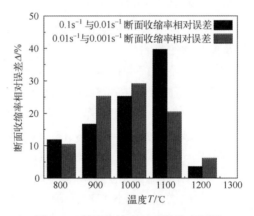

图 6-7 断面收缩率相对误差直方图

图 6-5 所示为典型的热拉伸流变应力曲线由 4 个阶段构成，分别是弹性阶段、屈服阶段、强化阶段（均匀塑性变形阶段）和局部变形阶段。通过热拉伸试验得到的流变应力曲线可直接表征材料的力学性能指标屈服强度和抗拉强度。

1）加热温度和应变速率对抗拉强度与屈服强度的影响

由图 6-5 可知，随着温度的升高，应变速率的减小，材料峰值应力（对应抗拉强度）及应变硬化率变小，表现为上升至峰值应力的曲线变得愈加平缓。随应变速率增加，抗拉强度具有相似变化规律，只是降低趋势更加缓慢，表明铸造 42CrMo 钢在高温低应变速率下变形抗力较小。1200℃、$0.001s^{-1}$ 抗拉强度甚至小于 23.36MPa，这主要是因为温度越高，热激活能诱发的原子扩散能力越强，促进了位错消失，削弱了材料加工硬化；应变速率越小，位错密度越小，位错运动越容易进行，塑性变形抗力变小。

由图 6-6 可知，同一应变速率下，抗拉强度随温度的升高而减小，且随着温度的升高，应变速率对抗拉强度的影响变得越来越小了。此外，还可以看出，温度对抗拉强度的影响大于应变速率对抗拉强度的影响。当材料处于奥氏体组织温度范围时，应变速率越大，抗拉强度越大，对应抗拉强度的应变也越大，这主要是由于随应变速率增加，材料中螺位错的交滑移和刃位错的攀滑移不能充分进行，塑性变形抗力增大，软化作用减小，变形所需能量增加。

加热温度和应变速率对材料屈服强度具有与抗拉强度相似的影响。屈服强度随形变速率的增大而增大，随加热温度的升高而减小。

2）加热温度和应变速率对断面收缩率的影响

铸造组织的相的组成、性质、数量、大小、形态及其分布是决定材料性能的关键因素。金属材料的塑性直接与温度和应变速率产生的晶界滑动有关，同时受合金元素偏析及夹杂物的影响。

由图 6-6 可知，试样的断面收缩率在 700℃ 时，塑性急剧减小；在 800~1000℃ 时，塑性随温度升高而减小；在 1000℃ 时达到较小，之后增大；在 1200℃ 时达到较大；在 1300℃ 时，又迅速下降。这主要是由于 700℃，材料组织由奥氏体转变为低温铁素体，而在 1000℃ 左右，在奥氏体晶界上析出了 FeS 与 $\gamma\text{-Fe}$ 形成的共晶体，从而降低了材料塑性和韧性，之后，随温度升高，材料发生了部分动态再结晶直至完全的动态再结晶，再结晶程度增大，加工硬化倾向减小，软化作用增强，材料塑性提高。在 1300℃ 时，材料局部产生了过热过烧，同时晶粒快速长大粗化削弱了材料性能，使得塑性急转下降。

断面收缩率随着应变速率的减小而减小，通常随应变速率的增加材料会产生绝热温升现象，有利于改善材料塑性，采用该文献提供的方法计算拉伸试验中塑性变形功引起的温升很小，仅为 2~8℃，表明低应变速率下，变形功引起的温升对材料塑性的影响可忽略不计，拉伸可近似认为是等温过程。事实上，随应变速率的减小，参与滑移的晶界数量增多，同时晶界滑移时间和晶界处空洞生长时间变得越长，从而使材料塑性降低。由此可知，提高应变速率有利于改善铸造 42CrMo 钢塑性，避免裂纹形成。由图 6-7 可知，应变速率对断面收缩率的影响程度随温度的增加呈正态分布。塑性较差的 1000℃，应变速率变化对材料塑性的影响相对较大。在1100℃时，材料塑性对应变速率很敏感，$0.1s^{-1}$应变速率下材料塑性获得了很大提高；在1200℃时，材料塑性对应变速率的敏感性较小，在$0.1\sim0.001s^{-1}$的应变速率范围内，断面收缩率的相对误差仅为3.57%~6.14%，即使在$0.001s^{-1}$较低应变速率下仍能保持断面收缩率为82.36%，说明在1200℃的高温下，温度是影响铸造42CrMo钢塑性的主要因素。

3）加热温度和应变速率对动态再结晶的影响

动态再结晶行为对材料塑性的影响通常可采用再结晶温度和再结晶程度来表征。稳态应变与断裂应变的差值直接反映了再结晶程度，差值越大再结晶程度越高。一般来说，再结晶温度越低，再结晶程度越高，材料塑性越好。由图6-5可知，铸态42CrMo钢的动态再结晶行为不是特别显著。当温度达到1100℃时，流动应力上升至峰值应力后缓慢下降，应力得到软化，断裂时应变增大，材料塑性增强，表明试样发生了动态再结晶，但再结晶程度不充分，这主要是由于动态再结晶的发生是一个再结晶晶核形核和长大的过程，需要达到一定的临界变形量才会发生。未经热处理的铸件，普遍存在成分偏析、组织缩松、晶粒粗大等特点，塑性相对较差，从而提高了再结晶温度，减小了再结晶程度。当温度达到1200℃时，原子能量增大，原子间结合力降低，再结晶所需的临界应力减小，流动应力缓慢上升至峰值应力之后应力趋于稳态变化，表明再结晶程度发展充分。尤其是$0.001s^{-1}$应变速率下，曲线变得愈加平缓，再结晶软化作用明显，表明较高温度和较低应变速率有利于动态再结晶的发生。这主要是因为动态再结晶通常优先在晶格畸变严重和能量较高的晶界处形核并生长，说明较低的变形抗力可使发生动态再结晶所需的临界应变减小，从而越有利于动态再结晶的发生。不完全的动态再结晶，形成的微观结构不均匀，在粗晶粒上易引起应力集中；完全的动态再结晶，形成的微观结构均匀细小，使得位错湮没，应力集中降低，同时使得晶界面积增大，应变集中减少，改善了材料塑性，阻碍了裂纹萌生。此外，动态再结晶的发生使晶界发生迁移，当晶界迁移速度超过滑移速度时，晶界处形成的裂纹被包围在再结晶晶粒内，阻碍了裂纹扩展。

在实际铸造过程中，因为晶粒粗大且应变较小，动态再结晶不可能发生，因此，在实际铸造过程中可不考虑动态再结晶对材料塑性的影响。此外，铸坯材料在热加工过程中，即使发生了动态再结晶也不会引起表面裂纹的显著改善，因为动态再结晶对裂纹的敏感程度相对较小。

由此可知，在铸辗连续成形工艺中，尽管动态再结晶对表面裂纹的改善贡献不大，但辗扩时发生的动态再结晶可进一步达到细化组织，改善组织性能，阻止裂纹扩展的目的，因此相比于铸辗复合成形工艺中的 42CrMo 环坯最佳辗扩温度 1150℃，在铸辗连续成形中可适当提高其初始辗扩温度至 1150~1200℃。

3. 硬化系数

硬化系数 H_1（又称为塑性模量或强化系数）是应力场数值模拟的必要力学参数，是指材料处于均匀塑性变形阶段真应力—真应变曲线的斜率。作为材料的塑性强化指标，硬化系数反映了材料在拉伸过程中抵抗塑性变形的能力，其大小与加载历程决定的材料塑性变形程度有关，可通过单向拉伸的真应力—真应变曲线获得。图 6-8 所示为硬化系数与应变关系曲线。

$$H_1 = \frac{\partial \sigma}{\partial \varepsilon} \tag{6-1}$$

由于应力与应变的关系满足公式 $\sigma = K\varepsilon^n$，因此式（6-1）可表达

$$H_1 = \frac{\partial \sigma}{\partial \varepsilon} = Kn\varepsilon^{(n-1)} \tag{6-2}$$

式中：n 为应变硬化指数；K 为材料常数。

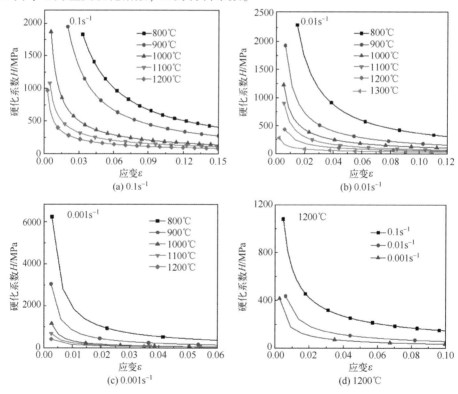

图 6-8　不同应变速率和温度下硬化系数-应变关系

$H_1 = 0$，对应应变曲线的峰值应力；$H_1 = H_{1max}$，对应应变曲线的屈服应力。

由图 6-8 和表 6-2 可知，铸造 42CrMo 钢的硬化系数 H_1 和应变硬化指数 n 均随加热温度的升高而减小，随应变速率的增大而增大。n 反映了变形难易程度，n 值越大，应变硬化程度越大，变形越困难。H_1 反映了硬化速率，表现在图 6-8 中即是随着温度的升高和应变速率的减小，应变硬化阶段变窄了，说明高温低应变速率下变形容易进行。应变增加，硬化系数先是急剧减小，然后减小速率变缓，表明初始变形阶段，应变硬化速率较大，随变形的增加，应变硬化速率减小。此外，随温度的升高和应变速率的减小，$H_1 = 0$ 对应的应变减小，表明峰值应力对应的应变减小。这主要是因为高温低应变速率下，材料中螺位错的交滑移和刃位错的攀滑移能够充分进行，塑性变形抗力减小，软化作用增加，变形所需能量减小。尤其是在 1100~1200℃ 的低应变速率下，材料发生了动态再结晶，再结晶软化作用抵消了部分加工硬化。应变硬化指数与温度及应变速率间的关系如图 6-9。

表 6-2　硬化系数相关系数

$T/℃$	$0.1s^{-1}$		$0.01s^{-1}$		$0.001s^{-1}$	
	K/MPa	n	K/MPa	n	K/MPa	n
800	3625.64662	0.35702	838.10173	0.26023	324.04766	0.17191
900	1372.28111	0.27257	172.2864	0.17377	125.15436	0.14214
1000	149.28069	0.18327	92.89784	0.15894	50.44445	0.11407
1100	94.92400	0.16658	71.31036	0.15491	31.10678	0.08932
1200	68.92783	0.16559	39.82135	0.15264	22.88099	0.08547
1300			21.59297	0.11402		

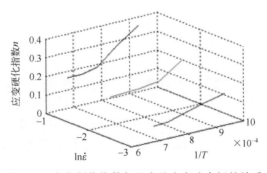

图 6-9　应变硬化指数与温度及应变速率间的关系

4. 应变速率敏感系数

应变速率敏感系数指材料在热加工变形的某一瞬间，流变应力对应变速率的敏感程度，是判定材料塑性的重要指标。应变速率敏感系数越大，流变应力对应变速率的敏感性就越大。应变速率敏感系数可以反映材料在整个热变形过程中的颈缩扩展能力，较大的应变速率敏感系数表明材料具有大的颈缩传递能力。对于应变和应变速率敏感性材料，流变应力可用 Fields-Backofen 方程描述：

$$\sigma = K_0 \varepsilon^n \dot{\varepsilon}^m \tag{6-3}$$

式中：K_0 为材料常数；n 为应变硬化指数；m 为应变速率敏感系数。

式 (6-3) 两边取对数得 $\ln\sigma = K_1 + n\ln\varepsilon + m\ln\dot{\varepsilon}$，$m$ 值的大小与变形路径决定的变形力学条件有关。在拉伸试验中，假设试样单向拉伸，变形均匀，变形中体积保持不变。当变形温度和应变一定时，$K_1 + n\ln\varepsilon$ 为常数，由此，m 值可表示为

$$m = \frac{\partial \ln\sigma}{\partial \ln\dot{\varepsilon}}\bigg|_{\dot{\varepsilon},T} \tag{6-4}$$

材料呈现较高塑性的应变速率范围一般为 $10^{-4} \sim 10^{-1}\text{s}^{-1}$，由式 (6-3) 可知，增大 m 值，流变应力将减小，颈缩传递和扩展趋势将增加，局部变形将减慢。在拉伸试验中，当拉伸载荷达到材料峰值应力时，载荷局部失稳开始颈缩，颈缩扩展阶段，应变速率增加导致应变集中，材料进入非均匀塑性变形阶段。在 1200℃、0.001s^{-1} 的高温低应变速率下，材料达到均匀塑性变形的最大，应变最小，为 0.05s^{-1}，可选取此应变来计算 m 值。为比较不同应变对 m 的影响，选取临近应变 0.06。具体计算方法可将式 (6-4) 表示为差分形式，选取某一温度，取真应力—真应变曲线中不同应变速率下应变为 0.05 时的应力，得到一组数据，$(\sigma_1, \dot{\varepsilon}_1)$、$(\sigma_2, \dot{\varepsilon}_2)$、$(\sigma_3, \dot{\varepsilon}_3)$，其中 $\dot{\varepsilon}_1$、$\dot{\varepsilon}_2$、$\dot{\varepsilon}_3$ 分别为 0.1s^{-1}、0.01s^{-1}、0.001s^{-1}，则

$$m = \frac{\partial \ln\sigma}{\partial \ln\dot{\varepsilon}}\bigg|_{\dot{\varepsilon},T} = \frac{\Delta\ln\sigma}{\Delta\ln\dot{\varepsilon}} = \frac{\ln(\sigma_{i+1} - \sigma_i)}{\ln(\dot{\varepsilon}_{i+1} - \dot{\varepsilon}_i)} \tag{6-5}$$

式中：$i=1$。

由式 (6-5) 作图 6-10，计算不同温度时的 m 值。

由图 6-10 可知，试验条件下，铸造 42CrMo 钢应变速率敏感系数随温度的升高而增大，随应变和应变速率的增加而减小，说明流变应力随温度的升高、应变和应变速率的减小而减小，这与试验得到的应力结果相一致。

5. 断口形貌分析

断口形貌指试样断裂后形成的表面形貌，可分为宏观断口形貌和微观断口形貌两类，断口反映了裂纹萌生、扩展直至断裂的全部信息，借助断口形貌分析可揭示材料的断裂原因、断裂过程和断裂机理，确定裂纹扩展方向与

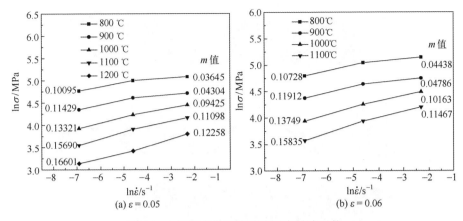

图 6-10 不同条件下的应变速率敏感系数

路径。试样在拉伸过程中的断裂方式与试样在拉伸载荷作用下不同应力状态所决定的塑性变形量的大小、分布有关。金属材料在拉伸变形时，当材料达屈服强度前，材料受轴向单向应力作用首先发生均匀塑性变形；当材料超过抗拉极限时，材料的应力状态变为三向应力状态，出现非均匀塑性变形，变形程度取决于材料性能及所受的应力状态。

1）宏观断口形貌

（1）断口特征花样，如放射花样、人字纹花样等。放射花样表明裂纹扩展不稳定。

（2）断口表面粗糙程度，一般来说，剪切断裂所占比例越大，断口越粗糙；沿晶断裂和解理断裂所占比例越大，断口越平坦。

（3）断口的颜色和光泽。

（4）断口与最大正应力的夹角，平面应变时与最大正应力垂直，平面应力时与最大正应力呈45°夹角。

脆性断裂的宏观特点是断裂前无明显塑性变形或塑性变形很小，断口平坦，表面粗糙，颜色有时光亮有时灰暗；韧性断裂特点是断裂前有明显塑性变形，断裂应变较大。图 6-11 所示为铸造 42CrMo 钢在不同温度和应变速率下高温拉伸得到的宏观断口形貌。

由图 6-11 可知，试样宏观拉伸断口均表现为正断型断口，部分断口表面呈现不同程度红色，红脆特征明显。当应变速率为 $0.001s^{-1}$ 时，断口颜色发红的温度区间为 800～1100℃；当应变速率为 $0.01s^{-1}$ 时，变为 800～1000℃；而当应变速率为 $0.1s^{-1}$ 时，仅在900℃时断口颜色显示红色，表明随应变速率的增大，红脆区温度范围缩小，并向低温方向推移，断面截面积减小，材料塑

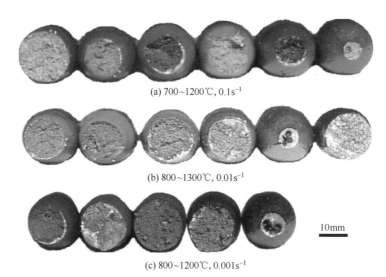

(a) 700~1200℃，0.1s⁻¹

(b) 800~1300℃，0.01s⁻¹

10mm

(c) 800~1200℃，0.001s⁻¹

图 6-11　铸造 42CrMo 钢在不同温度与应变速率下高温拉伸得到的宏观断口形貌

性增加。当应变速率为 0.001s⁻¹、温度为 1000℃时，红脆性最为严重，截面收缩率仅为 27.8%，材料塑性最差。这主要与有害元素硫有关，1000℃左右，硫与铁易形成低熔点共晶相，分布在奥氏体晶界，随温度的升高，共晶相融化，削弱了晶界强度。限制和降低钢液中 S、O 等杂质元素含量，提高 Mn 含量，对钢液采取缓冷和保温处理，可以减缓铸坯在该区域的脆化。在 0.01s⁻¹、1300℃时，断口呈现灰白色颗粒、局部有熔融痕迹，呈结晶状断面，颈缩明显减小，抗拉强度也仅为 21.4MPa，这主要与高温下晶粒迅速长大及脆性相析出物的溶解有关。

　　此外，在 1200℃时，不同应变速率下的铸造 42CrMo 钢均表现出较高塑性，颈缩特别明显，断面中心存在较大孔洞，孔洞随应变速率的减小变大变深，表明随温度的升高，应变速率减小，由孔洞所诱发的损伤变得越发严重。

　　2）微观断口形貌

　　穿晶脆性断裂的微观特征是河流花样、舌状花样（对应解理断裂）或由短而弯曲的河流花样、浅而小的韧窝、高密度短而弯曲的撕裂棱混合组成（对应准解理断裂）。沿晶脆性断裂的微观特征是粗大晶粒形成的岩石状花样或冰糖状花样，细小晶粒形成的结晶状断口。韧性断裂的微观特征是滑移分离和韧窝，其中韧窝（也称迭波、微孔）是金属韧性断裂的最主要形貌，一般来说，韧窝的深浅反映了材料的塑性变形能力，韧窝深，材料塑性变形能力强；反之，塑性差。韧窝的大小及分布均匀性受到第二相粒子（主要为碳化物）及夹杂物尺寸、形状、分布均匀性的影响，一般来说，第二相粒子越大，韧窝也越大；硫化物、碳化物等第二脆性相体积分数越大，材料塑性越差。韧窝的形成是显微空洞形核、长大、聚合断裂的结果。

在塑性变形过程中，材料由于总变形与局部变形的不一致在局部区域形成显微空洞，如果存在夹杂物和第二相粒子，那么显微孔洞优先在晶界、夹杂物和第二相粒子周围形成。当材料达到强度极限后，出现颈缩，颈缩中心区域的塑性变形使得材料受到三向应力作用，中心成为裂纹源，受拉应力作用产生滑移，滑移导致了显微孔洞的长大，长大的孔洞与相邻孔洞相互连接聚合直至材料断裂。

拉伸试样受三向应力作用后的塑性变形程度和孔洞裂纹扩展机理可用应力三轴度理论描述。应力三轴度反映了试样在应力场中的三轴应力状态，其值为材料在 3 个坐标轴方向主应力的平均值与 Mises 等效应力的比值。

$$R_\sigma = \frac{\sigma_m}{\overline{\sigma}} = \frac{\sqrt{2}(\sigma_1 + \sigma_2 + \sigma_3)}{3\sqrt{(\sigma_1-\sigma_2)^2 + (\sigma_2-\sigma_3)^2 + (\sigma_1-\sigma_3)^2}} \tag{6-6}$$

式中：σ_m 为平均应力，$\sigma_m = (\sigma_1 + \sigma_2 + \sigma_3)/3$；$\overline{\sigma}$ 为等效应力，$\overline{\sigma} = \sqrt{(\sigma_1-\sigma_2)^2 + (\sigma_2-\sigma_3)^2 + (\sigma_1-\sigma_3)^2}/\sqrt{2}$。

R_σ 值越大，试样呈现拉应力状态，材料延伸倾向变大，有利于孔洞的形核和微裂纹形成，试样发生正断；相反，R_σ 值越小，试样呈现压应力状态，材料趋于剪切断裂的倾向变大，试样发生剪断。

图 6-12 所示为铸造 42CrMo 钢拉伸断口的部分扫描图像及 EDS 图像。

图 6-12（a_0）中的断口表面呈现冰糖状形貌，表面分布有较浅的韧窝，材料表现出一定塑性，但塑性较小，材料属于沿晶脆性断裂。图 6-12（b_0）、（c_0）中的断口表面均呈现韧窝韧性断裂形貌，但韧窝底部没有观察到第二相质点。图 6-12（b_0）中的断口韧窝细小而密集，表面分布有许多微小孔洞，大的孔洞中存在夹杂物。韧窝分布相对均匀，材料表现出良好塑性。在图 6-12（c_0）中，韧窝韧窝大小分布不均，在大韧窝周围分布有一些小韧窝，降低了材料塑性。图 6-12（d_0）中的断口表面呈现滑移分离韧性断裂形貌。该温度下，低熔点物质及夹杂物沿晶界偏析程度增加，晶界强度降低，容易在拉应力作用下被拔出并形成大而深的孔洞。韧窝直径增大，深度变浅，数量减少，分布更加不均匀，塑性进一步降低，同时在大的韧窝壁上呈现明显的蛇形滑移、涟波花样等滑移线痕迹，无明显延伸区，这主要是由于试样受轴向载荷作用发生塑性变形，当韧窝表面与主应力方向垂直时，较大的应力会导致韧窝的自由表面沿取向不同的晶粒产生新的滑移，初生的滑移痕迹很尖锐，继续滑移使之平滑发展为蛇形花样，进而形成涟波。在图 6-12（e_0）中，晶界

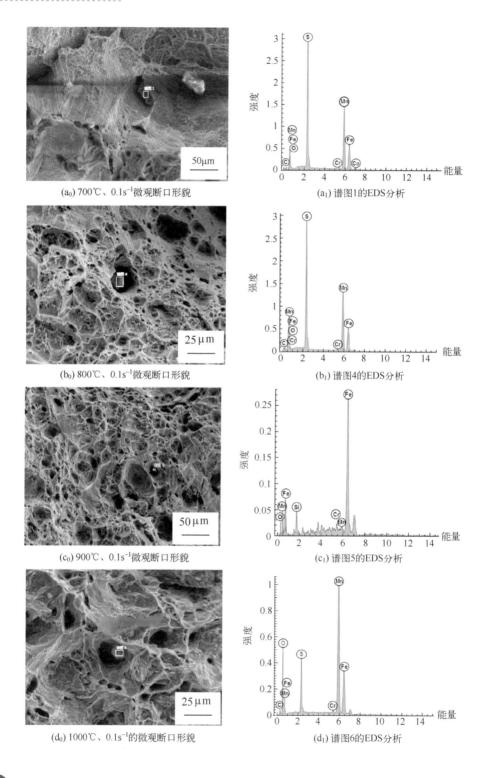

(a₀) 700℃、0.1s⁻¹微观断口形貌

(a₁) 谱图1的EDS分析

(b₀) 800℃、0.1s⁻¹微观断口形貌

(b₁) 谱图4的EDS分析

(c₀) 900℃、0.1s⁻¹微观断口形貌

(c₁) 谱图5的EDS分析

(d₀) 1000℃、0.1s⁻¹的微观断口形貌

(d₁) 谱图6的EDS分析

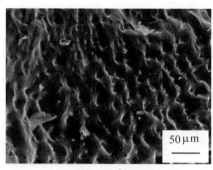
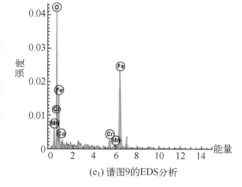

(e₀) 1300℃、0.01s⁻¹微观断口形貌　　　(e₁) 谱图9的EDS分析

图 6-12　铸造 42CrMo 钢拉伸断口的部分扫描图像及 EDS 图像

处明显存在液相薄膜。这主要是因为高温下，S、P 等有害杂质元素及脆性沉淀相易偏聚在晶界，形成晶界低熔物质，低熔物质发生熔化，在晶界表面形成一层液体薄膜，降低了晶界结合力，在轴向拉应力作用下，首先在夹杂物、沉淀相与晶界界面处形成微裂纹，随着变形的进行，微裂纹相互连接成为孔洞，孔洞随后聚合长大直至材料断裂。此外，在太高温度下，材料发生过热，奥氏体晶粒急剧长大，形成粗大晶粒，快速长大的晶粒使得材料变形协调性变差，在晶界处或三晶交叉处易形成应力集中，促进了裂纹扩展，断裂表面多处可见二次裂纹，材料热加工性变差，塑性迅速下降。

图 6-12（a₁）、（b₁）、（d₁）能谱分析表明，断口表面大的空洞处夹杂物主要为硫化物和氧化物夹杂。硫化物夹杂为塑性夹杂，在应力作用下，内部易形成滑移带，滑移带上位错塞积在夹杂物和基体界面处，使晶界结合力降低，在晶界界面处首先形成微裂纹，随着变形的加大，微裂纹相互连接聚合长大形成大的空洞。由此可知，存在夹杂物加剧了裂纹的形成，在铸造过程中，提高冶炼纯净度对避免裂纹很重要。图 6-12（e₁）能谱分析表明，断裂表面有大量氧元素存在，说明该高温环境下试样表面极易被氧化，氧原子偏聚在晶界，在晶界处易与活泼元素形成氧化物，氧化物夹杂硬度高，造成晶界脆化，也会使材料塑性减小。

6.1.2　裂纹敏感温度区

材料在高温变形时，裂纹容易在强度和塑性低的区域萌生。铸造材料的断面收缩率达 60%以上时，材料在热加工过程中一般不会出现开裂。当断面收缩率小于 40%时，铸坯表面裂纹发生率会大大增加。通常将产生裂纹的临界应变量作为评价裂纹敏感性的重要指标。断面收缩率一定程度上反映了裂纹形成的难易程度，小的断面收缩率材料塑性相对差，裂纹形成的临界应变就小，从而提高了裂纹敏感性。结合图 6-6 可知，可将铸造 42CrMo 钢的高温特性分为 5 个温度区间，温度小于 800℃，为低温脆性区；800~950℃，为中温塑性区；950~1050℃ 为红脆区；1050~1200℃，为高温塑性区；1300℃ 以上为高温脆性区。由此推断，试验条件下，铸造 42CrMo 钢存在两个脆性温度区，分别为 950~1050℃（红脆区）和 1300℃~熔点（高温脆性区）。裂纹容易在脆性温度区形成，定义这两个温度区为"易裂敏感温度区"。

以上分析表明，红脆区低塑性及高温脆性是引起铸造 42CrMo 钢高温裂纹内在原因。

6.1.3 裂纹萌生的临界应变

临界应变是衡量铸坯形成裂纹的重要指标，基于热拉伸的应变-断裂（STF）试验、热压缩试验等应变诱发裂纹并辅以晶相检测是获得临界应变的基本方法。STF 试验法是利用热模拟试验机，在不同温度下，以不同应变量拉伸试样，得到裂纹发生的温度-应变包络线，利用包络线测定的断裂阈值应变和失塑温度范围来评价奥氏体不锈钢、镍基合金、铜基合金及钛合金等的失塑（DDC）裂纹和其他高温裂纹敏感性，具有重复性和鲁棒性特点，可用来比较不同材料的裂纹敏感性。热压缩试验方法则是以热压缩试样圆环面出现的裂纹数量和裂纹深度来衡量裂纹萌生和扩展趋势，试验工作量大，不同试验者确定临界应变量的标准不尽相同，利用拉伸试验测得的高温抗拉强度和断面收缩率由于可以表征材料受力时抵抗拉力及变形的能力，反映铸坯产生裂纹的难易程度，且试验方法简单，因而在预测裂纹敏感性上受到诸多学者青睐。

由于受试验条件限制，难以对真实铸造过程裂纹产生的临界应变做出准确测定，而铸造裂纹又是影响铸造质量的关键缺陷，因此本节利用断面收缩率建立铸坯表面产生裂纹的临界应变来预测铸件裂纹敏感性。临界应变可表示为

$$\varepsilon_{crit} = \frac{\varepsilon_{crit(Tensile\ test)}}{f_2 \cdot f_3} = \frac{f_1 \cdot RA}{f_2 \cdot f_3} \tag{6-7}$$

式中：$\varepsilon_{crit(Tensile\ test)}$ 为拉伸试验中材料的临界断裂应变，其值为断面收缩率与系数 f_1 的乘积，一般 f_1 取 0.4~1，温度高时取小值，温度低时取大值；f_2 为晶粒尺寸影响系数；f_3 为偏析影响系数；RA 为断面收缩率。

根据拉伸试验数据，得到不同温度下 RA-$\log \dot{\varepsilon}$ 的关系曲线，如图 6-13 所示。

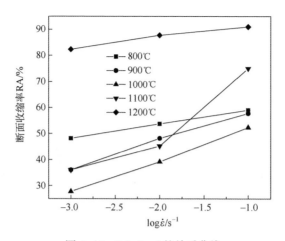

图 6-13 RA–$\log \dot{\varepsilon}$ 的关系曲线

由图 6-13 可知，不同温度下，RA–$\log \dot{\varepsilon}$ 基本成线性关系，仅在温度为 1100℃时，呈非线性增大。这主要是由于较高温度材料热激活能增大，发生了动态再结晶，致使 $0.1\mathrm{s}^{-1}$ 时材料塑性增幅显著，因铸造应变速率较小，对于 1100℃的温度，可取低应变速率段，线性回归拟合可得铸造 42CrMO 钢在不同温度下断面收缩率关于应变速率函数，进而求得断面收缩率与变形温度间关系拟合曲线，如图 6-14 所示。

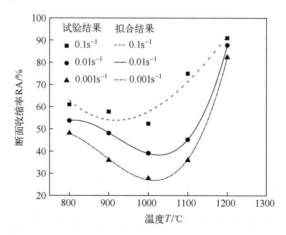

图 6-14 不同应变速率下断面收缩率随温度变化曲线

图 6-14 中拟合曲线可表示为式（6-8），拟合后系数如表 6-3 所列。

$$RA = a\sqrt{T} + bT + cT^2 + dT^3 \qquad (6\text{-}8)$$

考虑到铸辗连续成形工艺中铸坯在高温下出模，f_1 可取为 0.4；f_2、f_3 的值与材料等级及加工工艺有关，具体值可根据实际铸造裂纹发生率来确定。

表 6-3　不同应变速率下 RA 拟合系数

$\dot{\varepsilon}/\mathrm{s}^{-1}$	a	b	c	d
$0.1\mathrm{s}^{-1}$	66.192	-3.478	0.002	-3.652×10^{-6}
$0.01\mathrm{s}^{-1}$	-249.228	15.771	-0.012	3.823×10^{-6}
$0.001\mathrm{s}^{-1}$	-188.4107	12.2531	-0.0095	3.2333×10^{-6}

由此得出，萌生裂纹的临界应变为

$$\varepsilon_{\text{crit}} = f \cdot \text{RA} \tag{6-9}$$

式中：f 为综合因素影响因子，取 $0.03 \sim 0.06$。

f 作为一个软参量，具体值有待生产实践进一步验证，但所建模型对数值模拟预测实际生产的铸造裂纹敏感性仍具有一定的现实意义。

材料的塑性和裂纹敏感性与拉伸断面收缩率密切相关。较低的断面收缩率意味着较低的塑性和较高的裂纹敏感性；反之，则相反。因此拉伸试验的断面收缩率被广泛用来判断裂纹敏感性，但这种方法也具有一定局限性。这主要是由于拉伸试验的试验条件与实际铸造条件相比，存在一定的误差，如拉伸试验在固溶处理方式上往往是以常数升温/降温速率达到拉伸温度，之后以恒定应变速率和温度拉伸，而实际的铸造温度由于受铸造方式、铸造工艺及参数的影响具有动态时变特点。另外，拉伸试验是在氩气氛围下进行测试，铸件免于氧化，而高温出模后铸件却暴露在大气中，铸件的氧化会削弱其塑性。因此，采用断面收缩率判别裂纹敏感性时，为慎重起见，可只取最小塑性温度附近区域的断面收缩率用于裂纹敏感性预测，且一般只能用于裂纹敏感性定性判别，而不能用于定量分析。此外，试验的取样具有局限性，涵盖范围有限，因此为了对铸造裂纹敏感性做出比较准确的预测，须将实验模拟与数值模拟结合起来进行分析。

6.2 42CrMo 钢环坯铸辗连续成形过程裂纹影响因素与形成机理

📄 6.2.1　影响因素

影响铸件裂纹敏感性的因素包括内因和外因两种。内因主要是合金成分、微观组织、夹杂物含量；外因主要是铸造工艺参数决定的应力应变发展。此外，由铸造工艺和合金成分决定的偏析对裂纹形成也有一定影响。

1. 合金成分及夹杂物

在 42CrMo 钢中，主要含有 Mn、Mo、Cr、Si 合金元素，元素种类和含量对材料性能及裂纹形成有显著影响。

添加合金元素可以提高钢的强度，但同时降低了钢的热导率，使得铸钢件在冷却过程中产生的热应力增大，增大了冷裂倾向。尤其是 Mn、Mo、Cr 元素影响较大。此外，高熔点合金元素 Cr、Mo 可提高钢的液相线温度，降低合金液流动性，容易形成氧化夹杂物，增大铸钢件的热裂倾向。但是钢中的这几种合金元素都可不同程度地使 C 曲线右移，提高钢的淬透性。其中，Mn 对提高钢的淬透性贡献最大。

此外，Mn、Cr 可降低奥氏体层错能，有利于动态再结晶发生，Mn 还可与 S 形成 MnS，起到净化钢液作用，但 Mn 会增加钢受力变形时的加工硬化，并与 γ 相形成无限固溶体，促进奥氏体晶粒长大，温度过高会导致晶粒粗大。Cr 可固溶于 γ 基体，保护合金表面免受氧化和热腐蚀。Mo、Cr、Si 元素能封闭 γ 相区，细化奥氏体晶粒。

裂纹的形成主要取决于碳的质量分数，除包晶碳质量分数范围（0.09% ~ 0.15%）之外，通常增加碳质量分数将使产生裂纹的临界应变值降低，若再增加有害元素 S，则裂纹敏感性异常突出，临界应变值很低，此时形成裂纹的临界应变几乎与应变速率无关。S 的有害影响主要是增加了合金的有效结晶温度范围，与钢中 Mn 形成低熔点 MnS 夹杂，降低了晶界强度，削弱了材料塑性。此外，S 不溶于 Fe，S 与 Fe 易形成化合物 FeS，1000℃左右，FeS 与 γ-Fe 可形成共晶化合物，分布在奥氏体晶界上，降低材料塑性，导致红脆。当材料在 1000 ~ 1200℃进行热加工时，随温度的升高，共晶体融化，容易诱发裂纹。减小冷却速率、增加变形温度或提高 Mn 质量分数可减小由于硫而导致的热脆性。但 Mn 属于无限扩大 γ 相区的元素，能与 γ-Fe 形成无限互溶的固溶体，促进奥氏体晶粒的长大。

MnS 的析出形态、数量及变形量决定了对材料的危害程度。MnS 的析出温度可根据 MnS 在钢液中的固溶度积公式求得，公式可表达为

$$\lg(K_{sp}) = \lg\left[(PctMn) \times (PctS) \right] = \frac{-10590}{T} + 4.092 \qquad (6-10)$$

式中：K_{sp} 为给定温度 T 下的溶解度乘积；Pct 为质量分数。计算得到开始析出温度为 1472℃。

当 T 为 900 ~ 1300℃时，计算 $\lg(K_{sp})$ 为 -4.9361 ~ -2.0406，而据实际的

Mn 和 S 质量分数求得 $\lg(K_{sp})$ 为 -1.7905。由此可知，在试验温度范围内将铸态 42CrMo 进行奥氏体化后，MnS 不会全部溶解在奥氏体中，残留 MnS 以夹杂物形式沉淀在奥氏体晶界。

材料塑性与硫化物尺寸有关，S 偏析导致的材料塑性降低受应变速率的影响较小，受冷却速率的影响却较大。当冷却速率（如 $1/2 \sim 1℃/s$）较低、应变速率也较低时，增加冷却速率将使塑性变差。这是因为偏析已经发生，继而产生硫化物沉淀，较快的冷却速率使得在奥氏体晶界产生细化的硫化物分布，对奥氏体晶界产生钉扎作用，阻碍再结晶行为和变形，引起材料塑性下降；减小冷却速率，MnS 析出物尺寸增大，当达到 $0.5 \sim 3\mu m$ 时，低应变速率下失去了对奥氏体的钉扎作用，此时奥氏体动态再结晶及变形受析出物影响较小。

在铸造与热加工期间，提高钢中硫与锰的比值可提高裂纹形成的临界应变，避免裂纹发生，对钢中硫与锰临界比值的规定可用经验公式表达为

$$Mn/S = 1.345 S^{-0.7934}(S, wt\%) \tag{6-11}$$

取硫质量分数小于 0.015%，由式（6-11）计算得到 Mn 质量分数应控制在大于 0.56%。

综上分析，合金元素在铸钢件中的作用有利有弊，且裂纹的形成主要取决于碳质量。在环件新工艺生产中，从净化钢液、改善材料高温塑性、避免裂纹形成出发，在成分许可范围内可适当提高 Mn 质量分数，减少 C 质量分数，并控制 S 质量分数小于 0.015%。

2. 微观组织

铸造过程中形成的凝固微观组织取决于铸造合金的成分和凝固结晶特点，对裂纹形成具有较大影响。通常凝固结晶范围大，绝对收缩量大，热裂倾向性就大。在微观组织中，主要包括晶粒形态和尺寸、高温下动态再结晶、沉淀物析出和相变。一般铸造组织中存在 3 种晶粒区，即最外层细小等轴晶区、次外层柱状晶区和内部粗大等轴晶区。细小等轴晶区相比于粗大的等轴晶区，晶界面积大，晶粒位置易于调整，增强了容纳局部应变的能力，提高了材料变形抗力，等轴晶相比于柱状晶来说，裂纹发生的可能性要小很多。

在铸辗连续成形工艺中，铸件在高温下出模及随后的热辗扩成形均在奥氏体状态下进行，奥氏体晶粒尺寸对铸造材料塑性有一定影响，也是影响裂纹敏感性的重要参数。合金液在凝固冷却过程中，奥氏体晶粒尺寸主要取决于材料成分、奥氏体晶粒开始长大的温度及凝固期间和凝固后的冷却速率。材料成分中主要元素是碳质量分数，有关文献表明，碳的质量分数为 1.7% 的钢，奥氏体晶粒尺寸最大。若晶粒尺寸增大，则晶界面积减小，裂纹容易通

过较少的滑动三角点扩散；若晶粒尺寸减小，则晶界变得曲折，晶界面积增大，有效阻碍了裂纹扩展。

奥氏体晶粒平均尺寸可表达为

$$\overline{D}=aT^{\gamma}-b\left(\frac{\mathrm{e}^{\dot{T}}}{1+\mathrm{e}^{\dot{T}}}\right)-c \qquad (6-12)$$

式中：a、b、c 均为与材料有关的常数；T^{γ} 为整个奥氏体组织中的最高温度；$\dot{T}$ 为凝固时局部冷却速率（℃/s）。

由式（6-12）可知，奥氏体晶粒尺寸随奥氏体开始生长温度的增加呈线性增加，随冷却速率增加呈现指数减小。令 $y=-(\mathrm{e}^{\dot{T}}/1+\mathrm{e}^{\dot{T}})$，得到图 6-15。

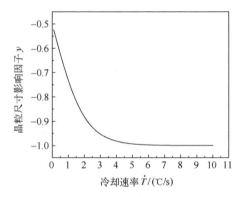

图 6-15　冷却速率对奥氏体晶粒尺寸的影响

由图 6-15 可知，当冷却速率低于 3℃/s 时，曲线急剧下降，表明此时冷却速率的增加对奥氏体晶粒尺寸影响较大，可使晶粒尺寸快速减小。当冷却速率增加至 3℃/s 后，减小速度变慢。在 5℃/s 以后，继续提高冷却速率对晶粒尺寸的影响较小。

随着冷却的进行，当环坯温度降至奥氏体化温度以下时，铁素体开始形成，应变诱发铁素体薄膜能引起沿晶界的应变集中，降低材料塑性，因为铁素体与奥氏体相比，弹性模量较小，硬度仅为奥氏体的 1/4。应变诱发的动态析出使得塑性降低。因此，当 42CrMo 铸造环坯的局部温度降至铁素体和奥氏体共存组织状态时，也容易产生裂纹。

综上分析，在铸辗连续成形工艺中，为减小铸造高温裂纹的形成，可减少柱状晶区，扩大等轴晶区。出模时，应避免局部温度降至奥氏体相向铁素体转变的相变温度。

3. 工艺参数

立式离心铸造的工艺参数主要有浇注速度、浇注温度、铸型预热温度和铸型转速，工艺参数选择不当，将影响合金液的充型凝固过程，温度场、应力场分布及铸造裂纹敏感性。为比较不同工艺参数对凝固过程温度场和应力场的影响，拟定了表6-4所示的工艺方案。

表6-4 铸造工艺方案

浇注温度 /℃	浇注速度 /(mm/s)	铸型转速 /(r/s)	铸型预热 温度/℃	传热系数 /(W/(m^2·K))	铸型壁厚 /mm
1560	100	5.6	200	1000	169
1560	100	7	200	1000	169
1560	130	7	200	1000	169
1560	160	7	200	1000	169
1540	130	7	200	1000	169
1520	130	7	200	1000	169
1560	100	7	300	1000	169
1560	100	7	400	1000	169
1560	130	7	250	1000	169
1560	130	7	300	1000	169
1560	130	8	200	1000	169
1560	130	9	200	1000	169
1560	130	7	200	1500	169
1560	130	7	200	2000	169
1560	100	5.6	200	1000	100
1560	100	5.6	200	1000	60

1）浇注速度

图6-16所示为编号2、编号3和编号4典型节点的温度曲线。

由图6-16可知，浇注速度由100mm/s增加到130mm/s，铸件的冷却速度随浇注速度的增加而减小，凝固初期减小幅度不太明显，随冷却的进行，减小幅度逐渐增大；同时，浇注温度对于靠近型壁处散热较好节点的温度影响比对内部散热较差节点的温度影响要大得多，尤其是对于冷却速度较高的环件外表面边节点，提高浇注速度后，温度变化变得缓慢，在2500s时，环件外圆边节点温度与中节点处温度基本趋于一致。这主要是因为当金属液浇入型腔内，由于金属型导热强，对浇入的合金液产生很大激冷，凝固初期，合

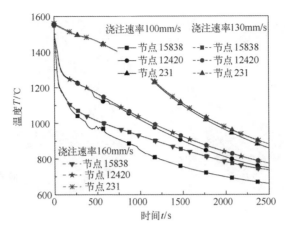

图 6-16　编号 2、编号 3 和编号 4 典型节点的温度曲线

金液温度主要受金属型影响，相对来说受浇注速度的影响较小，但是快速浇注使得合金液在很短时间内聚集了较多热能，热能的散失需要一定时间，同时铸型温度也会快速升高，因此随着冷却的进行，凝固后期的冷却速度逐渐减小。但当浇注速度继续增大至 160mm/s 时，各节点冷却速度变化不大，说明当浇注速度增加到一定值后，继续提高浇注速度对铸件的冷却速度改善较小。

图 6-17 所示为编号 2、编号 3 和编号 4 垂直于 Z 轴平面的热裂指示器云图。

图 6-18 为编号 2、编号 3 和编号 4 外表面节点的应力场变化曲线。由图 6-17 可知，浇注速度显著地影响了铸件的热裂位置和热裂敏感程度。与浇注速度 100m/s 相比，提高浇注速度至 130mm/s 后，色标显示的热裂数量级极大地减小了，说明铸件的整体热裂趋势减小了，同时热裂敏感位置由原先的中心位置移向了环件的外表面。这主要是因为提高浇注速度后，有效减小了铸件的冷却速度及热应力。当继续增大浇注速率至 160mm/s 时，热裂发展趋势变化不大。尽管采用 100m/s 浇注速率中心部位热裂敏感趋势相对大，但热裂指示器显示的数值仍然很小，不足以产生热裂。

图 6-18 显示，提高浇注速度至 130mm/s 后，铸件的等效应力和等效塑性应变均得到了不同程度减小，尤其是环件外表面边节点减小幅度最大，这与前面分析的温度变化相吻合。这主要是因为增加浇注速度，可有效增加糊状区厚度，即结晶凝固宽度，降低冷却速度，使得浇注开始至完全凝固的时间延长，应力和应变减小。继续提高浇注速度至 160mm/s 时，铸件各节点的等效应力和等效塑性应变没有继续减小，而是等效应力增大，尤其是内表面节点 231 等效应力在凝固后期迅速增大，等效塑性应变则略微减小，说明应

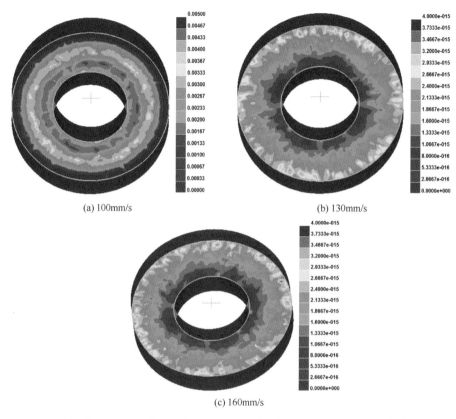

(a) 100mm/s

(b) 130mm/s

(c) 160mm/s

图 6-17　编号 2、编号 3 和编号 4 垂直于 Z 轴平面的热裂指示器云图

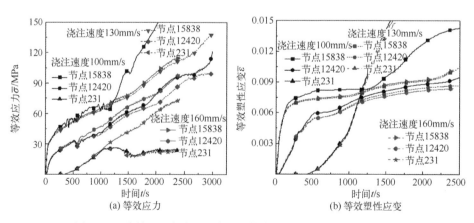

(a) 等效应力

(b) 等效塑性应变

图 6-18　编号 2、编号 3 和编号 4 外表面节点的应力场变化曲线

力应变并非总是随浇注速度的增加而减小。针对不同的铸造环坯，浇注速度有一个最优值，浇注速度大于或小于最佳控制值均会恶化凝固过程，导致环坯局部的应力集中。

尽管在一定范围内提高浇注速度可降低裂纹发生趋势，但提高浇注速度，将使环件内外壁温度梯度减小，枝晶的结晶形核率降低，凝固时间延长，在离心力作用下环件内外表面溶质元素浓度差进一步加大，加剧了溶质元素偏析，增加了结晶凝固范围和二次枝晶臂间距，造成结晶组织粗大。可见，裂纹的控制是以削弱铸造质量为代价的，因此在控制裂纹基础上应尽量减小浇注速度。

2）浇注温度

图 6-19 和图 6-20 所示分别为编号 3、编号 5 和编号 6 环坯典型节点的温度曲线及应力-应变曲线。

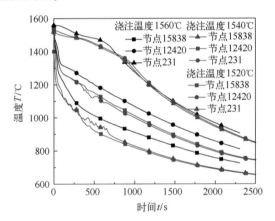

图 6-19　编号 3、编号 5 和编号 6 环坯典型节点的温度曲线

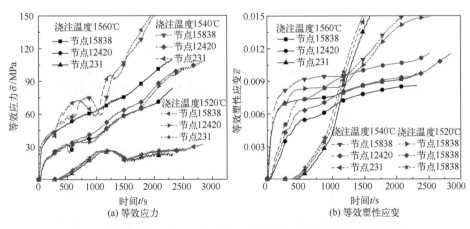

(a) 等效应力　　　　　　　　(b) 等效塑性应变

图 6-20　编号 3、编号 5 和编号 6 环坯典型节点的应力-应变曲线

由图 6-20 可知，开始浇注时，无论浇注温度多大，铸件外表面节点温度在合金液浇入铸型腔室的瞬间均迅速下降。这主要是因为合金液浇入铸型瞬间，温度很高的合金液与温度较低的铸型内表面接触，温差相差较大使得金属液冷却速率瞬间加快所致。表明在合金液浇入铸型瞬间，铸型的激冷对合金液冷却起主要作用，而受浇注温度的影响相对较小。此后，当浇注温度由 1520℃升高至 1540℃后，铸型温度随之升高，铸件冷却速率整体减小，但减小幅度不大。当继续升高浇注温度至 1560℃后，铸件外表面节点冷却速率显著减小，但内表面节点的冷却速率减小不太明显。可见，冷却速率的降低效果与节点的散热有关，散热快的节点降低幅度大；反之，则降低幅度小。这主要是由于提高浇注温度，将使合金液流动性增强，凝固时间延长，铸件各部分温差减小，热应力随之也减小。

结合图 6-20 可知，当浇注温度为 1560℃时，铸件外表面边节点冷却速率的大幅减小导致其应力、应变也大幅减小。这表明针对某一铸造环坯，必然存在一个最佳浇注温度，在此温度下浇注，可改善铸件凝固过程中的塑性应变集中和应力集中，降低裂纹敏感性。但是对厚壁铸件，较高的浇注温度容易形成双向凝固，使得最后凝固的中心部位难以得到液体的补缩而形成缩松、缩孔，变形抗力降低，容易造成中心部位的开裂，因此对厚壁铸件，可适当降低浇注温度。

此外，当铸型预热温度低时，可适当提高浇注温度，以降低铸件冷却速率，延缓铸件凝固时间，提高液态合金的补缩能力，降低铸件凝固期间的塑性应变集中，减少或防止铸造高温裂纹的产生。

3）铸型（预热）温度

由前面对浇注速度的分析可知，浇注速度对铸造环坯表面热量损失较大的节点的应力和应变影响偏大。浇注速度选用 130mm/s 时的环坯应力应变变化明显优于选用 100mm/s。由于铸造工艺各参数间既相互关联又相互影响，一个参数选择的合理与否将会直接影响其他参数的选择，要改善铸造性能，需要对参数进行优化，以便达到各参数间的最佳匹配。因此，下面就以这两个浇注速度为例，分析当参数选择合理和不合理时改变铸型预热温度对铸造应力应变及裂纹形成的影响。

图 6-21 和图 6-22 所示分别为编号 2、编号 7 和编号 8（浇注速度均为 100mm/s）典型节点的温度曲线及应力-应变曲线。

图 6-21 和图 6-22 显示，提高铸型预热温度，铸坯凝固成形过程中的冷却速度减小了，铸件各节点的应力应变也减小了。当浇注速度为 100mm/s 时，铸型温度为 200℃的外表面节点冷却速度较大。相应地，图 6-22 显示的等效

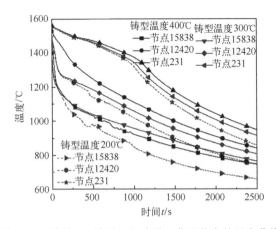

图 6-21　编号 2、编号 7 和编号 8 典型节点的温度曲线

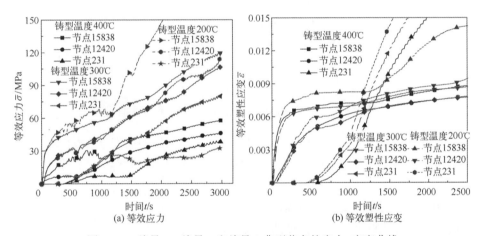

(a) 等效应力　　　　　　　(b) 等效塑性应变

图 6-22　编号 2、编号 7 和编号 8 典型节点的应力-应变曲线

应力和塑性应变在冷却到 1168s 时均突然快速增大，说明原先选用的浇注速度有点偏小，采用 200℃ 的铸型温度仍然无法保证环件具有足够的蓄热能力使环坯实现均匀冷却。对照图 6-21，在环坯冷却到 1168s 时，对应温度为 822℃，前面模拟结果显示，在 800~900℃ 的快速冷却材料塑性会急剧降低，裂纹发生趋势会加大。数值模拟结果与物理模拟结果相吻合。

提高铸型温度为 300℃ 后，外表面节点在 1168s 时出现的应力应变急剧增加的拐点消失了，应力应变的变化变得缓慢了，这主要是因为提高铸型预热温度，可减缓环坯冷却速度，增强合金液的充型能力，减小铸造环坯的内外壁温差，从而降低铸件凝固过程中的等效应力和塑性应变。

进一步提高铸型预热温度为 400℃ 后，环坯内外表面的应力变得很接近，并且相对较小，说明此时环坯的整体冷却速度很缓慢。虽然应力和应变减小了，但是由于模具温度高达 400℃，促进了晶粒的快速长大，晶粒易变得粗大，降低变形抗力，促进裂纹倾向性增加。同时，模具温度升高，降低了其使用寿命。因此，当模具温度升高到一定温度时，需对模具进行强制冷却，以达到细化晶粒，缩短凝固时间，形成由外向内的顺序凝固，减小裂纹敏感性。

图 6-23 所示为提高铸型预热温度后的裂纹敏感性预测曲线。

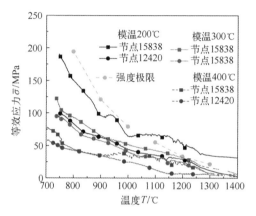

图 6-23　提高铸型预热温度后的裂纹敏感性预测曲线

图 6-23 表明，在浇注温度偏低的情况下，提高铸型温度至 300℃、400℃后可使得边节点 15838 等效应力小于同温度下材料抗拉极限，消除了裂纹产生。

图 6-24 和图 6-25 所示分别为编号 3、编号 9 和编号 10（浇注速度均为130mm/s）环坯典型节点的温度曲线及应力和应变曲线。

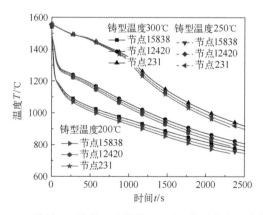

图 6-24　编号 3、编号 9 和编号 10 环坯典型节点温度曲线

图 6-24 和图 6-25 显示，当浇注速度为 130mm/s 时，铸型温度由 200℃升高至 250℃或 300℃，环坯的冷却速度均匀地减小，与此对应的应力应变也均略微减小，但减小幅度不大。这说明当浇注速度选择合适时，匹配最佳铸型温度后，进一步提高铸型温度对改善应力应变的意义不大，反而会促进晶粒的快速长大，降低了材料性能。

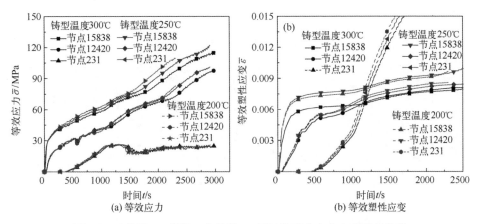

图 6-25　编号 3、编号 9 和编号 10 环坯典型节点应力和应变曲线

此外，铸型的预热温度应均匀，不均匀的预热会导致合金液凝固时各处的冷却速率不同、收缩量不同，产生较大应力同样会加剧铸件的变形和开裂。

4）铸型转速

铸型转速的大小影响合金液的散热和作用在已凝固壳面的离心压力，还可影响微观组织的致密度。图 6-26 和图 6-27 所示分别为编号 3、编号 11 和编号 12 环坯在不同转速时的典型节点温度曲线及应力和应变变化曲线。

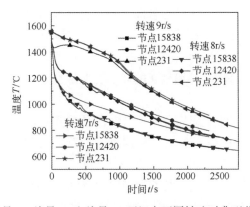

图 6-26　编号 3、编号 11 和编号 12 环坯在不同转速时典型节点温度曲线

由图 6-26 和图 6-27 可知，离心转速对内部散热较慢的节点的温度影响较小，对冷却速率较快的外表面节点温度影响较大。当离心转速由 7r/s 提高到 8~9r/s 后，外表面边角点冷却速率快速增加，这主要是因为提高转速，增加了对流散热，尤其是边角点的散热。与此同时，温度的快速下降导致在 1100 多秒时等效应力和等效应变急剧增加，裂纹敏感性增加，表明该铸造环坯优化的铸型转速为 7r/s。

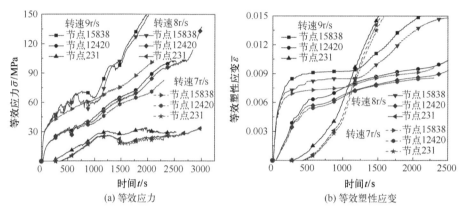

(a) 等效应力　　　　　　　　　　(b) 等效塑性应变

图 6-27　编号 3、编号 11 和编号 12 环坯在不同转速时的典型节点应力和应变曲线

离心转速除了影响温度场和应力场，主要还影响离心压力。

在离心力场下，凝固壳面受到的离心压力可表达为

$$p=\gamma\omega^2(R^2-r^2)/2g=\gamma\omega^2(R+r)B/2g \qquad (6-13)$$

式中：γ 为合金液重度；ω 为旋转角速度；g 为重力加速度；r、R 分别为环坯内、外半径；B 为环坯壁厚。

由式（6-13）可知，环坯壁越厚，环件外表层在离心力场下受到的离心压力就越大，凝固初期，若凝固壳不能建立起足够强度，则容易产生开裂，因此对于厚壁环坯，浇注初期离心转速不能设置太大。

图 6-28 所示为编号 1、编号 2 的环坯在某纵截面 4 个不同位置形成的二次枝晶臂间距。

图 6-28（b）表明，提高转速，二次枝晶臂间距减小了，尤其是靠近铸型壁面的节点。这主要是由于提高转速可缩短凝固时间和二次枝晶臂间距生长时间，从而使得组织更加致密，改善了材料性能，降低材料热裂敏感性。由此可知，提高转速，尽管加强了凝固时对流散热和离心的压力，增强了裂纹敏感性，但同时有利于细化组织，改善组织性能。

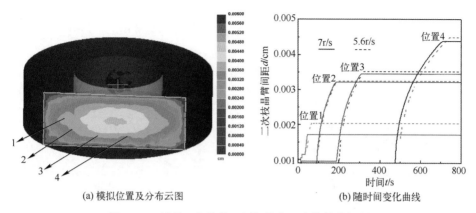

(a) 模拟位置及分布云图　　　　　　(b) 随时间变化曲线

图 6-28　编号 1 和编号 2 环坯节点二次枝晶臂间距

对于薄壁环件，由于铸件冷却速率本身较快，环件整体温度梯度较小，转速对环坯的散热影响较小，浇注时可采用定转速浇注。对于厚壁环件，可采取变转速浇注，浇注初期，采用较快的转速以保证成形，当合金液充满型腔后，可适当降低铸型转速以减小离心压力，待壳层建立起足够强度，再次提高铸型转速，以达到致密组织的目的。环件全部凝固后，可降低铸型转速，以减小环件冷却速率，以及裂纹形成。

5）界面传热系数

图 6-29 和图 6-30 所示分别为编号 3、编号 13 和编号 14 环坯典型节点的温度及应力和应变随时间变化曲线。

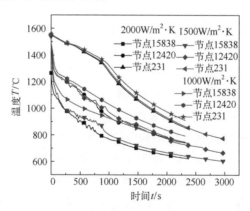

图 6-29　编号 3、编号 13 和编号 14 环坯典型节点的温度随时间变化曲线

图 6-29 和图 6-30 显示，界面传热系数为 $1000W/m^2 \cdot K$ 时，环坯的整体冷却速率较小，应力应变也较小，并且发展平稳。当界面传热系数由 $1000W/m^2 \cdot K$ 提高至 $1500W/m^2 \cdot K$ 或 $2000W/m^2 \cdot K$ 时，环坯的冷却速率加快了，尤其是

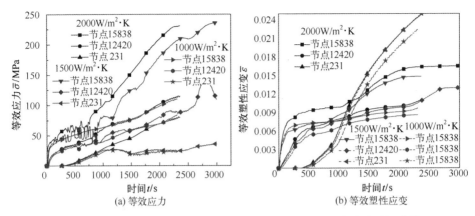

图 6-30 编号 3、编号 13 和编号 14 典型节点的应力和应变随时间曲线

与型壁接触的散热较好的外表面节点冷却速率急剧增加，应力应变也急剧增加。在 249~881s 时间段，温度曲线呈现锯齿状，表明提高界面传热系数，金属型冷却作用增强，金属液流动性变差，充型不良，温度变化不平稳，发生波动，应力和应变也跟着波动，在局部可能会产生应力应变集中，增加裂纹发生趋势。由此可知，在实际铸造过程中，应适当控制环坯和铸型间的传热，避免传热太快造成局部的应力应变集中。

4. 环坯壁厚

在铸造过程中，环坯的应力应变发展与环坯壁厚所决定的散热能力有关，是影响裂纹形成的重要因素。下面取编号 1（环件尺寸为 $\phi638mm \times \phi300mm \times 190mm$，$R_{外}/R_{内} = 2.12$）、编号 15（环件尺寸为 $\phi638mm \times \phi438mm \times 190mm$，$R_{外}/R_{内} = 1.46$）和编号 16（环件尺寸为 $\phi638mm \times \phi418mm \times 190mm$，$R_{外}/R_{内} = 1.23$）来研究环坯壁厚对裂纹敏感性的影响。设编号 1 中节点 15838 所在位置为位置 1，节点 12420 所在位置为位置 2，节点 231 所在轴向高度的环坯内表面节点为位置 3。图 6-31 和图 6-32 所示分别为编号 1、编号 15 和编号 16 在 3 个典型位置的温度曲线及应力和应变曲线。

图 6-31 和图 6-32 显示环坯壁厚越薄，散热效果越好，冷却能力就越强，尤其是内表面节点，在壁厚减薄后，冷却速率快速增加。同时可见，浇注初期，由于金属型的激冷起主导作用，无论环坯壁厚多大，环坯的外表面节点均具有较大的冷却速率，等效应力均快速上升。随着进一步冷却，壁厚为 169mm 的 1 号厚壁环坯由于集聚的热量不能及时散发，环坯内部节点凝固较晚，冷却速率也较小，等效应力和塑性应变均较小。但这并不意味着环坯可以较早出模，从前面的分析中可知，对于厚壁环坯，出模过早，出模后环坯

由于内外温差较大，温度很高节点的冷却速率必然会很大，因此，产生大的应力应变极易诱发裂纹发生。因此，对于厚壁环坯可在各处冷却速率变得均匀，温差相对较小时出模。

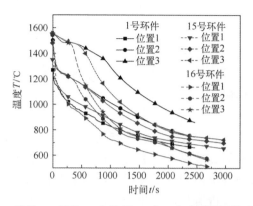

图 6-31　编号 1、编号 15 和编号 16 在 3 个典型位置的温度曲线

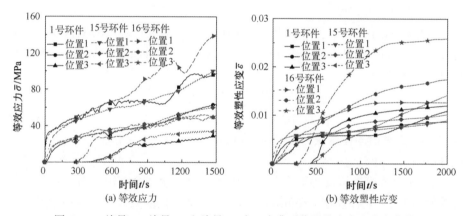

(a) 等效应力　　　　　　　　　　　(b) 等效塑性应变

图 6-32　编号 1、编号 15 和编号 16 在 3 个典型位置的应力和应变曲线

壁厚为 60mm 的 16 号薄壁环坯由于壁厚很薄，散热能力很大，各处冷却速率均很大，尤其是内表面节点。内表面节点在浇注结束后凝固相对比外表面节点稍晚，浇注初期冷却速率稍慢，此后由于壁薄导致的较大散热使得处于高温的内表面节点在很短时间内温度迅速降到接近环坯的外表面温度，冷却速率很大，远远大于环坯外表面节点的冷却速率，因而产生了非常大的应力/应变，极易超过形成裂纹的抗拉强度/临界应变而产生开裂。因此，对于这种很薄的环坯，需要在累积的应力应变突然升高前出模，图中显示在冷却进行到 400~450s 时可出模，对照图 6-30 即环坯外表面温度为 950℃左右。

壁厚为 100mm 的 15 号薄壁环坯，随冷却的进行，各节点温度分布更加均匀，冷却速率变得很缓慢，除内表面节点由于开始冷却速率稍大导致应变发展较快之外，其余部位节点的应力和应变发展都比较平缓，因而出模时相对于 60mm 壁厚环坯可晚一点出模，相对于厚壁环坯可早一点出模，环坯出模后通常不会形成裂纹。

综上分析再次表明，环件铸辗连续成形新型工艺中，环坯壁厚太厚和太薄都容易形成裂纹，环坯几何尺寸宜采用 $R_{外}/R_{内} = 1.5$ 左右，有利于避免高温出模表面裂纹的形成。

5. 成分偏析

研究表明，热裂纹的形成与材料的特征温度有关，材料特征温度受凝固前沿枝晶间微观偏析的直接影响，偏析程度取决于凝固过程中的冷却速率和合金成分。采用微观偏析模型可以预报材料凝固时的特征温度、固相体积分数、冷却速率及成分偏析对材料固相线温度与特征温度的影响，实现对热裂的间接预测。

1）微观偏析方程

根据枝晶间溶质元素在固相和液相中的扩散程度，常用的偏析模型主要有 3 种：Lever、Gulliver-scheil 和 Clyne-Kure 模型。Lever 与 Gulliver-scheil 模型分别可表达为

$$C_s = kC_0 / [1 - (1-k)f_s] \tag{6-14}$$

$$C_s = kC_0 (1-f_s)^{(k-1)} \tag{6-15}$$

式中：C_s 为平衡固体浓度；C_0 为溶质初始浓度；f_s 为固相体积分数；k 为溶质分配系数。

Lever 定律模型假设溶质元素在固相和液相中能完全扩散，对于铁和碳钢推荐使用 Lever 定律模型。Gulliver-scheil 模型则假设溶质元素在固相中完全无扩散，在液相中完全扩散。多数合金可采用 Gulliver-scheil 模型。这两种偏析模型尽管公式简单，但考虑的均是扩散的极限情况，Brody 和 Fleming 结合溶质实际扩散情况，提出溶质元素在固相中有限扩散，液相中完全扩散的微观偏析公式，公式表达为

$$C_s = kC_0 [1 - (1-2\alpha k)f_s]^{(k-1)/(1-2\alpha k)} \tag{6-16}$$

式中：α 为凝固参数，$\alpha = 4D_s t_s / \lambda^2$；$D_s$ 为溶质扩散系数；t_s 为局部凝固时间（s）；λ 为二次枝晶臂间距（μm）。

其中，$t_s = \dfrac{T_L - T_s}{\partial T / \partial t}$；$\lambda = A \dot{T}^{-n}$；$\alpha = \dfrac{4D_s \Delta T_s}{A^2} \dot{T}^{-1+2n} = B \cdot \dot{T}^{2n-1}$

式中：T_L 和 T_s 分别为液相线和固相线温度；A、n 分别为试验参数。

$$T_L = T_f - \sum m_i C_{0i} \qquad (6-17)$$

$$T_s = T_f - \sum_i (m_i/k_i) C_{s,i} \qquad (6-18)$$

式中：T_f为纯铁熔点，取 1536℃；m 为液相线斜率；角标 i 表示不同的合金元素。

凝固参数如表6-5所列。从凝固溶质平衡理论出发，当 $\alpha=0$ 时，由该公式可得到 Gulliver-scheil 方程；但当 $\alpha\to\infty$ 时，却没有得到 Lever 方程，而是当 $\alpha=0.5$，得到 Lever 方程，表明该公式表达的溶质在固相中并不守恒，因此 Clyne-Kure 对式（6-16）做了修正，引入 Ω 取代公式中的 α，其中 $\Omega=\alpha[1-\exp(-1/\alpha)]-0.5\exp(-1/2\alpha)$，取代后，当 α 较大时，方程可简化为 Lever 公式。修正后公式可表达为

$$C_s = kC_0 \left[1-(1-2\Omega k)f_s \right]^{(k-1)/(1-2\Omega k)} \qquad (6-19)$$

表 6-5 凝固参数

元　素	铁　素　体			奥　氏　体		
	D_{s1}/（m²·s⁻¹）	m_{1i}/C/%	k_1	D_{s2}/（m²·s⁻¹）	m_{2i}/C/%	k_2
C	7.9×10^{-9}	80	0.2	6.4×10^{-10}	60	0.35
Si	3.5×10^{-11}	8	0.77	1.1×10^{-12}	8	0.52
Mn	4.0×10^{-11}	5	0.75	4.2×10^{-13}	5	0.75
P	4.4×10^{-11}	34	0.13	2.5×10^{-12}	34	0.06
S	1.6×10^{-10}	40	0.06	3.9×10^{-11}	40	0.025

2）相变体积分数

坯料在凝固冷却时随钢中碳质量分数不同具有不同的凝固方式，当碳质量分数小于0.1时，始终以 δ 方式凝固；当大于0.5%时，始终以 γ 方式凝固；介于二者之间时，首先以 δ 方式凝固，当达到一定固相率水平时，残余液相中碳质量分数超过0.5%时，枝晶间残余液相变为以 γ 方式凝固。42CrMo 钢材料碳质量分数为0.38%~0.45%，从冶金角度看，坯料凝固冷却过程中，将经历 δ→γ→α 相变。δ→γ 转变体积分数可按下式计算：

$$f_{s,\delta\to\gamma} = \frac{1}{1-2\Omega k}\left[1-\left(\frac{0.5}{C_0}\right)^{(1-2\Omega k)/(k-1)} \right] \qquad (6-20)$$

式中：Ω、k 均取 δ 相中凝固参数；C_0 为碳初始浓度。

相变前的偏析，可将钢的初始成分直接代入式（6-20），按 δ 凝固方式计算；相变后的偏析，则按 γ 凝固方计算，但不能直接代入初始成分，而是假想存在这样一个初始成分，将其代入式（6-21），在达到相变体积分数时，能

够使残余液相中各组成元素的成分与按相变前偏析计算求得的达到相变体积分数时残余液相中各组成元素成分相等。

假想的初始成分可按下式计算：

$$C_{01} = C_{1,\delta\to\gamma}\left[1-(1-2\Omega k)f_{s,\delta\to\gamma}\right]^{(1-k)(1-2\Omega k)} \tag{6-21}$$

式中：Ω、k 均取 γ 相中凝固参数；$C_{1,\delta\to\gamma}$ 为相变体积分数时残余液相成分。

偏析程度用凝固过程的残余液相中各溶质元素质量分数与初始质量分数的比值来表示。不同固相率的偏析程度与钢的溶质分配系数、冷却速率有关。偏析的程度将直接影响固相线温度，偏析越严重，固相线温度就越低，凝固结晶范围就越大，热裂趋势随之增大。众所周知，P、S 均为材料中有害成分，冷却速率也会受铸造工艺参数影响而变化，因此，研究 P、S 及冷却速率对偏析的影响，对预测热裂纹的形成意义重大。离心铸造中，由数值模拟可知，铸坯凝固冷却过程中冷却速率范围为 0.1 ~ 10K/s。因此，这里选取 0.5K/s、1K/s、3K/s、5K/s、10K/s 五种冷却速率来进行研究。材料中一般 P、S 质量分数不高于 0.035%，因此，本节在 10K/s 冷却速率下分别选取 P、S 质量分数为 0.005、0.010、0.015、0.020、0.025、0.030（%）来进行研究。

偏析模型中，C_s 的计算将影响固相线温度，固相线温度反过来通过影响凝固时间及相应 Ω 值又会影响 C_s 的计算，因此在求解 C_s 时，需采用迭代算法先求解固相线温度。具体算法是按式（6-19）预先确定一个固相线温度 T_s，进而求得 C_s 及新的 T_s，用新求得的 T_s 进行迭代运算，直至两次求得的 T_s 在设定允差范围内，则停止迭代，得到固相线温度。根据式（6-18）可分析各合金成分对偏析及热裂的影响。求解流程如图 6-33 所示。

3）冷却速度对包晶转变体积分数及转变温度的影响

根据式（6-21），绘得包晶转变固相率及相应温度与冷却速率间关系如图 6-34 所示。

由图 6-34 可知，包晶转变温度随冷却速率的增加而减小，但减小的数值非常小，可以认为包晶转变温度基本不受冷却速度的影响。文献中提到由于碳的扩散系数较大，当含碳量超过 0.2% 时，包晶转变温度受冷却速率的影响很小。本节研究结果与该文献提出的结果相吻合。由此求得在所研究的 42CrMo 铸钢成分下，包晶转变固相率为 0.275，包晶转变温度为 1485.8℃。

4）3 种偏析模型比较

图 6-35 所示为铸造 42CrMo 钢在冷却速率 $R_c = 10K/s$ 时，凝固过程中 C 元素在 3 种偏析模型下固相体积分数和溶质元素相对浓度关系。

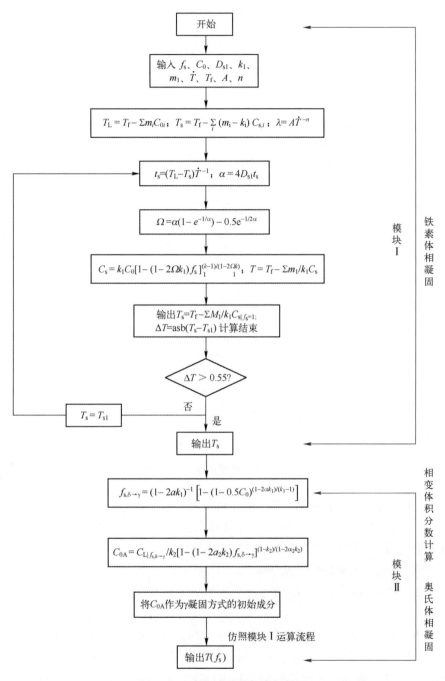

图 6-33　合金成分偏析求解流程

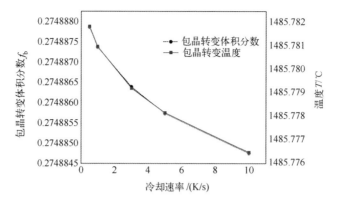

图 6-34   冷却速率对包晶转变体积分数的影响

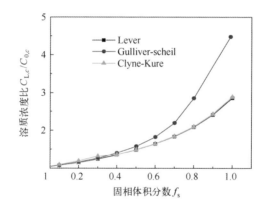

图 6-35   3 种偏析模型下 C 元素的偏析

由图 6-35 可知，对于采用 Clyne-Kure 模型并考虑包晶转变的计算结果与采用 Lever 模型基本一致。因此，可以看出，对于碳钢来说，采用 Procast 进行数值模拟时，完全可用 Lever 模型进行凝固计算。

5）各成分元素偏析情况分析

图 6-36 所示为 42CrMo 铸造合金液的溶质元素在整个凝固过程中的偏析程度。

由图 6-36 可知，溶质元素在凝固前沿枝晶间的偏析不同程度地随固相率增加而增加。其中，合金元素 Si、Mn 的偏析程度最小，随固相率变化不大，而 C、P、S 元素在凝固初期的偏析程度随凝固的进行缓慢增加，当固相率达 0.9 后，偏析程度急剧增加，其中 S 元素偏析最为严重，P 元素其次，C 元素偏析最小。这主要是因为组成元素在 δ 相与 γ 相中的扩散系数和分配系数不

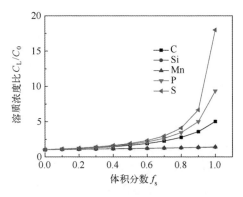

图 6-36　42CrMo 铸造合金液的溶质元素在整个凝固过程中的偏析程度

同所致。从表 6-5 中数据可以看出，组成元素在 δ 相中的扩散系数比在 γ 相中高一个数量级，溶质分配系数也较大，尤其是 P、S，分配系数增加了差不多 1 倍，使得偏析主要出现在相变后 γ 相中，并集中在凝固接近结束时的 P、S 元素上。

6）冷却速率对固相线温度的影响

图 6-37 所示为铸坯在不同冷却速率下固相线温度随固相率的变化。由图 6-37 可知，固相率在达到 0.8 之前时，固相率对应的温度基本不受冷却速率的影响，说明所研究含碳量下，冷却速率对包晶转变温度基本没有影响；当固相率达到 0.9 时，由于凝固最后阶段组成元素的偏析，使得凝固温度随冷却速率的增加而快速降低，0.5K/s 与 10K/s 相比，凝固终了温度可相差 18℃。这主要是因为增加冷却速率，使得溶质逆扩散速度减慢，扩散不充分，导致凝固前沿枝晶间偏析加重，糊状区液相穴深度增加，使得热裂纹敏感性增加，因此，减小凝固最后阶段的冷却速率有利于减小铸坯的热裂趋势。

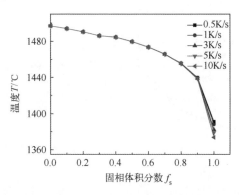

图 6-37　不同冷却速率下固相线温度随固相率的变化

　　图6-38所示为不同合金成分在不同冷却速率下对固相线温度的影响。由图6-38可知，在整个凝固过程中，对碳元素来说，改变冷却速率不会导致偏析的改变，即对固相线温度没有影响，这主要是因为碳元素无论在铁素体相中还是奥氏体相中，相对于其他元素来说，扩散系数最大，比其他元素扩散系数大两个数量级，而溶质分配系数却比P、S元素小很多，扩散系数越大，碳元素在基体中的扩散能力就越强，在基体中的分布越趋于均匀，在晶界的富集程度就越小，偏析也越小。Si、Mn元素随冷却速率变化具有相似的发展趋势，固相分数达到0.6之前，凝固温度基本不受冷却速率的影响，之后，随冷却速率增加由于偏析增加导致凝固温度降低，即产生了过冷度，0.5K/s与10K/s相比，凝固终了产生的过冷度约为2℃。而冷却速率对P、S偏析的影响则主要体现在凝固最后阶段（固相分数达到0.9之后），冷却速率低于3K/s时，对凝固温度的影响不大，冷却速率大于3K/s时，对凝固温度的影响较大，且S元素对凝固终了温度的影响大于P元素对凝固终了温度的影响。由此可以看出，冷却速率对固相线温度的影响主要是由于凝固最后阶段P、S

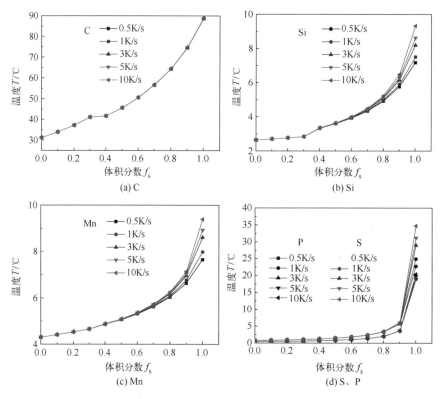

图6-38　不同合金成分在不同冷却速率下对固相线温度的影响

偏析急剧增加所致，凝固最后阶段使得冷却速率小于 3K/s 可有效减小热裂趋势。

7）P、S 含量对固相线温度的影响

经上面分析可知，P、S 作为材料有害元素，可使凝固终了温度降低，增加热裂倾向。图 6-39 所示为改变 P、S 含量对固相线温度的影响。固相线温度随 P、S 含量的增加而降低，使得凝固结晶范围增加，加剧热裂发生趋势。生产表明，钢中 $w(S)$ 高于 0.015% 时，铸坯易出现裂纹，因此为避免凝固期间热裂纹的形成，建议控制 P、S 质量分数小于 0.015%。

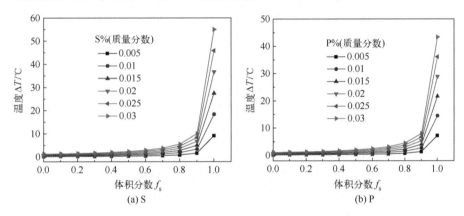

图 6-39　改变 P、S 含量对固相线温度的影响

8）P、S 含量对 ZDT（零塑性温度）与 ZST（零强度温度）的影响

本节取 $f_s = 0.5$，对应温度为 ZST 温度；$f_s = 1$，对应温度为 ZDT 温度。图 6-40 和图 6-41 所示分别为改变冷却速率及 S、P 含量对 ZDT 与 ZST 温度的影响。

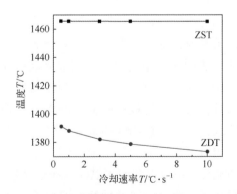

图 6-40　改变冷却速率对 ZST 与 ZDT 温度的影响

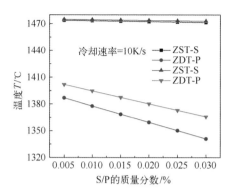

图 6-41　改变 S、P 含量对 ZDT 及 ZST 温度的影响

由图 6-40 可知，ZST 温度基本不受冷却速率的影响；而 ZDT 温度则随着冷却速率的增加而减小，在 0.1~3K/s 范围内，减小幅度较大，之后减小幅度减缓。

由图 6-41 可知，ZST 温度基本不受 P、S 含量的影响，ZDT 温度则随着 P、S 含量的增加而减小，且 P 元素对 ZDT 温度的影响较大。当 P 含量较高时，即使在铸坯完全凝固后，枝晶间仍然存在液相，致使断裂时应变减小。一些学者采用重熔或非重熔拉伸试验方法研究了 P、S 元素对铸钢凝固温度附近处塑性的影响，指出 P、S 使材料塑性的降低是晶界处形成低熔点硫化物和磷化物所致。当硫质量分数达到 0.03% 以上时，S 对塑性的影响变得不太明确，可能是由于 MnS 的形成使得残余液相减少。

6.2.2　裂纹形成机理

在铸辗连续成形工艺中，环坯在高温出模后形成的表面裂纹可能来自凝固冷却阶段，也可能来自凝固后冷却阶段。前者形成的裂纹称为热裂，后者形成的裂纹称为冷裂。热裂的产生主要受合金液流动状况、枝晶形态、糊状区液池深度、凝固顺序等因素影响。金属液在凝固初期，形成的枝晶不太发达，凝固收缩产生的微裂纹可通过枝晶间液体的渗入而补充消除，当凝固超过临界固相率时，该区域分散在枝晶间的液膜如受到垂直于枝晶生长方向大于其强度的拉应力作用时，将被撕裂而形成裂纹，这时出现的微裂纹因长大的枝晶阻碍了液体的流动，不能得到液体很好的补充成为以后裂纹扩展源。

由此可知，材料在凝固前沿的热裂敏感性取决于两相区内材料的抗热裂变形能力与液流补缩能力。零强度温度（ZST）、液体渗透温度（LIT）、零塑性温度（ZDT）是铸件凝固期间与热裂形成有关的特征温度，是衡量材料两相区内高温力学性能的重要指标。热裂常常在 ZST 和 ZDT 间形成。一般来说，ZST 和 ZDT 越低，裂纹敏感性越强。

图 6-42 所示为按照热裂机理绘制的柱状晶热裂形成示意图，定义的特征温度用来描述热裂的形成。

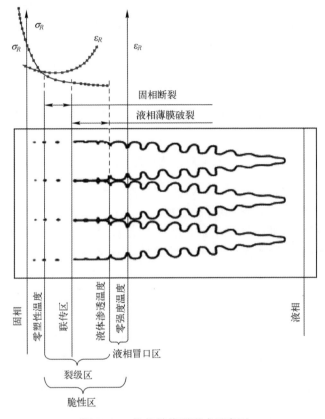

图 6-42　柱状晶热裂形成示意图

在 Procast 软件中，通常设置 ZST 对应的固相体积分数为 0.5，第 3 章的热裂模拟结果显示，热裂容易在 0.9~1 固相体积分数时发生，相对整个环件来说，环坯中心区域的热裂倾向较大，但热烈指示器数值很小，表明整个铸造过程产生热裂的可能性不大。

在环件的铸辗连续成形中，环坯是在完全凝固后的高温下出模，初步工业试验显示，出模时如果环坯温度不合适，在环坯的外圆边节点、环件表面容易产生裂纹，且在气温较高的夏天产生裂纹的现象较少；相反，在天气寒冷的冬天，容易形成裂纹。综合模拟结果，经分析可以判定这种裂纹不会来源于热裂的扩展，而主要与环坯高温出模后受到的较大冷却产生的热应力有关。

热应力的大小取决于环坯的整体温度分布。采用金属型离心铸造，由于金属型导热能力强，开始冷却阶段，环坯接近铸型部分，受金属型激冷，冷却速度较大，温度降低较快，而靠近环坯内表面和中间部分，散热条件差，开始凝固时间晚。当环坯高温出模时，环坯在型内停留时间短，出模时，环坯各处温度没有足够的时间达到均匀，导致环坯内外产生较大温度梯度，且环坯壁厚越厚，内外温度梯度就越大。出模后，外界环境温度较低，出模瞬间，进一步加剧了温度分布的不均匀性和各处收缩量的不一致性。环坯作为一个整体，内部各质点互相约束、相互牵制，不能自由变形，从而产生热应力。其中，高温部分受热膨胀产生压应力，低温部分冷却收缩产生拉应力。热应力大小可表达为

$$\sigma_{th} = K_1 E\alpha\Delta T / (1-\mu) \tag{6-22}$$

式中：K_1 为与结构有关的综合系数；α 为热膨胀系数（1/K）；ΔT 为内外温差（K）；μ 为泊松比；E 为弹性模量（Pa）。

式（6-22）表明，产生的热应力与内外温差、热膨胀系数和弹性模量成比。热膨胀系数与弹性模量属于材料的固有属性。可见，要控制热应力的急剧增加，最有效的措施是减小环坯的内外温差，即减小横截面温度梯度。

模拟结果显示，环件的外圆边角点，在铸造冷却过程中，冷却速率最大，尤其在冷却初期，温度降低非常迅速，导致出模时就已经具有较大的等效应力。出模后，如果边角点温度处于相变温度区，等效应力会进一步升高，加剧了裂纹敏感性。对于环坯外圆中心部位，模拟结果显示，环坯出模后等效应力有一个短时间下降，此后应力开始急剧升高。内表面边节点及内表面中间部位同样在出模后等效应力有很大增加，且出模时温度越高的节点等效应力的升高幅度越大。这主要是因为温度越高，与外界环境的温差就越大，冷却速率就越大，收缩受阻产生的热应力就越大。当铸造热应力（应变）超出材料本身强度极限（临界应变）时，裂纹就会形成。

此外，在铸造过程中，如果工艺参数选择不当，产生缩松、缩孔、偏析等铸造缺陷，造成材料力学性能降低，抵抗应力和变形的能力不足，会进一步加剧裂纹的形成和扩展。

6.3 42CrMo 钢环坯铸辗连续成形过程关键工艺参数

6.3.1 出模温度

　　环坯的出模温度不同，出模后与环境温差就不同，环坯各处冷却速率不同所导致的收缩量不同是环坯产生热应力的关键，对裂纹形成有着重要影响。同时，高温也影响材料的氧化烧损。在环件的铸辗连续成形工艺中，42CrMo 铸造环坯适合辗扩的最佳温度为 1150~1200℃，若能使铸造环坯在适合辗扩的高温下出模，则可充分利用其余热进行热辗扩，达到节能目的。因此，研究辗扩温度范围时的应力和应变情况意义重大。

1. 相同尺寸环坯不同出模温度对裂纹形成的影响

　　在应力场模拟中，初步使铸造环坯在接近辗扩温度时出模，取第 3 章中铸造环坯在模拟工作步 1100 步和 1250 步出模，对应环坯内外表面温度为 950~1250℃，出模时初始温度场分布如图 6-43 所示。出模后环境温度假设为 30℃，其他边界条件不变，图 6-44 所示为以出模时间为坐标原点绘得的模拟结果。

(a) 1000步　　　　　　　　　　　(b) 1250步

图 6-43　出模时初始温度场分布

　　铸造环坯在出模后，除了与外界环境进行热交换，内部还存在自身热传导，铸件的冷却效果取决于二者相对大小。从图 6-44（a）中可以看出，边节点 15838 出模初期温度小幅升高，这是铸件内部导热量大于向外界散热量的结果。从图 6-45 中可以看出，环坯在出模后，内表面节点冷却速率较高，最初几分钟内冷却速率急剧降低，随着冷却的进行，内部温差开始减小，冷却速度也逐渐减小，约 800s 时温差已很小，环件趋于同步冷却。这主要是由

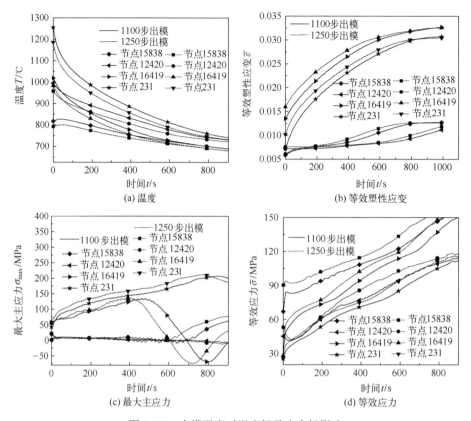

图 6-44 出模温度对温度场及应力场影响

于较高温度下出模，铸件内表面温度较高，与外界环境温差较大，温度梯度较大，导致开始冷却时冷却速率较大。外表面边节点在环坯出模后由于本身温度较低，而内部温度较高，因此冷却速率反而较低。较晚出模，由于环坯内部温差减小，出模后与外界的环境温差也减小了，冷却速率有所降低可使热应力减小。

铸件中温度分布直接决定了其应力应变分布与裂纹形成。结合图 6-44（a）与图 6-44（b）可以看出，等效塑性应变随温度的下降而增加。内表面相比于外表面，温度高，热塑性好，塑性变形能力

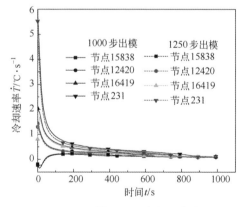

图 6-45 出模后环坯冷却速率曲线

强，等效塑性应变大，材料容易变形，应控制其变形量不超出材料允许变形范围。此外，应变与热变形历史有关，高温下出模铸件初始等效塑性应变虽较小，但出模后冷却速率大，应变速率也大，800s 后高温出模的铸件应变达到并超出了低温出模铸件的等效塑性应变。

从图 6-44（c）中可以看出，各节点最大主应力先是增大，当时间达到 500s，冷却速度基本相同时，铸件内表面内部节点主应力由拉应力转向压应力。此外，出模初期，内表面边节点主应力最大，且内表面最大主应力大于外表面最大主应力。这主要是由于出模时内表面温度相对外表面来说温度较高，与外界的温差较大，相应冷却速度较大，导致材料收缩量大，收缩受阻产生了较大热应力。由此可知，铸件高温下出模，在铸件内表面边界及中心部位也容易产生裂纹。同时，采用铸辗连续成形工艺的生产试验也表明，在离心力作用下，铸件内表面夹杂物较多、尺寸稳定性较差、常伴有飞边等缺陷，严重影响了铸件质量，因而高温出模后铸件通常需对内表面及时进行清理。

结合图 6-44（a）与图 6-44（d）可知，等效应力随温度的下降而升高，边角点等效应力较大，内部节点等效应力较小。这主要是因为出模时内部节点温度较高，不可能形成较大应力。此外，内表面等效应力增加速度较快。较高温度出模，虽然等效应力较小，但由于材料本身高温抗拉强度不高，抵抗应力变形的能力较弱。

为了更清楚地反映不同出模温度下出模前后环坯的应力应变情况，将出模前后的应力应变绘在同一坐标系中，结果如图 6-46 所示。

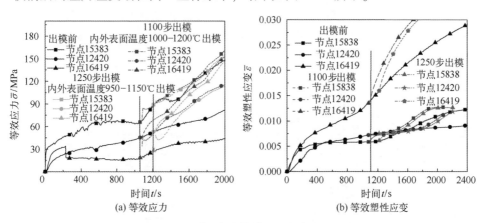

(a) 等效应力　　　　　　　　　　　(b) 等效塑性应变

图 6-46　不同温度出模前后的应力应变变化

图 6-46 表明，出模时温度越高的节点，出模后应力增幅就越大，这主要是由于出模时温度越高的节点与外界温差越大，导致冷却速率较大产生了大

的热应力。外表面边节点由于散热快，出模时温度相对低，冷却速率相对小，出模后应力的上升幅度基本与型内应力变化趋势一致，尽管如此，也可以看出，边角处在整个冷却过程中冷却速率均较大，应力快速增加。对照图6-45（a）可知，出模时边角点温度降至约800℃，将会发生γ-α的相变，并在晶界会析出碳化物沉淀，加剧裂纹形成和扩展。此外，从冶金方面考虑，出模后温差越大，环坯在出模后空冷及均热处理时各处温度变化相对也大，环坯晶相组织发生变化，环坯类似受到反复热处理，将影响溶质偏析、硫化物、碳化物在晶界的沉淀，影响材料高温性能，提高了环坯硬度。

外表面中节点12420，散热条件相对较差，在型内受铸型拘束，收缩受阻，出模后随着约束的解除，应力瞬间快速下降，此后随冷却速率增加应力加速上升。

内表面边节点，出模后冷却速率大，导致热应力增幅显著。同时可见，降低出模温度，出模后节点的等效应力和等效塑性应变均减小了，这主要是由于较低温度出模，环坯温度越趋于均匀分布，各处的温度梯度减小，出模后冷却速率减小，热应力较小，从而有利于避免裂纹形成。但出模温度太低，起不到节约能源的目的，同时，温度越低，环坯硬度越高，对环坯内表面的清理越困难。试验表明，在应变速率 $0.001s^{-1}$ 下，铸造42CrMo钢在温度低于900℃时抗拉强度急剧增加，意味着此时环坯硬度增加，说明出模时的表面温度应不低于该温度。

经分析可知，出模温度越高，与外界环境的温差越大，就越容易形成裂纹。为了判断出模后环坯是否形成裂纹，根据提出的裂纹判据，将出模后环坯的等效应力（等效塑性应变）与材料的抗拉强度（临界应变）相比较，得到图6-47。

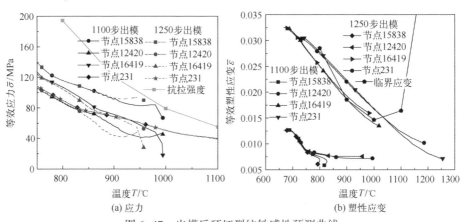

图 6-47　出模后环坯裂纹敏感性预测曲线

由图 6-47（a）可知，外表面边节点等效应力较高，裂纹形成趋势较大。由图 6-47（b）可知，内表面节点的等效塑性应变较大，明显超出了材料临界应变，容易形成裂纹，如果内表面形成的裂纹细小，可随内表面清理而除去，基本不影响后续环坯辗扩，如果形成的裂纹较大，那么是不允许的。此外，较高出模温度加速了环坯的氧化。有资料显示，700℃以下钢坯氧化不显著，1100℃氧化加剧，1200℃可达 1100℃的两倍，且 1270℃以下形成的氧化铁皮可脱落，1300℃以上形成的氧化铁皮不宜脱落。考虑到太高温度下出模，环坯容易氧化造成损失，以及较高温度下环坯温度分布不均匀，温度梯度大，造成的热应力大。综合试验结果，当温度超过 1300℃时，铸态 42CrMo 钢材料处于高温脆性区，会使得晶粒急剧长大、塑性变差。综上所述，环坯出模温度不宜太高，应在低于材料高温脆性温度，处于均匀冷却阶段时出模。此外，出模时，应避免外表面边角点温度降至相变温度范围之内出模。

2. 不同壁厚环坯出模温度对裂纹形成的影响

环坯壁厚将影响其冷却速率，进而影响温度和热应力分布，影响裂纹形成。通常以环坯内外半径的比值将环件定义为薄壁环坯和厚壁环坯。当 $R_{外}/R_{内} > 2$ 时，为厚壁环坯；当 $R_{外}/R_{内} < 2$ 时，为薄壁环坯。为了比较不同壁厚环坯高温出模时对裂纹形成的影响，本节以厚壁环坯 $\phi638mm \times \phi300mm \times 190mm$（对应壁厚 169mm，$R_{外}/R_{内} = 2.12$）为基础，采用与厚壁环坯相同的工艺，保持环坯外径尺寸不该，仅改变环坯内径尺寸，取尺寸为 $\phi638mm \times \phi438mm \times 190mm$、$\phi638mm \times \phi518mm \times 190mm$（对应壁厚 100mm，$R_{外}/R_{内} = 1.46$ 和壁厚 60mm，$R_{外}/R_{内} = 1.23$）的两个薄壁环坯进行研究。据前面分析可知，对前述模拟研究的厚壁环坯，模拟结果显示，较高温度下出模，由于内外表面温差较大，内表面塑性变形大容易超过材料临界应变，外表面边节点因冷却速率大而产生的热应力大，容易超过材料强度极限而形成裂纹。因此，模拟中选取厚壁环坯 $\phi638mm \times \phi300mm \times 190mm$ 中边节点 15838 所在位置为位置 1，内表面节点 231 所在轴向位置高度为位置 2。厚壁环坯取 1100 步出模；壁厚 100mm 环坯 950 步出模，对应外表面温度 1000℃左右，内外壁温差为 100~150℃；壁厚 60mm 环坯 560 步出模，对应外表面温度 1000℃左右，内外壁温差为 50~100℃。环坯在位置 1、2 及出模时的初始温度场如图 6-48 所示。3 种壁厚环坯出模后的模拟结果如图 6-49 所示。

由图 6-49 可知，与厚壁环坯相比，薄壁环坯在出模时内外表面温差较小，温度分布更加均匀，但由于壁厚薄，散热条件好，壁厚 60mm 的环坯甚至在出模时外表面的边节点温度就已降低很多。由图 6-49 可知，薄壁环坯在出模后的最初几分钟内外表面冷却速率均较大，但由于冷却速率大，短时间

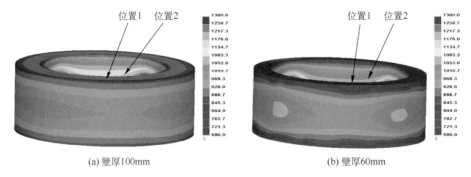

(a) 壁厚100mm   (b) 壁厚60mm

图 6-48   典型节点位置和出模初始温度场

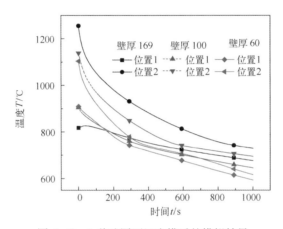

图 6-49   3 种壁厚环坯出模后的模拟结果

内便趋于均匀冷却。环坯的壁厚越薄，趋于均匀冷却时的温度相应越低。由图 6-50（a）可知，采用薄壁环坯后，内外表面等效塑性应变差值变小了。环坯内表面等效塑性应变得到了减小，基本降到了临界应变附近，这有利于减小环坯内表面节点产生开裂的概率。模拟显示，壁厚 100mm 的环坯在外表面温度达成的临界应变。此外，壁厚也并非越薄越好，图 6-50 中显示，壁厚 60mm 比壁厚 100mm 的环坯在位置 2 处的等效塑性应变略大，且在位置 1 处等效塑性应甚至超过了厚壁环坯的等效塑性应变，这主要是因为壁厚太薄，环件出模后冷却速率太快导致应力应变增加所致。图 6-50（b）显示，采用薄壁环坯，环坯出模后的边角处热应力大幅减小了，大大降低了裂纹发生趋势。这主要是由于均匀冷却导致环坯各处收缩量差值减小的缘故。图 6-50（c）显示，对于内表面节点，厚壁环坯由于出模时温度相对较高、壁又厚，出模后散热条件差，冷却速率较慢，因而出模后热应力变化相对缓慢。薄壁环坯则相反，内表面节点在出模时的快速冷却使得热应力短时内有一个快速增加，但很快随着冷却的均匀而趋于缓慢变化，且不论壁厚大小，环坯一旦趋于均匀冷却，等效应力随温度变化具有相同变化趋势。

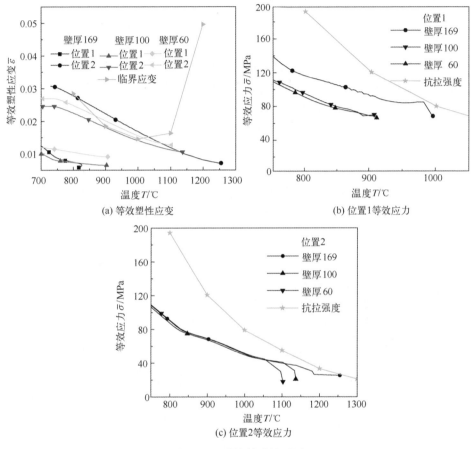

(a) 等效塑性应变

(b) 位置1等效应力

(c) 位置2等效应力

图 6-50　裂纹敏感性预测

　　综上所述，为了避免高温出模环坯裂纹的形成，环坯的最佳出模温度视环坯壁厚而定。对于厚壁环坯，可适当降低出模温度，以减小环坯内部温差。模拟结果显示，对于铸造 42CrMo 厚壁环坯，可在环坯外表面温度接近 900℃ 时出模。对于薄壁环坯，可适当提高出模温度，在环坯外表面温度达 950～1000℃ 时出模。模拟结果显示，在铸辗连续成形工艺中，环坯太薄和太厚均对避免裂纹不利，采用 $R_{外}/R_{内}$ 为 1.5 左右壁厚的环坯可有效避免出模环坯高温裂纹的形成。

📑6.3.2 均热温度

炉温的大小可根据炉子的供热条件，坯料断面的温度允差来确定。炉温不宜过高，温度越高，坯料氧化烧损越严重，相应废气温度也高，降低了热量利用率，炉温也不宜太低，应能使均热后的坯料达到适合辗扩的最佳温度。据前面分析可知，铸造42CrMo钢适合辗扩的最佳初始温度为1150~1200℃，考虑到均热过程和转运过程的能量损失，初步确定均热时炉温为1200~1250℃。

1. 均热温度对裂纹形成的影响

由以上分析可知，高温出模铸件因初始存在较大温度梯度，出模后最初几分钟铸件内表面会产生较大热应力和应变，易产生裂纹，采取均热化处理措施可减小铸造热应力和变形。在型内应力模拟中，分别使铸坯在1100步和1250步时出模，考虑后续辗扩工艺要求的温度范围，取加热均热温度为1200℃。

1）环坯在不同温度出模时均热温度对温度场和应力场的影响

图6-51所示为环坯分别在1100步和1250步出模，采用1200℃均热处理的结果。

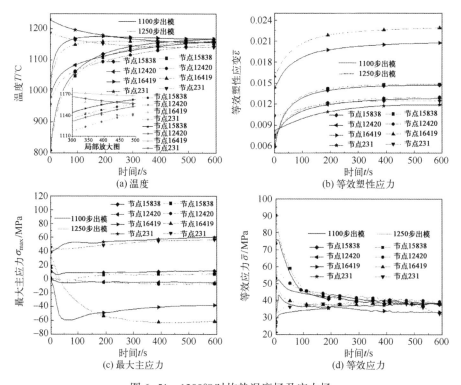

图6-51 1200℃时均热温度场及应力场

由图 6-51 可知，在均热初始阶段，铸件各部分温度变化比较剧烈，边角部快速升温，等效塑性应变随即快速增加，但增加值没有超过裂纹形成临界应变，等效应力则快速减小。均热大约 8min 后，铸件各部分温差减小，铸件内外表面温度趋于均匀，应变也处于稳定阶段，最终较高温度出模的环件趋于均匀冷却的温度相应增大，铸件最大主应力和等效应力呈均匀分布且有很大幅度降低。均热后的温度略低于均热温度，1200℃均热后的最终温度显示为 1160℃。这主要是由于均热阶段尽管热效率较高，但仍会有热量散失。与均热前相比，当热平衡时，边节点 231 最大主应力由原来的 76MPa 减小到 52MPa；等效应力也由原来的 55MPa 减小到 36MPa，这有助于材料性能的改善和避免高温裂纹的形成。

2）环坯在同一温度出模时不同均热温度对温度场和应力场的影响

图 6-52 所示为环坯在 1250 步出模后，在 1200℃和 1250℃下均热的温度场和应力场。

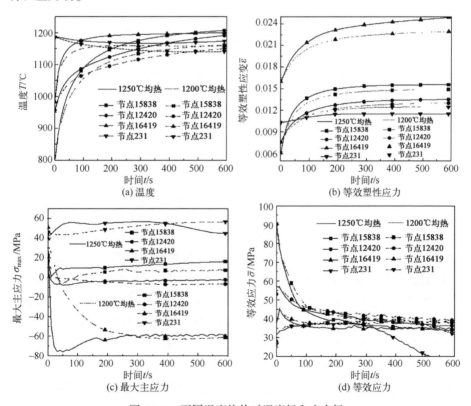

图 6-52 不同温度均热时温度场和应力场

由图 6-52 可知，提高均热温度至 1250℃，将延长均热时间，并使均热后环坯的整体温度升高至 1200℃ 左右，最大主应力和等效塑性应变也会略微升高，而等效应力有轻微的降低。模拟表明，等效应力趋于一致的时间约为 6~8min。由此可知，均热温度约为 8min，均热温度可以取 1200~1250℃。

2. 均热温度和均热时间对材料力学性能的影响

采用 Gleeble-3500 热力试验机利用高温拉伸试验研究高温下保温均热对材料力学性能的影响。试验流程是先将试样以 10℃/s 的加热速率加热到 1300℃，均热 3min，以融化合金成分，经固溶处理后获得了粗大组织。接着以 1℃/s 的冷却速率将试样降温至拉伸温度，拉伸温度为 1000~1200℃，温度间隔为 100℃，然后分别保温 1min，6min，最后以 0.01s⁻¹ 的应变速率对试样进行拉伸直至断裂，接着迅速气冷以保护拉伸试样的微观断口形貌。图 6-53 所示为其高温力学性能曲线。

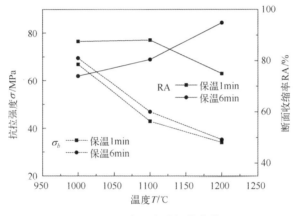

图 6-53　高温力学性能曲线

由图 6-53 可知，在 1000~1200℃ 的温度范围内，42CrMo 钢的抗拉强度随短时均热时间的增加而略微增大。通常引起钢强化的原因主要有固溶强化，形变强化，沉淀/弥散强化和细晶强化。

固溶强化指溶质原子融入基体中形成固溶体使得材料强度及硬度升高的现象。固溶体可分为间隙固溶体和置换固溶体。固溶强化的机理是由于溶质原子与溶剂原子半径不同，因此在固溶体中溶质原子附近形成晶格畸变，阻碍了位错运动所致。溶质与溶剂的半径相差越大，溶质原子浓度越高，形成晶格畸变越严重，强化效果就越显著。形变强化是指由于塑性变形使位错密度升高，位错运动受阻导致变形应力增加的现象。而沉淀/弥散强化是指分散在基体中的沉淀物（沉淀强化指内生沉淀物，弥散强化为外部质点）阻碍了位错运动而产生的强化作用。细晶强化则是指细小晶粒产生的更多晶界增大了位错运动阻力的结果。

综上所述，不论哪种强化机制，强化的本质都是由于位错运动受阻所致的。

根据 42CrMo 钢标准成分可知，该钢种添加的合金元素主要是 Mn、Mo、Cr、Si。合金元素含量对铸钢固态相变、组织结构、理化性能均产生一定影响，这些影响主要取决于合金元素与铁和碳的相互作用。合金元素在钢中主要以 4 种形式存在：融入铁素体、奥氏体等形成固溶体；融入渗碳体形成合金渗碳体或形成碳化物及金属间化合物等强化相；与 O、N、S 等形成氧化物、氮化物和硫化物；个别元素以自由状态存在。

在 42CrMo 钢的合金元素中，除硅不能形成碳化合物之外，其余元素 Mn、Cr、Mo 为弱碳化合物形成元素，与碳的亲和力由弱到强依次为 Mo、Mn、Cr，冷却时这些元素部分以溶质原子固溶于基体中，部分形成碳化合物和非金属夹杂物。随合金原子与碳原子数量比增加，合金原子弥散析出依次形成（Fe、M）$_3$C、（Fe、M）$_7$C 和（Fe、M）$_{23}$C，起到沉淀强化作用。含有的溶质元素 Mn、Cr、Si、Mo、P，它们的原子半径分别为 0.112nm、0.124nm、0.117nm、0.136nm、0.109nm，与 Fe 原子半径相近，可与 Fe 基体形成置换固溶体。材料的屈服强度、抗拉强度随固溶量的增加呈线性增加。溶质元素 C 和基体 Fe 可形成间隙固溶体，间隙固溶体的晶格畸变大于置换固溶体，且不对称，相应强化程度较大。材料塑性随间隙原子浓度增加会明显降低。

图 6-54 所示为合金元素对固溶强化的影响程度。图 6-55 所示为采用 Jmatpro 软件模拟得到的 42CrMo 铸钢组织相图。

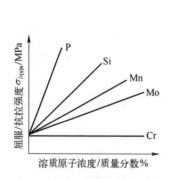

图 6-54　合金元素对固溶强化的
影响程度

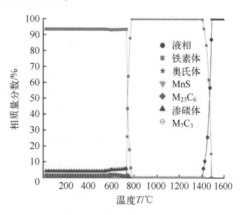

图 6-55　42CrMo 铸钢组织相图

图 6-55 表明，在熔点至 800℃ 的凝固冷却过程中，42CrMo 铸钢主要经历了两个单相区和 3 个两相共存区，单相区为液相和奥氏体相。两相共存区分别为液相和高温铁素体相共存、液相和奥氏体相共存、奥氏体相和低温铁素体相共存，相的转变过程首先是从液相中析出高温铁素体，然后液相与高温铁素体发生包晶反应形成奥氏体，包晶反应完成后剩余液相继续转变为奥氏体，转变完成后，开始析出 MnS 夹杂物，温度降至约 800℃ 时奥氏体开始向低温铁素体转变，温度继续降低形成如 $M_{23}C_6$ 和 M_7C_3 形式的碳化合物。同时可见，高温铁素体形成温度约为 1487℃，奥氏体形成温度约为 1480℃，低温铁素体形成温度约为 790℃。$M_{23}C_6$ 形成温度约为 763℃，M_7C_3 形成温度约为 593℃。

图 6-56 所示为有害元素 S 在物相中的质量分数，图 6-57 所示为 $M_{23}C_6$、M_7C_3 组成元素。

图 6-56 表明，有害元素 S 主要存在于 MnS 中，且存在的温度范围较宽，几乎涵盖了高温至中低温的整个范围，因此为了提高铸造质量，需严格控制 S 质量分数。

图 6-57 显示，形成 $M_{23}C_6$ 和 M_7C_3 这两种碳化合物的元素主要为 Cr、Fe。由此判断碳化物为 $(Fe、Cr)_{23}C_6$，$(Fe、Cr)_7C_3$。

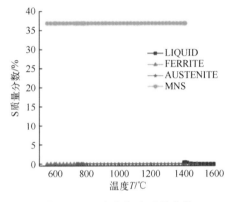

图 6-56　S 在各相中质量分数

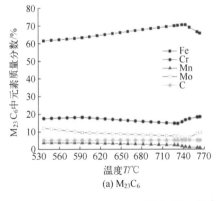

(a) $M_{23}C_6$

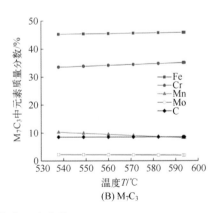

(B) M_7C_3

图 6-57　化合物中元素成分

在 1000~1200℃ 的温度范围内，图 6-55 显示材料的微观组织均由奥氏体相组成，无金属间化合物形成，因而排除沉淀强化作用。延长保温时间，将使晶粒尺寸增加，而细晶强化导致的屈服应力与晶粒尺寸的负 1/2 幂成正比。试验表明，该温度范围内晶粒尺寸均较大，达 750~850μm，大的晶粒尺寸引起强度的变化较小，细晶强化作用影响较小。抗拉强度随均热时间延长略微增加的原因可能是延长了均热时间，使得合金元素在奥氏体中固容量增加，产生固溶强化作用所致，但由于均热时间较短，固溶强化作用增加不太明显，因而抗拉强度最大增幅仅为 9.27%。同时可见，均热时间对材料塑性的影响较大，当温度为 1000℃ 时均热，随均热时间延长材料塑性变差；当温度 1100℃ 时均热，随均热时间延长材料塑性减小幅度减缓；当温度为 1200℃ 时均热，随均热时间延长材料塑性得到了显著改善。当均热 6min 时，材料塑性远远超过均热 1min 时的塑性。可见，1150~1200℃ 时短时均热可使 42CrMo 钢塑性得到明显改善。

3. 均热温度和均热时间对材料微观组织的影响

在环件的铸辗连续成形工艺中，出模后环坯温度分布不均性，某些区域温度可能超过辗扩温度，某些区域又会低于辗扩温度，一方面会产生了较大热应力；另一方面也不利于后续辗扩，因而需要进行均热化处理，均热过程中奥氏体晶粒大小会不断发生演变。众所周知，晶粒尺寸会影响材料力学性能，晶粒直径在 100μm 以上时，材料的延性与晶粒直径有关。粗大晶粒会使晶界长度变短，表面积增大，晶粒变形协调性变差，晶界强度降低，容易产生不均匀变形，导致应力集中，使塑性和韧性降低，裂纹敏感性增加。因此，有必要研究不同温度下，奥氏体在均热过程中的晶粒演变规律。

本工艺中影响出模后 42CrMo 环坯的初始温度因素众多，不仅与铸造工艺有关，还受外界环境温度及环坯清理时间的制约，研究起来具有一定难度。因此，本节通过 Gleeble-3500 的热力模拟试验，初步确定了铸造 42CrMo 在高温下的初始晶粒尺寸，然后利用晶粒长大模型对 42CrMo 的长大规律进行定性分析。

整个分析过程主要由 5 部分组成，分别是制备试样、加热保温、配置腐蚀液、腐蚀试样、观察组织。首先，采用线性切割机在 42CrMo 铸造环坯上沿环坯周向切取尺寸为 $\phi10mm \times 15mm$ 的试样；为了获得类似于铸造条件的粗大均匀组织，将试样以 10℃/s 的加热速率加热到 1300℃，保温 3min，以融化合金成分，然后以 1℃/s 的冷却速率降温至 1000~1200℃，保温 1min 迅速取出试样进行水淬；接着将试样粗磨、精磨并抛光。配置加有少量十二烷基苯环酸钠的过饱和苦味酸腐蚀液，将腐蚀液加热至温度 70~80℃ 时放入试样，待试样表面微微发黑时取出试样，清洗吹干；最后采用 LEICA DMC 4500 莱卡显微镜进行奥氏体晶粒尺寸观察，按照 ASTM 晶粒度测量标准，用截线法测定其奥氏体晶粒平均直径。试验条件下得到的奥氏体晶粒尺寸如图 6-58 所示。

(a) 1000℃   (b) 1100℃   (c) 1200℃

图 6-58　铸造 42CrMo 钢奥氏体晶粒尺寸

图 6-59 显示，1000~1200℃ 得到的奥氏体晶粒尺寸均匀但均较大。经测定，测得平均晶粒尺寸分别为 771.92μm、813.72μm、857.26μm。

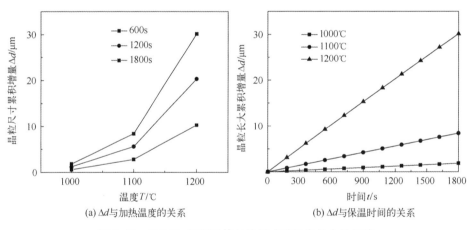

(a) Δd 与加热温度的关系   (b) Δd 与保温时间的关系

图 6-59　42CrMo 钢奥氏体晶粒尺寸随温度长大的规律

在高温下，晶粒长大的实质是晶界在热激活作用下在微观组织内部的迁移，长大速率取决于晶界迁移率和迁移驱动力。由于长大驱动力与 $2\gamma/\overline{D}$ 成正比，因此长大速率可表达为

$$\bar{v} = \alpha M \frac{2\gamma}{\overline{D}} = \frac{\mathrm{d}\,\overline{D}}{\mathrm{d}t} \tag{6-23}$$

式中：α 为数量级为 1 的比例常数；M 为晶界迁移率

$$M = A\exp\left(\frac{-Q_g}{RT}\right) \tag{6-24}$$

42CrMo 钢的奥氏体晶粒高温长大规律可表达为

$$d^m = d_0^m + A\Delta t^n \exp(-Q/RT) \tag{6-25}$$

式中：d 为材料热加工时的晶粒尺寸（μm）；d_0 为材料的原始晶粒尺寸（μm）；Q 为晶粒长大激活能（J）；R 为气体常数，8.314J/mol·k；Δt 为保温时间（s）；T 为加热温度（K）；n 为保温时间指数；m 为晶粒长大指数；A 为材料系数。

材料常数 $m = 3.015$，$A = 1.154 \times 10^{13}$，$n = 0.823$，$Q = 236317.26$ J。为提高计算准确性及长大规律的直观性，在保温时间内，以 2s 作为一个时间步长将保温时间划分为若干个小的温度区间，并将上一时间步求的晶粒尺寸赋予下一时间步作为初始晶粒尺寸进行循环迭代求解，采用每一时间步内晶粒长大的累积增量 $\Delta d = \sum_i^n \Delta d_i$ 来评价温度及保温时间对长大规律的影响，其中 i 为时间步，$i = 1 \sim n$。初始晶粒尺寸采用试验结果。图 6-60 所示为 1000 ~ 1200℃温度下保温 10min、20min 与 30min 的晶粒尺寸随温度长大规律。

由图 6-59 可知，加热温度对奥氏体晶粒的长大作用大于保温时间对奥氏体晶粒的长大作用。当 1000℃时，晶粒长大不太明显；当 1200℃时，晶粒长大迅速。高温下铸造 42CrMo 钢的奥氏体晶粒尺寸均随保温时间的延长而增大。奥氏体初始晶粒尺寸对晶粒长大速度有一定影响，当奥氏体晶粒细小时，由于晶界长度大，晶粒长大的驱动力就大，且随着温度的升高，原子活动加剧，在热激活能扩散作用下，晶界迁移速度加快、大晶粒开始吞并小晶粒，晶粒快速长大，长大速度随温度升高与保温时间的增加而快速增加，当晶粒长大到一定尺寸后，晶界趋于平直，长大速度减慢。由于在 1000 ~ 1200℃ 的温度，试验表明奥氏体晶粒尺寸均匀但均较大。这说明如果取初始辗扩温度为 1200℃，此时由于材料的奥氏体晶粒尺寸长大比较充分，材料组织比较均匀，在铸造 42CrMo 环坯出模保温后，只需待环坯整体温度均匀达到辗扩所需温度后进行几分钟保温即可将铸造环坯进行转运辗扩，无须进一步延长保温时间；否则将使得晶粒进一步快速长大，组织变得粗大，导致性能下降。

此外，当 1200℃时，虽然晶粒长大速度快，但试验表明 1200℃时可发生完全的动态再结晶，具有良好塑性，有利于辗扩时组织细化，改善组织性能。

6.3.3 均热时间

当环件温度基本达到均匀时，延长均热时间，一方面延长了作业时间，降低了生产效率，加剧了铸坯的氧化烧损；另一方面也促进了晶粒长大。同时，铸造 42CrMo 钢的热拉伸试验表明，当 1200℃时均热 6min，可使材料塑性达到最佳，继续延长均热时间则使得塑性降低，因此建议待铸坯温度均匀后短时间保温使得晶粒均匀后便可直接将环坯转运至辗环机进行热辗扩。

6.4 裂纹控制策略

经裂纹形成机理分析可知，铸造过程中铸件的应力应变的急剧增加是裂纹形成的外因。铸件本身的高温力学性能差是裂纹形成的内因。因此，要降低裂纹敏感性，可从两方面考虑：一是减小铸造应力应变的急剧增加；二是提高自身的抗裂变形能力。

铸造应力通常由热应力、机械应力和相变应力组成。其中，热应力占主导地位。影响热应力因素主要是铸件各部分温度梯度及与外界的温差。铸件的温度梯度本质上取决于由铸件几何尺寸、铸造工艺参数和出模温度决定的环件冷却速率。合金液浇入型腔，起初型腔预热温度与合金液浇注温度相比相差较大，因而凝固阶段温度梯度先是增加，且凝固成形过程中冷却速度越大，横截面温度梯度相应越大，形成的热应力也越大。当温度梯度达到最大值之后，随着进一步冷却，温度梯度开始减小，温度逐渐趋于均匀化，热应力增加速度也随之减小，裂纹敏感性降低。因此，不论壁厚多少，环坯凝固阶段均宜采用空冷。

对于厚壁环坯，凝固结束后，由于出模时内外壁温度梯度大，热应力应变大造成裂纹。可设想为了减小其温度梯度，可在凝固结束后，采用水冷，以加速环坯的整体冷却速率，获得与减小环坯壁厚（如壁厚为100mm）一样的冷却效果，达到避免应力和应变急剧增大的目的。图6-60所示为编号3环坯在凝固结束后将边界条件由空冷变为水冷的模拟结果。

图6-60表明，浇注结束后铸型表面采用水冷，加快了铸件凝固后期的散热，尤其是与铸型接触的环坯外表面的节点。内表面节点由于内部导热较慢，冷却速率增加很小，这样内外表面的温差非但没有减小，反而增加了，导致应力应变也有所增加，没有达到预期效果。由此可见，该方法不可行。

下面从降低冷却速率、减小温度梯度及提高材料自身性能出发，提出了降低高温环坯裂纹敏感性的几点措施。

1. 金属型内壁衬砂

图6-61所示为编号1环坯在铸型内壁衬15mm厚硅砂后得到的模拟结果对比图。图6-61显示，金属型内壁衬上15mm厚的硅砂后，环坯各处冷却速

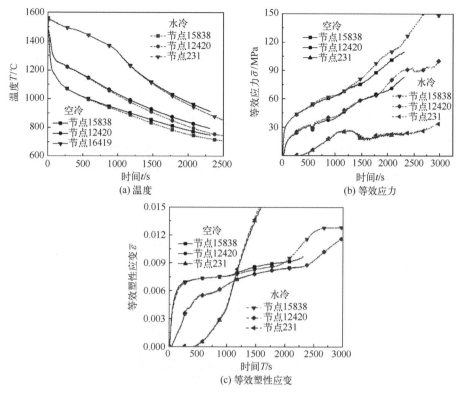

图 6-60　编号 3 环坯在凝固结束后将边界条件由空冷变为水冷的模拟结果

率变得很缓慢，应力应变的增加速率也很缓慢，环坯的温度分布很均匀，基本趋于均匀冷却，完全可以避免裂纹的形成。但由于冷却速率慢，环坯出模时间晚，工作效率低下。为了提高工作效率，在避免裂纹形成基础上，可尽量较少衬砂厚度。虽然该方法对较少环坯的温度梯度特别有效，但采用衬砂这种方法可能会带来高温粘砂，环坯出模后需增加清砂工序。

2. 改善环坯的角部散热，对金属型模具内外圆边角部倒圆为 *R*15～*R*20

图 6-62 和图 6-63 所示分别为将编号 3 环坯内外圆边角处进行倒圆处理后的温度场云图、典型节点的温度及应力和应变随时间变化曲线。

图 6-62 和图 6-63 显示，与未加工圆角相比，边角部加工成圆角后，在冷却初始阶段，边角部散热减小，冷却速率明显降低，凝固 120s 时温度大约可降低 100℃。此后，随冷却的进行，冷却速率开始加快，最终趋于与未倒圆环坯一致的冷却速率。与温度变化相一致，边角部等效应力、等效塑性应变开始阶段上升均缓慢，此后随着冷却速率的增加，等效应力和等效塑性应变开始快速升高，并最终超过了未倒圆环坯的值。这表明将环坯的边角部倒圆角，仅是显著

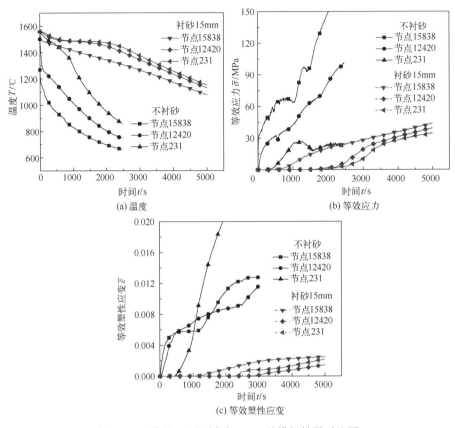

(a) 温度

(b) 等效应力

(c) 等效塑性应变

图 6-61　编号 1 环坯衬砂 15mm 的模拟结果对比图

降低了凝固初始阶段边角部的应力应变，对避免边角部在凝固初期由于冷却速率过快导致的开裂有重要作用，而对后续冷却阶段应力场、应变场的影响不大。

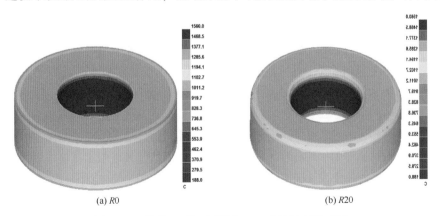

(a) R0

(b) R20

图 6-62　编号 3 环坯在凝固 120s 时的温度场云图

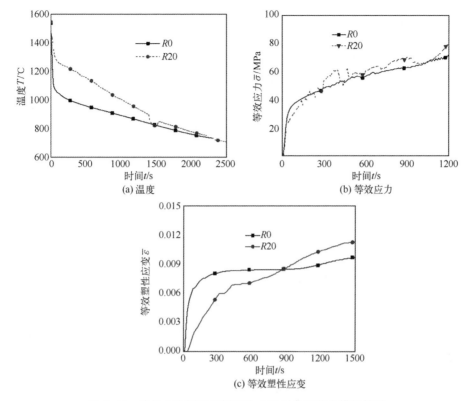

图 6-63　编号 3 未倒圆和倒圆为 $R20$ 时典型节点模拟结果

3. 控制出模温度

厚壁环坯，可适当降低其出模温度。在外表面温度约达 900℃ 时出模。薄壁环坯，可适当提高其出模温度，在外表面温度约达 1000℃ 时出模，对出模后环坯应尽快地缓冷，或者尽快地置入加热炉中进行补热均热处理。

4. 优化工艺参数

提高浇注速度、浇注温度及铸型预热温度，有利于降低铸件凝固过程的冷却速率，减小等效应力和塑性应变，尤其是边角部的应力应变，降低裂纹敏感性。但降低冷却速率会使得结晶组织粗大，削弱材料性能，因而在避免裂纹基础上可适当减小这些工艺参数值。此外，选用合适的涂覆材料，调节涂层厚度以控制环坯的界面传热系数，控制喷涂均匀性来避免局部应力应变集中的产生，都可降低环坯的裂纹敏感性。

5. 尽量选用 $R_{外}/R_{内} = 1.5$ 左右的中等壁厚环坯

模拟显示，采用该壁厚环坯，环坯冷却速率适中，形成的应力应变较小，有利于降低裂纹敏感性。

6. 提高环坯自身高温力学性能

提高冶炼精度，尽可能降低合金中有害元素 S、P 的含量，减少夹杂物和缩松等缺陷的形成，防止出现红脆现象，建议 S、P 的质量分数小于 0.015%。减少柱状晶，扩大等轴晶，细化晶粒，改善材料性能，提高自身的抗裂变形能力。

参 考 文 献

［1］华林，黄兴高，朱春东. 环件轧制理论和技术［M］. 北京：机械工业出版社，2001.

［2］赵磊. 42CrMo 环件铸造凝固过程的数值模拟与实验研究［D］. 太原：太原科技大学，2011.

［3］赵磊，李永堂，齐会萍，等. 轴承钢环坯铸造工艺数值模拟与优化设计［J］. 机械工程与自动化，2011（5）：4-7

［4］张锋. 基于铸坯的环件热辗扩成形工艺数值模拟［D］. 太原：太原科技大学，2011.

［5］侯耀武. 42CrMo 立式离心铸造环坯组织预测及控制［D］. 太原：太原科技大学，2013.

［6］曹争争. 基于铸辗复合成形的 Q235B 法兰坯凝固过程研究［D］. 太原：太原科技大学，2014.

［7］秦芳诚. 环件铸辗复合成形中 Q235B 钢热变形及组织演变研究［D］. 太原：太原科技大学，2014.

［8］戚玉超. 环件铸辗复合成形中铸态 25Mn 钢热变形及组织演变研究［D］. 太原：太原科技大学，2014.

［9］蔡中祥. 基于铸态 Q235B 环件热辗扩成形工艺数值模拟研究［D］. 太原：太原科技大学，2014.

［10］邓潮鸿. 25Mn 铸环坯径轴向热辗扩成形数值模拟与工艺研究［D］. 太原：：太原科技大学，2014.

［11］李永堂，齐会萍，刘志奇，等. 一种利用铸坯辗扩成形大型环件的方法［P］. 中国专利：201010132491.7，2010-09-08.

［12］Qin Fangcheng, Li Yongtang, Qi Huiping, et al. Microstructure-texture-mechanical properties in hot rolling of a centrifugal casting ring blank［J］. Journal of Materials Engineering and Performance，2016，25（3）：1237-1248.

［13］Qin Fangcheng, Li Yongtang, Qi Huiping, et al. Deformation behavior and microstructure evolution of as-cast 42CrMo alloy in isothermal and non-isothermal compression［J］. Journal of Materials Engineering and Performance，2016，25（11）：5040-5048.

［14］Qin Fangcheng, Li Yongtang, Qi Huiping, et al. Advances in compact manufacturing for shape and performance controllability of large-scale components［J］. Chinese Journal of Mechanical Engineering，2017，30（1）：7-21.

［15］Qin Fangcheng, Li Yongtang, Ju Li. A comparative study of flow behavior, microstructure and constitutive modeling for two as-cast Q235B flange blanks［J］. High Temperature Materials and Processes，2017，36（3）：209-221.

［16］Qin Fangcheng, Li Yongtang, Qi Huiping, et al. Microstructure and mechanical properties of as-cast 42CrMo ring blank during hot ring rolling and subsequent quenching and tempering［J］. Journal of Materials Engineering and Performance，2017，26（3）：1300-1310.

［17］Li Yongtang, Ju Li, Qi Huiping, et al. Research on the technology and experiment of 42CrMo bearing ring forming based on casting blank［J］. Chinese Journal of Mechanical Engineering，2014，27（2）：

418-427.

[18] 李永堂, 齐会萍, 付建华, 等. 42CrMo 钢铸造环坯辗扩成形理论与工艺分析 [J]. 机械工程学报, 2014, 50 (2): 77-85.

[19] 李永堂, 齐会萍, 李秋书. 基于铸辗复合成形的 42CrMo 钢环坯铸造工艺与试验研究 [J]. 机械工程学报, 2013, 49 (20): 49-54.

[20] 李永堂, 杨卿, 齐会萍. 基于铸辗复合成形的铸态 42CrMo 钢热物理性能参数的研究 [J]. 机械工程学报, 2014, 50 (16): 77-82.

[21] 齐会萍, 李永堂, 华林, 等. 环形零件辗扩成形工艺研究现状与发展趋势 [J]. 机械工程学报, 2014, 50 (14): 75-80 (EI).

[22] 秦芳诚, 李永堂, 巨丽, 等. 环件辗扩成形过程微观组织及性能控制研究进展 [J]. 机械工程学报, 2016, 52 (16): 42-56.

[23] 秦芳诚, 李永堂. 铸辗复合成形法兰坯高温变形行为及加工图 [J]. 机械工程学报, 2016, 52 (4): 45-53.

[24] 秦芳诚, 李永堂. 铸辗成形大口径 25Mn 钢环件织构及力学性能 [J]. 机械工程学报, 2016, 52 (8): 112-118.

[25] 秦芳诚, 李永堂, 齐会萍, 等. 基于铸辗复合成形的 25Mn 钢法兰热处理工艺试验研究 [J]. 机械工程学报, 2014, 50 (14): 95-104.

[26] 秦芳诚, 李永堂. 铸辗成形环坯热压缩过程中晶粒的取向和织构演变 [J]. 材料研究学报, 2016, 30 (7): 509-516.

[27] 秦芳诚, 齐会萍, 李永堂, 等. 42CrMo 钢轴承环件铸辗成形及淬回火组织性能研究 [J]. 机械工程学报, 2017, 53 (2): 26-33.

[28] 武永红, 李永堂, 贾璐, 等. 冷却速度对 42CrMo 环坯铸造二次枝晶臂间距及裂纹缺陷的影响 [J]. 机械工程学报, 2014, 50 (16): 104-111.

[29] 闫红红, 李永堂, 胡勇, 等. Q235B 环形铸坯显微组织和力学性能的研究 [J]. 机械工程学报, 2014, 50 (14): 89-94.

[30] 闫红红, 李永堂, 胡勇, 等. 基于铸辗复合成形工艺的 Q235B 环形铸坯 [J]. 塑性工程学报, 2015, 1: 34-37.

[31] 秦芳诚, 杜诗文, 李永堂, 等. 基于铸辗复合成形的 42CrMo 钢环件摩擦磨损性能的试验研究 [J]. 热加工工艺, 2013, 42 (18): 76-80.

[32] 侯耀武, 李永堂, 闫红红, 等. 离心铸造 42CrMo 钢环坯的组织特征及宏观偏析预测 [J]. 热加工工艺, 2013, 19: 47-49.

[33] 韩英淳, 贾树胜, 毕建辉. 轻轿车飞轮齿环铸辗复合工艺 [J]. 汽车工艺与材料, 1998 (7): 1-4.

[34] 李志广, 翟海, 吴永兴. 1340 大型刮煤板铸锻复合塑性成形工艺研究 [J]. 大型铸锻件, 2010, 2: 15-18.

[35] 李志广, 曹立峰, 赵臣俊, 等. E 型螺栓铸锻复合成形工艺的研究 [J]. 重型机械科技, 2003, 3: 35-37.

[36] 宋建丽, 胡德金, 王全聪, 等. 汽车电机爪极铸锻复合近净成形及数值分析 [J]. 机械科学与技术, 2005, 4: 469-471.

[37] Clyne T W, Tsui Y C, Howard S J. The effect of residual stresses on the debonding of coatings-II [J].

Acta Metallurgica et Materialia, 1994, 42 (8): 2837-2844.

[38] 刘小刚, 黄天佑, 康进武. 基于凝固过程数值模拟的水轮机下环件微裂纹成因分析 [J]. 铸造, 2009, 58 (10): 1034-1037.

[39] 张光明, 王泽忠, 李海荣. 数值模拟技术在轮形铸钢件铸造工艺优化中的应用 [J]. 铸造, 2009, 58 (4): 361-364.

[40] 张伯明. 离心铸造 [M]. 北京: 机械工业出版社, 2004.

[41] 符寒光, 邢建东. 离心铸造高速钢轧辊铸造缺陷形成与控制技术研究 [J]. 铸造技术, 2004, 25 (11): 859-861.

[42] 葛云龙, 杨院生, 焦育宁, 等. 电磁离心铸造工艺的研究 [J]. 金属学报, 1993, 29 (3): 134-135.

[43] 张红玉. Celllular Automata 法模拟材料微观组织结构 [J]. 甘肃科学学报, 2006, 18 (3): 28-30.

[44] 王国栋, 刘相华, 刘振宇. 钢材热轧过程中组织性能预测技术的发展现状和趋势 [J]. 钢铁, 2007, 42 (10): 1-5.

[45] 欧阳哲. 金属环件热辗扩宏微观变形三维热力耦合有限元分析 [D]. 西安: 西北工业大学, 2007.

[46] Wang M, Yang H, Sun Z C, et al. Dynamic explicit FE modeling of hot ring rolling process [J]. Transactions of Nonferrous Metals Society of China, 2006, 16 (6): 1274-1280.

[47] 王敏, 杨合, 郭良刚, 等. 基于3D-FEM的大型钛环热辗扩过程微观组织演变仿真 [J]. 塑性工程学报, 2008, 15 (6): 76-80.

[48] 蔺永诚, 陈明松, 钟掘. 42CrMo 钢的热压缩流变应力行为 [J]. 中南大学学报 (自然科学版), 2008, 39 (3): 549-553.

[49] Wang M, Yang H, Zhang C, et al. Microstructure evolution modeling of titanium alloy large ring in hot ring rolling [J]. International Journal of Advanced Manufacturing Technology, 2013, 66: 1427-1437.

[50] Johnson W, Needham G. Experiments on ring rolling [J]. International Journal of Mechanical Sciences, 1968, 10 (2): 95-113.

[51] Mamalis A G, Hawkyard J B, Johnson W. Spread and flow patterns in ring rolling [J]. International Journal of Mechanical Sciences, 1976, 18 (1): 11-16.

[52] Hayama M. Theoretical analysis on ring rolling of plain rings [J]. Bulletin of the Faculty of Engineering, Yokohama National University, 1982, 31: 131-153.

[53] Hawkyard J B, Moussa G. Studies of profile development and roll force in profile ring rolling [C]. Proc 3rd Int Conf on ROMP, Kyoto, Japan, 1984: 267-278.

[54] Yang D Y, Kim K H, Hawkyard J B. Simulation of T-section profile ring rolling by the 3D rigid-plastic finite element method [J]. International Journal of Mechanical Sciences, 1991, 33 (7): 541-550.

[55] Song J L, Dowson A L, Jacobs M H, et al. Coupled thermo-mechanical finite-element modeling of hot ring rolling process [J]. Journal of Materials Processing Technology, 2002, 121 (2-3): 332-340.

[56] Johnson W, Macleod I, Needham G. An experimental investigation into the process of ring or metal tyre rolling [J]. International Journal of Mechanical Sciences, 1968, 10 (6): 455-460.

[57] Ryttberg K, Wedel M K, Recin A V, et al. The effect of cold ring rolling on the evolution of microstructure and texture in 100Cr6 steel [J]. Materials Science and Engineering A, 2010, 527: 2431-2436.

［58］ Wang M, Yang H, Guo L, et al. Effects and optimization of roll sizes in hot rolling of large rings of tita-nium alloy ［J］. Rare Metal Materials and Engineering, 2009, 38 (3): 393-397.

［59］ Shao Y C, Hua L, Wei W T, et al. Numerical and experimental investigation into strain distribution and metal flow of low carbon steel in cold ring rolling ［J］. Materials Research Innovation, 2013, 7 (1): 49-57.

［60］ 邵一川. 冷轧环件微观组织演变规律研究 ［D］. 武汉: 武汉理工大学, 2010.

［61］ 贾耿伟. 环件在冷轧-淬火中的组织性能演化与几何精度研究 ［D］. 武汉: 武汉理工大学, 2007.

［62］ 魏文婷, 华林, 韩星会, 等. 大变形量下高碳钢环件冷轧变形过程模拟与试验研究 ［J］. 中国机械工程, 2015, 26 (4): 540-544.

［63］ Wei W T, Wu M. Effect of annealing cooling rate on microstructure and mechanical property of 100Cr6 steel ring manufactured by cold ring rolling process ［J］. Journal Central South University, 2014, 21: 14-19.

［64］ 田伟, 钟燕, 梁晓波, 等. Ti -22Al-25Nb 合金环形件成形工艺与组织性能关系 ［J］. 材料热处理学报, 2014, 35 (10): 49-52.

［65］ 王恒强. 铝合金环件径-轴向轧制成形控制技术研究 ［D］. 哈尔滨: 哈尔滨工业大学, 2014.

［66］ 匡利华. 低合金耐磨钢破碎机衬板制造工艺及性能研究 ［D］. 太原: 太原科技大学, 2010.

［67］ 李世峰. 改性高锰耐磨钢环锤制造工艺及性能研究 ［D］. 太原: 太原科技大学, 2009.

［68］ 丛勉, 李隆盛. 铸造手册第二卷 ［M］. 北京: 机械工业出版社, 1991.

［69］ 罗家英, 朱祖昌. 我国轴承钢的现状与发展概况 ［J］. 热处理, 2002, 17 (3): 44-50.

［70］ 李竹. 顶注式和底注式浇注工艺在中小铸钢件上的应用 ［J］. 机车车辆工艺, 2001, 3: 14-15.

［71］ Sulaiman S, Hamouda A M S. Modeling of the thermal history of the sand casting process ［J］. Journal of Materials Processing Technology, 2001, 113: 245-250.

［72］ 王文清, 李魁盛. 铸造工艺学 ［M］. 北京: 机械工业出版社, 2004.

［73］ 李魁盛. 铸造工艺设计基础 ［M］. 北京: 机械工业出版社, 1980.

［74］ 丛伟. 模数法在铸钢件冒口设计中的应用 ［J］. 沈阳航空工业学院学报, 2002, 19 (4): 17-19.

［75］ 宋维德, 潘永夫, 张士彦, 等. 大型铸钢件外冷铁的研究 ［J］. 铸造, 1991, 3: 19-22.

［76］ 豆柱, 魏兵, 孙君宁. 冷铁的初步研究 ［J］. 铸造, 1988, 10: 23-32.

［77］ 李锡年. 立式离心铸造技术及其应用 ［J］. 铸造技术, 1999, 1: 10-14.

［78］ 李锡年. 异型铸件立式离心铸造的工艺技术和应用 ［J］. 特种铸造及有色合金, 2000, 5: 30-34.

［79］ 熊守美, 许庆彦, 康进武. 铸造过程模拟仿真技术 ［M］. 北京: 机械工业出版社, 2007.

［80］ 赵恒涛, 米国发, 王狂飞. 铸造充型及凝固过程模拟研究概况 ［J］. 航天制造技术, 2007, (1): 28-33.

［81］ Domanus H M, Liu Y Y, Sha W T. Fluid flow and heat transfer modeling for castings ［J］. Metallurgi-cal Soc of AIME, 1986, (5): 361-375.

［82］ 肖海涛. 消失模铸钢件数值模拟研究 ［D］. 兰州: 兰州理工大学, 2009.

［83］ 杨亚杰. 铸造模拟软件 ProCAST ［J］. CAD/CAM 与制造业信息化, 2004, 21: 109-111.

［84］ 曾建, 王家弟, 卢晨, 等. UG Ⅱ 和 PROCAST 之间的图形数据交换研究 ［J］. 铸造, 1999 (12): 11-14.

［85］ 李大勇, 潘志刚. PROCAST 在澳车转向架上的应用 ［D］. 哈尔滨: 哈尔滨理工大学, 2005.

［86］李德胜，周建强，梅建春，等．基于 ProCAST 球铁支架铸造过程数值模拟［J］．热加工工艺，2010，39（5）：54-56.

［87］李安铭，王海瑞，王锦永．台车车轮铸造工艺的数值模拟及优化［J］．铸造，2009，58（6）：579-581.

［88］曾兴旺，陈立亮，刘瑞详．铸钢套筒离心铸造充型过程数值模拟［J］．热加工工艺，2005，34（3）：609-612.

［89］吴士平，历长云，郭景杰．Ti 合金构件立式离心铸造充型过程数值模拟［J］．稀有金属材料与工程，2004，5：26-28.

［90］吴士平，张军，徐琴，等．离心铸造充型及凝固过程数值模拟［J］．铸造设备研究，2008（6）：25-27.

［91］Zhang W Q, Yang Y S, Liu Q M. Numerical simulation of fluid flow in electromagnetic centrifugal casting［J］. Modelling Simul. Mater. Eng, 1996, 4：421-432.

［92］隋艳伟．钛合金立式离心铸造缺陷形成与演化规律［D］．哈尔滨：哈尔滨工业大学，2009.

［93］付甲，李永堂，付建华，等．铸态 42CrMo 钢热压缩变形时的动态再结晶行为［J］．机械工程材料，2012，36（2）：91-95.

［94］肖文近，付甲，陈晓燕．铸态 42CrMo 钢热压缩本构模型的建立［J］．热加工工艺，2011，40（9）：105-107.

［95］Fang B, Ji Z, Liu M, et al. Study on constitutive relationships and processing maps for FGH96 alloy during two-pass hot deformation［J］. Materials Science & Engineering A, 2014, 590：255-261.

［96］Fang B, Ji Z, Liu M, et al. Critical strain and models of dynamic recrystallization for FGH96superalloy during two-pass hot deformation［J］. Materials Science & Engineering A, 2014, 593：8-15.

［97］方彬，纪箴，田高峰，等．FGH96 双道次热变形及本构方程［J］．稀有金属材料与工程，2014，43（12）：3089-3094.

［98］方彬，纪箴，田高峰，等．FGH96 合金双道次热变形及加工图［J］．工程科学学报，2015，37（3）：336-344.

［99］陈程，尹海清，曲选辉，等．钼塑性变形抗力数学模型的研究［J］．塑性工程学报，2007，14（2）：7-10.

［100］Prasad Y V R K, Gegel H L, Doraivelu S M. Modeling of dynamic material behavior in hot deformation：Forging of Ti-6242［J］. Metallurgical Transactions A, 1984, 15（10）：1883-1892.

［101］Sivakesavam O, Prasad Y V R K. Characteristics of superplasticity domain in the processing map for hot working of as-cast Mg-11.5Li-1.5Al alloy［J］. Materials Science and Engineering A, 2002, 323（1）：270-277.

［102］Robi P S, Dixit U S. Application of neural networks in generating processing map for hot working［J］. Journal of Materials Processing Technology, 2003, 142（1）：289-294.

［103］Prasad Y V R K, Sasidhara S, Sikka V K. Characterization of mechanisms of hot deformation of as-cast nickel aluminide alloy［J］. Intermetallics, 2000, 8（9）：987-995.

［104］Rao K P, Prasad Y V R K, Suresha K, et al. Hot deformation behavior of Mg-2Sn-2Ca alloy in as-cast condition and after homogenization［J］. Materials Science and Engineering A, 2012, 552：444-450.

［105］Łyszkowski R, Bystrzycki J. Hot deformation and processing maps of a Fe-Al intermetallic alloy［J］.

Materials Characterization, 2014, 96: 196-205.

[106] Li X, Lu S Q, Wang K L, et al. Analysis and comparison of the instability regimes in the processing maps generated using different instability criteria for Ti-6.5Al-3.5Mo-1.5Zr-0.3Si alloy [J]. Materials Science & Engineering A, 2013, 576: 259-266.

[107] Jenab A, Taheri A K. Experimental investigation of the hot deformation behavior of AA7075: Development and comparison of flow localization parameter and dynamic material model processing maps [J]. International Journal of Mechanical Sciences, 2014, 78: 97-105.

[108] Rao K P, Prasad Y V R K, Hort N. Hot workability characteristics of cast and homogenized Mg-3Sn-1Ca alloy [J]. Journal of Materials Processing Technology, 2008, 201 (1): 359-363.

[109] Lin Y C, Liu G. Effects of strain on the workability of a high strength low alloy steel in hot compression [J]. Materials Science and Engineering A, 2009, 523 (1): 139-144.

[110] Rajput S K, Dikovits M, Chaudhari G P, et al. Physical simulation of hot deformation and microstructural evolution of AISI 1016 steel using processing maps [J]. Materials Science & Engineering A, 2013, 587: 291-300.

[111] Zhong T, Rao K P, Prasad Y V R K, et al. Processing maps, microstructure evolution and deformation mechanisms of extruded AZ31-DMD during hot uniaxial compression [J]. Materials Science & Engineering A, 2013, 559: 773-781.

[112] Wu H Y, Wu C T, Yang J C, et al. Hot workability analysis of AZ61 Mg alloys with processing maps [J]. Materials Science & Engineering A, 2014, 607: 261-268.

[113] 陈慧琴, 柏金鑫, 齐会萍, 等. 42CrMo 钢热加工图的建立与热辗扩成形工艺 [J]. 机械工程学报, 2014, 50 (16): 89-96.

[114] 秦芳诚, 齐会萍, 李永堂, 等. 基于铸辗复合成形的 42CrMo 钢稳态变形参数的确定 [J]. 金属热处理, 2014, 39 (2): 101-106.

[115] Nakagawa T. Deformation Behavior during Solidification of Steels and Aluminium Alloys [J]. ISIJ International, 1995, 35 (6): 723-729.

[116] 王永云. 离心铸造合金钢套筒的应用技术 [J]. 特种铸造及有色合金, 2003 (3): 48-49.

[117] Mintz B. The influence of composition on the hot ductilityof steels and to the problem of transverse cracking [J]. Isij International, 1999, 39 (9): 833-855.

[118] Huang Y C, Lin Y C, Deng J, et al. Hot tensile deformation behaviors and constitutive model of 42CrMo steel [J]. Materials & Design, 2014, 53 (1): 349-356.

[119] Fields D S, Backofen W A. Determination of strain hardening characteristics by torsiontesting, Proc. Am. Soc. Test. Mater. 1957, 57: 1259-1272.

[120] 钟群鹏, 赵子华. 断口学 [M]. 北京: 高等教育出版社, 2006.

[121] Sellars C M, Mctegart W J. On the mechanism of hot deformation [J]. Acta Metallurgica, 1966, 14 (9): 1136.

[122] Nissley N E, Collins M G, Guaytima G, et al. Development of the strain-to-fracture test for evaluating ductility-dip cracking in austenitic stainless steels and Ni-base alloys [J]. Welding in the World Le Soudage Dans Le Monde, 2002, 46 (7-8): 32-40.

[123] Schwerdtfeger K, Karl-heinz S. Application of reduction of area-temperature diagrams to the prediction of surface crack formation in continuous casting of steel [J]. Transactions of the Iron & Steel Institute of

Japan，2009，49（4）：512-520.

［124］ Bernhard C，Reiter J. A Model for Predicting the Austenite Grain Size at the Surface of Continuously-Cast Slabs ［J］. Metallurgical and Materials Transactions B，2008，39（6）：885-895.

［125］ Chen X M，Song S H，Sun Z C，et al. Effect of microstructural features on the hot ductility of 2. 25Cr-1Mo steel ［J］. Materials Science & Engineering A，2010，527（10-11）：2725-2732.

［126］ D'Elia F，Ravindran C，Sediako D，et al. Hot tearing mechanisms of B206 aluminum-copper alloy ［J］. Materials & Design，2014，64，44-55.

［127］ Bower T F，Brody H D，Flemings M C. Measurements of solute redistribution in dendritic solidification ［J］. Transaction of the Metallurgical Society of Aime，1966，236（5）：624-633.

［128］ Clyne T W，Kurz W. Solute redistribution during solidification with rapid solid state diffusion ［J］. Metallurgical and Materials Transactions A，1981，12（6）：965-971.

［129］ Han Z，Cai K，Liu B. Prediction and Analysis on Formation of Internal Cracks in Continuously Cast Slabs by Mathematical Models ［J］. ISIJ International，2001，41（12）：1473-1480.

［130］ Cornelissen M C M Mathematical model for solidification of multicomponent alloys ［J］. Ironmaking Steelmaking，1986，13（4）：204.

Introduction

The compact manufacturing technology of ring parts, such as their casting –
rolling compound forming, gains significant advantages over the traditional approach
including short process, energy and materials conservation, low cost and environ-
mental protection. The technology is widely used in such equipment manufacturing
fields as aerospace, wind power, petrochemical industry, automobile industry and
national defense.

In view of 42CrMo, Q235B and 25Mn steels applied in bearing rings and wind
power flanges, the theory and process of the compact manufacturing technology of
ring parts are explored in the six chapters of the book. Its main contents include an
overview of the technology at home and abroad, the process and quality control of as–
cast materials in smelting and solidification, the hot deformation and microstructure
evolution of as–cast rings, finite element modeling and simulated analysis of as–cast
ring blank in hot ring rolling process, the crack initiation criterion of 42CrMo ring
blank during centrifugal casting and its influence factors and formation mechanism.
Combining the theory with practice, the book highlights practicability and technologi-
cal advancement, which will provide guiding significance for actual production and
scientific research.

This reference book can be of great value to undergraduates and graduates majo-
ring in materials and mechanical engineering as well as technicians in relevant
fields.